将来的你
一定感谢现在拼命的自己

连山 编著

浙江工商大学出版社
ZHEJIANG GONGSHANG UNIVERSITY PRESS

图书在版编目（ＣＩＰ）数据

将来的你一定感谢现在拼命的自己 / 连山编著 . ——
杭州：浙江工商大学出版社 , 2017.9

ISBN 978-7-5178-2210-3

Ⅰ . ①将… Ⅱ . ①连… Ⅲ . ①成功心理—通俗读物
Ⅳ . ① B848.4-49

中国版本图书馆 CIP 数据核字（2017）第 132478 号

将来的你一定感谢现在拼命的自己

连山 编著

责任编辑	沈敏迪　谷树新
封面设计	思梵星尚
责任印制	包建辉
出版发行	浙江工商大学出版社
	（杭州市教工路 198 号　邮政编码 310012）
	（E-mail: zjgsupress@163.com）
	（网址：http://www.zjgsupress.com）
	电话：0571-88904980，88831806（传真）
排　版	北京东方视点数据技术有限公司
印　刷	北京德富泰印务有限公司
开　本	710mm×1000mm　1/16
印　张	18
字　数	285 千
版 印 次	2017 年 9 月第 1 版　2017 年 9 月第 1 次印刷
书　号	ISBN 978-7-5178-2210-3
定　价	48.00 元

前　言

哈佛大学曾做过一项长达 25 年的跟踪调查。调查的对象是一群智力、学历、环境等条件差不多的年轻人。结果显示，3% 的人 25 年后成了社会各界的顶尖成功人士，他们中不乏白手创业者、行业领袖、社会精英。10% 的人大都在社会的中上层，成为各行各业不可或缺的专业人士，如医生、律师、工程师、高级主管，等等。而占 60% 的人几乎都在社会的中下层面，他们能安稳地工作，但都没有什么特别的成绩。剩下的 27% 几乎都处在社会的最底层。他们过得不如意，常常失业，靠社会救济，并且常常抱怨他人，抱怨社会，抱怨世界。从离开校园到职场人生，25 年也许只是弹指一挥间。然而，25 年过去，当同窗好友再一次相聚时，在人生的地平线上，一个无可回避的现实是：昔日朝夕相处、平起平坐的同学，有了明显的"社会价值等级"。造成这种等级区分的，当然有机遇、人际关系以及与之相对应的环境，但是，最重要的因素却在于每个人在迈出校园的起跑线时是否找到了自己的人生方向，是否懂得努力拼搏，在一些最重要的方面积累自己的成功资本。那些最终成功的人必将感谢当初努力拼搏的自己，而那些失败的人也必将讨厌当初随波逐流、得过且过的自己。

有位哲人说过，一个人从 1 岁活到 80 岁很平凡，但如果从 80 岁倒着活，那么一半以上的人都将是伟人。孔子曾道："吾十五而志于学，三十而立，四十不惑，五十而知天命，六十耳顺，七十随心所欲不逾矩。"如果我们"倒着活"，为了实现"随心所欲不逾矩"、"耳顺"、"知天命"、"不惑"、"而立"这些人生各个阶段的不同目标，那么我们在"十五而志于学"时就不会怠学、厌学、弃学，就会倍加珍惜学习机会，为实现自己的人生目标而不辜负光阴。很多人在年老的时候会发出这样的感叹："如果我年轻时懂得这些就好了。"但人生如棋，落子无悔。人生的道路虽然漫长，但关键处通常只有几步。我们不能什么事情都等到过后才后

1

悔，不能什么道理都等到事后才明白。有些事情，如果在我们年轻的时候就去做；有些道理，如果在我们年轻时期就能参透，那么，在未来的三十几岁、四十几岁以及更长的人生道路上，我们就可以少走一些弯路，少经历一些失败，避开工作和生活中的陷阱及情感的暗礁，早一天实现自己的理想，获得成功和幸福。

年轻人还刚刚站在社会人生的入口，没有经验和阅历，不知道究竟要在哪些方面积累自己的资本，才能更适应社会，更具有竞争力，更高效、快速地获得人生的成功。为此，他们常常感到迷茫困惑，常常在十字路口徘徊，难以抉择。而对于年轻人来说，现在的迷茫，会造成10年后的恐慌，20年后的挣扎，甚至一辈子的平庸。如果不能尽快冲出困惑，拨开迷雾，就无颜面对10年后、20年后的自己。越早找到方向，越早走出困惑，就越容易在人生道路上取得成就、创造辉煌。本书正是无数成功人士拼搏人生的智慧和经验的总结，每一条都是前人在实践中摸爬滚打，走了无数条弯路，摔了无数次跤，经受了无数次挫折才得来的，为处于人生十字路口不知何去何从的年轻人带来了实质性的指导，使他们在事业上和生活中获得了成功和幸福。年轻人如果根据本书中学到的这些智慧和经验来打拼自己的生活和事业，就能把握住现在，找到成功的捷径，及早迈入幸福生活。

人活一次，拼一次，你才不会后悔。你的未来不会在某个地方傻傻地等你，而是需要你用双手拼出来，拼出属于你自己的世界，拼出属于你自己的辉煌。"三分天注定，七分靠打拼。"要拼就奋力去拼，给自己一次机会，不要给自己留下遗憾。将来的那个你，一定会感谢现在拼命努力的自己！

目　录

第一章

知道自己要去哪儿，全世界都会为你让路

没有梦想，何必远方

当一个人明白他想要什么并且坚持自己的理想，那么整个世界都将为他让路。

他生长在一个普通的农户家里。家里很穷，他很小就跟着父亲下地种田。在田间休息的时候，他望着远处出神。父亲问他想什么？他说，将来长大了，不要种田，也不要上班，每天待在家里，等人给他寄钱。

父亲听了，笑着说："荒唐，你别做梦了！我保证不会有人给你寄。"

后来他上学了。有一天，他从课本上知道了埃及金字塔的故事，就对父亲说："长大了我要去埃及看金字塔。"父亲生气地拍了一下他的头说："真荒唐！你别总做梦了，我保证你去不了。"

十几年后，少年成了青年，考上了大学，毕业后做了记者，每年都出几本书。他每天坐在家里写作，出版社、报社给他往家里邮钱，他用邮来的钱到埃及旅行。他站在金字塔下，抬头仰望，想起小时候爸爸说的话，心里默默地对父亲说："爸爸，人生没有什么能被保证！"

他，就是台湾最受欢迎的散文家林清玄。那些在他父亲看来十分荒唐不可能实现的梦想，在十几年后都被他变成了现实。为了实现这个梦想，他十几年如一日，每天早晨4点就起床看书写作，每天坚持写3000字，一年就是100多万字。靠坚持不懈的奋斗，他终于实现了自己的梦想。

如果轻易放弃，梦想就只能是梦想；只有坚持到底，梦想才不仅仅是梦想。

只有无论如何都不放弃梦想的人，才有可能让美梦成真。许多人之所以不能实现梦想，并不是因为梦想太高，而是因为总是轻易放弃。

一位小学教师给他的学生布置了一个作业：写一个报告，题目是《我的梦想》。

其中有一位小男孩，洋洋洒洒写了9张纸，描述他的伟大志愿：他想拥有一座属于自己的牧马农场，并且仔细地画了一张200亩农场的设计图，上面认真地标有马厩、跑道等的位置，然后在这一大片农场中央，还要建一栋占地4000平方英尺的豪宅。

他花了很多心血才把这份报告做出来，第二天交给了老师。然而，三天后当他拿回报告翻开一看：第一页上打了一个又红又大的叉，旁边还有一行字："下课后来见我。"

小男孩下课后带着报告去见老师："为什么我的报告是不及格的？"

老师回答道："你年纪虽然小，但也不要老做白日梦。你们家里没有钱，也没有雄厚的家庭背景，什么都没有。盖农场是需要花很多钱的大工程，你要花钱买地，花钱买纯种马匹，花钱照顾它们，所以你的志愿是不可能实现的。因此，我建议你再写一个比较不离谱的志愿，我会重新给你分数的。"

这个男孩回到家后征询父亲的意见。父亲只是告诉他："儿子，这个决定对你来说非常重要，你必须自己拿主意。"

于是这个小男孩再三考虑后，决定将原稿交回，一个字都不改。他告诉老师："即使是不及格，我也不放弃梦想。"

几十年后，当老师到小男孩的牧场做客的时候，他才知道小男孩没有放弃自己的梦想是对的。

有位哲人说："世界上一切的成功、一切的财富都始于一个意念！始于我们心中的梦想！"也就是说，成功其实很简单：你先有一个梦想，然后努力经营自己的梦想，不管别人说什么，都不放弃。

停下匆匆赶路的脚步，倾听内心的声音

很多时候，我们的内心都为外物所遮蔽、掩盖，浮躁的心态占领了我们的整颗心，因此在人生中留下许多遗憾：在学业上，由于我们还不会倾听内心的声音，

所以盲目地选择了别人为我们选定的、他们认为最有潜力与前景的专业；在事业上，我们故意不去关注内心的声音，在一哄而起的热潮中，我们也去选择那些最为众人看好的热门职业；在爱情上，我们常因外界的作用扭曲了内心的声音，因经济、地位等非爱情因素而错误地选择了爱情对象……我们都是现代人，现代人惯于为自己做各种周密而细致的盘算，权衡着可能有的各种收益与损失，但是，我们唯一忽视的，便是去听一听自己内心的声音。

一位长者问他的学生："你心目中的人生美事为何？"学生列出"清单"一张：健康、才能、美丽、爱情、名誉、财富……谁料老师不以为然地说："你忽略了最重要的一项——心灵的宁静，没有它，上述种种都会给你带来可怕的痛苦！"

繁忙紧张的生活容易使人心境失衡，如果患得患失，不能以宁静的心灵面对无穷无尽的诱惑，我们就会感到心力交瘁或迷惘躁动。

唯有心灵宁静，才不眼热权势显赫，不奢望金银成堆，不乞求声名鹊起，不羡慕美宅华第，因为所有的眼热、奢望、乞求和羡慕，都是一厢情愿，只能加重生命的负荷，加剧心里的浮躁，而与豁达康乐无缘。

我们很忙，行色匆匆地奔走于人潮汹涌的街头，浮躁之心油然而生，这也是我们不去倾听内心声音的一个缘由。我们找不到一个可以冷静驻足的理由和机会。现代社会在追求效率和速度的同时，使我们作为一个人的优雅在逐渐丧失。那种恬静如诗般的岁月于现代人已成为最大的奢侈和批判对象。内心的声音，便在这种繁忙与喧嚣中被淹没。对物质的欲望在慢慢吞噬人的性灵和光彩，我们留给自己的内心空间被压缩到最小，我们狭隘到已没有"风物长宜放眼量"的胸怀和眼光。我们开始患上种种千奇百怪的心理疾病，心理医生和咨询师在我们的城市也渐渐走俏，我们去求医、去问诊，然后期待在内心喑哑的日子里寻求心灵的平衡。

老街上有一位老铁匠。由于早已没人需要打制铁器，现在他改卖铁锅、斧头和拴小狗的链子。他的经营方式非常古老和传统，人坐在门内，货物摆在门外，不吆喝，不议价，晚上也不收摊。你无论什么时候从这儿经过，都会看到他在竹椅上躺着，手里是一个半导体收音机，身旁是一把紫砂壶。

他的生意也没有好坏之说。每天的收入正够他喝茶和吃饭。他老了，已不再需要多余的东西，因此他非常满足。

一天，一个文物商从老街上经过，偶然看到老铁匠身旁的那把紫砂壶，因为那把壶古朴雅致，紫黑如墨，有清代制壶名家戴振公的风格。他走过去，顺手端起那把壶。

壶嘴内有一记印章，果然是戴振公的，商人惊喜不已。因为戴振公在世界上有捏泥成金的美名，据说他的作品现在仅存3件：一件在美国纽约州立博物馆里；一件在台湾"故宫博物院"；还有一件在泰国某位华侨手里，是1993年从伦敦拍卖市场上以16万美元的拍卖价买下的。

商人端着那把壶，想以10万元的价格买下它。当他说出这个数字时，老铁匠先是一惊，后又拒绝了，因为这把壶是他爷爷留下的，他们祖孙三代打铁时都喝这把壶里的水，他们的汗也都来自这把壶。

壶虽没卖，但商人走后，老铁匠有生以来第一次失眠了。这把壶他用了近60年，并且一直以为是把普普通通的壶，现在竟有人要以10万元的价钱买下它，他转不过神来。

过去他躺在椅子上喝水，都是闭着眼睛把壶放在小桌上，而现在把茶壶放到桌上后，他总要坐起来再看一眼，这让他非常不舒服。特别让他不能容忍的是，当人们知道他有一把价值连城的茶壶后，蜂拥而至，有的问还有没有其他的宝贝，有的开始向他借钱，更有甚者，晚上悄悄跑到他家里，想偷走这把壶。他的生活被彻底打乱了，他不知该怎样处置这把壶。

当那位商人带着20万元现金，第二次登门的时候，老铁匠再也坐不住了。他招来左右店铺的人和前后邻居，拿起一把斧头，当众把那把紫砂壶砸了个粉碎。

现在，老铁匠还在卖铁锅、斧头和拴小狗的链子，据说他已经102岁了。

宁静可以沉淀出生活中许多纷杂的浮躁，过滤出浅薄粗俗等人性的杂质，可以避免许多鲁莽、无聊、荒谬的事情发生。宁静是一种气质、一种修养、一种境界、一种充满内涵的悠远。安之若素，沉默从容，往往要比气急败坏、声嘶力竭更显涵养和理智。

人生有主见，青春不迷茫

比塞尔是西撒哈拉沙漠中的一颗明珠，每年都会有数以万计的旅游者来到这儿。可是在肯·莱文发现它之前，这里还是一个封闭落后的地方。这儿的人没有一个走出过大漠，据说，不是他们不愿离开这块贫瘠的土地，而是尝试过很多次都没能走出去。

肯·莱文当然不相信这种说法。他用手语向这儿的人问原因，结果每个人的回答都一样：从这儿无论向哪个方向走，最后还是会转回到出发的地方。为了证实这种说法，他做了一次试验，从比塞尔村向北走，结果三天半就走了出来。

比塞尔人为什么走不出来呢？肯·莱文非常纳闷，最后只得雇一个比塞尔人，让他带路，看看到底是怎么回事。他们带了半个月的水，牵了两峰骆驼。肯·莱文收起指南针等现代设备，只挂一根木棍跟在后面。

十天过去了，他们走了大约800英里的路程，第十一天早晨，果然又回到了比塞尔。

这一次，肯·莱文终于明白了，比塞尔人之所以走不出大漠，是因为他们根本就不认识北斗星。在一望无际的沙漠里，一个人如果凭着感觉往前走，他会走出许多大小不一的圆圈。最后的足迹十有八九是一把卷尺的形状。比塞尔村处在浩瀚的沙漠中间，方圆上千公里没有一点参照物，若不认识北斗星又没有指南针，想走出沙漠，确实是不可能的。

肯·莱文在离开比塞尔时，带了一位叫阿古特尔的青年——就是上次和他合作的人。他告诉这位汉子：只要你白天休息，夜晚朝着北面那颗星走，就能走出沙漠。阿古特尔照着去做了，三天之后果然来到了大漠的边缘。阿古特尔因此成为比塞尔的开拓者。他的铜像被竖在小城的中央。铜像的底座上刻着一行字：新生活是从选定方向开始的。

正如上述例子的最后一句话，人生也同样如此。人生自然有自我存在的价值，选择一个目标，就等于明确了人生的方向，这样才不至于迷失。

一个人如果没有自己的人生观，没有人生的方向，没有确定自己活着究竟要做一个什么样的人、做什么事，只是跟着环境在转，这就犯了庄子所说的"所存于己者未定"的毛病。那将是人生最悲哀的事。

一个辉煌的人生在很大程度上取决于人生的方向，个人的幸福生活也离不开方向的指引。确立人生的方向是人一生中最值得认真去做的事情。你不仅需要自我反省、向人请教"我是什么样的人"，还需要很清楚地知道"我究竟需要什么"，包括想成就什么样的事业、结交什么样的朋友、培养和保留什么样的兴趣爱好、过一种什么样的生活。这些选择是相对独立的，但却是在一个系统内的，彼此是呼应的，从而共同形成人生的方向。

摩西奶奶是美国弗吉尼亚州的一位农妇，76岁时因关节炎放弃农活，这时她给了自己一个新的人生方向，开始学习她梦寐以求的绘画。80岁时，她到纽约举办画展，引起了意外的轰动。她活了101岁，一生留下绘画作品600余幅，在生命的最后一年还画了40多幅。

不仅如此，摩西奶奶的行动也影响到了日本大作家渡边淳一。渡边淳一从小就喜欢文学，可是大学毕业后，他一直在一家医院里工作。这让他感到很别扭。马上就30岁了，他不知该不该放弃那份令人讨厌却收入稳定的工作，转而从事自己喜欢的写作。于是他给耳闻已久的摩西奶奶写了一封信，希望得到她的指点。摩西奶奶很感兴趣，当即给他寄了一张明信片，上面写了这么一句话："做你喜欢做的事，上帝会高兴地帮你打开成功之门，哪怕你现在已经80岁了。"

人生是一段旅程，方向很重要。只有掌握了自己人生的方向，每个人才可以最大化地实现自己的价值，正如例子里的摩西奶奶和渡边淳一。

找到人生方向的人是快乐的。他们的生活与他们所向往的人生方向是相一致的。这样的生活也让他们的生命更加有意义。

起点低不要紧，有想法就有地位

不可否认，因为出生背景、受教育程度等各方面原因，每个人的起点难免有高低之分，但是起点高的人不一定能将高起点当作平台，走向更高的位置。起点低也不怕，心界决定一个人的世界，有想法才有地位。20几岁的年轻人首先要渴望成功，才会有成功的机会。

《庄子》开篇的文章是"小大之辩"。说北方有大海，海中有一条叫作鲲的大鱼，宽几千里，没有人知道它有多长。又有一只鸟，叫作鹏。它的背像泰山，翅膀像天边的云，飞起来，乘风直上九万里的高空，超绝云气，背负青天，飞往南海。蝉和斑鸠讥笑说："我们愿意飞的时候就飞，碰到松树、檀树就停在上边；有时力气不够，飞不到树上，就落在地上，何必要高飞九万里，又何必飞到那遥远的南海呢？"

那些心中有着远大理想的人往往不能为常人所理解，就像目光短浅的麻雀无法理解大鹏鸟的鸿鹄之志，更无法想象大鹏鸟靠什么飞往遥远的南海。因而，像大鹏鸟这样的人必定要比常人忍受更多的艰难曲折，忍受更多心灵上的寂寞与孤独。他们要更加坚强，并把这种坚强潜移到自己的远大志向中去，这就铸成了坚强的信念。这些信念熔铸而成的理想将带给大鹏一颗伟大的心灵。而成功者正脱胎于这种伟大的心灵。尤其是起点低的人，更需要一颗渴望成功的进取心。

"打工皇后"吴士宏是第一个成为跨国信息产业公司中国区总经理的内地人，也是唯一一个取得如此业绩的女性。她的传奇也在于她的起点之低——只有初中文凭和成人高考英语大专文凭。而她成功的秘诀就是："没有一点雄心壮志的人，是肯定成不了什么大事的。"

吴士宏年轻时命途多舛，还患过白血病。战胜病魔后她开始珍惜宝贵的时间。她仅仅凭着一台收音机，花了一年半时间学完了许国璋英语三年的课程，并且在自学的高考英语专科毕业前夕，她以对事业的无比热情和非凡的勇气通过外企服务公司成功应聘到 IBM 公司。而在此前外企服务公司向 IBM 推荐的好多人都没有被聘用。她的信念就是："绝不允许别人把我拦在任何门外！"

在 IBM 工作的最早的日子里，吴士宏扮演的是一个卑微的角色：沏茶倒水，打扫卫生，完全是脑袋以下肢体的劳作。在那样一个纯高科技的工作环境中，由于学历低，她经常被无理非难。吴士宏暗暗发誓："这种日子不会久的，绝不允许别人把我拦在任何门外。"后来，吴士宏又对自己说："有朝一日，我要有能力去管理公司里的任何人。"为此，她每天比别人多花 6 个小时用于工作和学习。经过艰辛的努力，吴士宏成为同一批聘用者中第一个做业务代表的人。继而，她又成为第一批本土经理，第一个IBM华南区的总经理。

在人才济济的IBM，吴士宏算得上是起点最低的员工了，但她十分"敢"想，想要"管理别人"。而一个人一旦拥有进取心，即使是最微弱的进取心，也会像一颗种子，经过培育和扶植，它就会茁壮成长，开花结果。

我们应该承认，教育是促使人获得成功的捷径。但吴士宏只有初中文凭和成人高考英语大专文凭，却依然取得了成功。我们这里所指的教育是传统意义上的学校教育。你不妨就把它通俗而简单地理解为文凭。一纸文凭好比一块最有力的敲门砖。可能会有很多人质疑这一点，但是如果你知道人事部经理怎样处理成山的简历，你就会后悔当初没有上名牌大学了。他们会首先从学校中筛选，如果名牌大学应征者的其他条件都符合，他们就不会再翻看其他的简历了。

但是，名牌大学就只有那么几所，独木桥实在难以通过。很多人在这一点上落后了不少，于是在真正踏上社会，走入职场时，就会有起点差异。不过值得庆幸的是，很多成功者都是从低起点开始做起的。他们之所以能在落后于人的情况下后来者居上，有进取心是不可忽略的一条原因。

上帝在所有生灵的耳边低语："努力向前。"如果你发现自己在拒绝这种来自内心的召唤、这种催你奋进的声音，那可要引起注意了。当这个来自内心、催你上进的声音回响在你耳边时，你要注意聆听它。它是你最好的朋友，将指引你走向光明和快乐，将指引你到达成功的彼岸。

活出你自己的样子：年轻，就是用来折腾的

潘杰客，一个有着传奇跨国经历的成功男人，带给我们无限的启示。

想当初，潘杰客的祖父和父亲都是著名的科学家，而他大学毕业后却在北京一个小小的施工队做预算员。不过4年后，他已经是国家建设部最年轻的中层领导。1988年，近30岁的潘杰客来到美国，从送外卖住地下室开始，6年后，被哈佛、剑桥、耶鲁三所大学的管理学院同时录取。1997年在哈佛完成学业后，前往欧洲，在上千名应聘者中，成为唯一被录用的德国奥迪的高级经理，后来作为奥迪中国大区首席顾问回到中国，成功运作了奥迪A6在中国的上市计划。就在这能够让

所有人艳羡的时候，他辞去了奥迪终身雇员的职务，加盟凤凰卫视，成为一个财经节目的主持人。而现在，他组建了自己的团队——泛华传播，致力于打造一档"国际的、最知名的、成功人士的、在中国有影响的脱口秀节目"。

上面所说的情况已足以让人刮目相看，其实还只是他跨国人生的一个小部分。用他的自己的话说就是——除了"变化"没有什么是永恒的。

但事实上，潘杰客真正吸引人的地方也许并不在于他的成功，而在于他的"失败"。

潘杰客在他耶鲁大学入学论文的开篇写到："人生舞台上的表演层出不穷、跌宕起伏，它们可以是喜剧、悲剧、哑剧、歌剧、音乐剧、交响乐，不一而足。而我们在生命的不同时期却以不同的角色出现——主角、配角、编剧、导演、灯光师，甚至观众。"

人生如戏，潘杰客为自己编写并导演了一出最跌宕起伏的大剧。

"人是不能低头的，一旦低头，就再也不可能骄傲了。因为一个行动养成一个习惯，低头一次，就会有第二次、第三次……"

"很多人问我，在最困难的关头，是什么力量支撑着我不倒下，挺过去？我的答案是'心灵的骄傲'。在那种关键的时候，我不可能去考虑成功之后的鲜花与欢呼或失败者所将遭遇的冷遇和失落。我所想的是，我这个生命是否值得再为自己做下去？我通常会问自己：你能否超越自己？超越了就是成功——不是事情上的成功，而是心理上的成功。人在那种时刻，暴露出来的都是人性的弱点。我就是要战胜这种弱点。因为我追求的是心灵的纯粹和强大，一种心灵上的超我。"

"内心必须有一种渴求：你可以改变自己，还可以通过自己去改变别人，这个社会、这个世界就会因此而改变。要在最广泛的范围去影响他人，把社会向更合理的方向推进。这种合理应该为大多数人带来福利。这是个良好的愿望，为了这个愿望，要去做许多其他的事情。而这正是人生价值的体现，它带给我的满足是物质无法带来的。在心灵痛苦时，我常常会想，大千世界的痛苦又是多么的深厚。走这条路的人注定是孤独的，精神和灵魂像吉卜赛人一样在这个世界流浪。如果这就是命运的话，我已做好准备并且毫不畏惧。"——这是一个理想主义者的自白，是一个勇敢者的宣言，是潘杰客不变的信念。这是一种怎样的超越，怎样的智慧？

他是一个把目标与成功分得很清的人，成败得失已无关紧要，他追求的只是个目标、一种执着、一份毅力。对一个人来说，可以没有成功，却不能没有目标。目标有时候很简单，却需要足够的信心与毅力去追求；成功有时候很遥远，却与目标只有咫尺之隔。

真正的伟大只有一种，就是看清这个世界的本来面目，并且去热爱它。作为一个自然人，潘杰客无疑非常伟大。这种伟大表现在他始终恪守着自己的原则，给高贵的心灵一个美丽的住所，哪怕是遭遇到最大的阻力，也要想办法抵达胜利的彼岸。

生命太短暂，岂能渺小度一生

有这样一个众所周知的寓言故事：

农夫拣到一枚鹰蛋，回家后放到了一个正在孵小鸡的母鸡窝里。结果这枚鹰蛋被母鸡孵化成了一只雏鹰。这只雏鹰自以为也是一只小鸡，每天和小鸡生活在一起，做着与母鸡一样的事情，在垃圾堆里找捉虫觅食，与小鸡一起嬉戏，有时也学母鸡一样咯咯地叫。

雏鹰渐渐长大，变成了一只小鹰，可它从来没有飞过几尺高，因为母鸡们只能飞这么高。它完全认为自己就与母鸡一样。

一天，小鹰看见一只大鸟在万里碧空中展翅翱翔，就问母鸡："那种飞得好高的大鸟是什么？"

母鸡回答说："那是一只雄鹰，它是一种非常了不起的鸟。你不过是一只鸡，不能像它那样飞，认命吧。"于是，这只小鹰就接受了这种观点，也不尝试着去飞翔，也从来没想过与母鸡们做不一样的事。

有一天，猎人经过这家农户，看见了这只小鹰。猎人说服农妇，用三只猎获的野兔换走了小鹰。猎人开始训练小鹰飞翔，可是小鹰飞不起来，准确地说，根本不敢飞。猎人没有灰心丧气，他带小鹰爬到一座高山顶上，对小鹰说："鹰呀鹰呀，你本属于蓝天，你是蓝天的主人，你怎么变得像你的食物——小鸡那样弱小呢？向高处看吧，那些在天空翱翔的雄鹰才是你的同伴。去找它们吧！"

猎人说着，撒手将小鹰抛向悬崖。小鹰呈直线坠落，就在即将落地的那一瞬间，小鹰"呀"地一声尖叫，振翅飞了起来，直冲云霄。

尽快离开你身旁那些不积极、没有目标、不求成功的平庸之辈，和优秀的人在一起。这样，你的潜能就会最大限度的被激发出来。你就会变得更加优秀，最后让优秀成为自己的一种习惯。

贝尔28岁时拜访了著名物理学家约瑟夫·亨利，谈论"多路电报"试验。亨利本来对此不感兴趣。但这回他强打起精神，去听贝尔的介绍，突然他敏锐地觉察到：这个年轻人在谈一个极有价值的现象。他热情地鼓励贝尔："如果你觉得自己缺乏电学知识，那就去掌握它。你有发明的天分，好好干吧！"

后来，贝尔写信给父母，描述自己的感受："我简直无法向你们描述这两句话是怎样地鼓舞了我……要知道在当时，对大多数人来说通过电报线传递声音无异于天方夜谭，根本不值得费时间去考虑。"

几年后，贝尔又说："如果当初没有遇上约瑟夫·亨利，我也许发明不了电话。"

和积极的人在一起会让你更积极；和消极的人在一起会让你更消极。心态积极的人，他们会及时激励我们，而不是用消极的话来干扰我们的行动。要知道，当一个人在做一件犹豫不决的事时，需要的是积极的支持。与积极者在一起，我们会学着尝试。即使错了，起码也曾经尝试过，无怨无悔。没有人会百分之百成功，但没有尝试肯定不会成功。

《心灵鸡汤》的作者之一马克·汉森是一位畅销书作家。他的书在全世界已经畅销几千万册。有一次，汉森在与成功学、激励学顶尖高手安东尼·罗宾斯同台讲演结束之后，私下请教罗宾斯，于是有了如下一段对话——

汉森问："我们都在教别人成功，为什么我的年收入才100万美元，而你一年却能赚进1000万美元呢？"

罗宾斯没有直接回答汉森的问题，却反过来问汉森："你每天跟谁混在一起？"

汉森说："我每天都跟百万富翁在一起。"

罗宾斯听后笑了笑说："我每天都跟千万富翁在一起。"

只有和比自己更成功的人在一起，和成功者合作，我们才会更成功。近朱者赤，近墨者黑。物以类聚，人以群分。我们要想像雄鹰一样在空中翱翔，就得学会雄鹰飞翔的本领。如果我们结交有成就者，那我们终将会成为一个有成就的人。用好莱坞流行的一句话说："一个人能否成功，不在于你知道什么，而是在于你认识谁。"

假设有两种环境供你去选择：第一种环境你是最好的，你每月的收入 800 元，而别人都是 200 元；第二种环境你是最差的，别人都是百万富翁，而你的资产只有 20 万，你愿意选择哪一种呢？要想成为什么样的人，你就要选择跟什么样的人在一起；你要变得积极，你就要找比你更积极的人在一起，你要永远寻找比你本身更好的环境。当你选择与比你优秀的人在一起时，无论你是飞黄腾达还是穷困潦倒，他都会在你落败时，帮你检讨总结，为你加油助威。

谨慎地选择那些我们愿意花时间交往的朋友，因为他们对我们的思想、人格，以及发生在我们身上的任何事情都会有影响。与生活态度积极的人在一起，与具有远见卓识的人在一起，与成功者在一起，他们的"花香"肯定会熏陶我们，这样我们才会嗅到更多的芬芳。

生命太短暂，我们不能在碌碌无为中渺小地度过一生。与优秀的人在一起，创造不平凡的人生，才是我们明智的选择。

心若没有栖息的地方，到哪里都是流浪

所谓选定，就是指一生只选一把椅，一生只选一件事，一生选准一个目标。

所谓选定，就是咬定青山不放松，就是几十年风雨如一日，就是将"革命"进行到底！长江因选定向东而波澜壮阔；青松因选定向上而伟岸挺拔；珠峰因选定卓越而傲视群山；流星因选定精彩而亮彻长空；圣贤因选定目标而成功卓越！

有这样一个故事：

一条街上有两家卖老豆腐的小店。一家叫"潘记"，另一家叫"张记"。两家店是同时开张的。刚开始，潘记生意十分兴隆，吃老豆腐的人得排队等候，来得晚就吃不上了。潘记的特点是：豆腐做得很结实，口感好，给的量特别大。相比之下，张记老豆腐就不一样了，首先是豆腐做得软，软得像汤汁，不成形状；其

次是给的豆腐少，加的汤多，一碗老豆腐半碗多汤。因此，有一段时间，张记的门前冷冷清清。有一天，一个客人走进张记的豆腐店，吃完一碗老豆腐后不客气地说："你怎么不学学潘记呢？"老板卖关子，脸上颇有几分胜算地说："我为什么要学他呢？你两个月以后再来，看看是不是会有变化吧。"

大概一个多月后，张记的门前居然真的排起了长队。那客人很好奇，也排队买了一碗，看看碗里的豆腐，仍然是稀稀的汤汁，和以前没什么两样，吃起来，也是从前的味道。老板脸上仍然挂着憨厚的笑，客人便好奇地问："能告诉我这其中的秘诀吗？"

老板说："其实，我和潘记的老板是师兄弟。"客人有些惊讶："那你们做的豆腐不一样呀？"老板说："是不一样。我师兄——潘记做的豆腐确实好，我真比不上；但我的豆腐汤是加入好几种骨头，再配上调料，再经过12个小时熬制而成，师兄在这方面就不如我了。师傅故意传给我们不同的手艺。这样，人们吃腻了我师兄的豆腐，就会到我这里来喝汤。时间长了，人们还会回到我师兄那里。再过一段时间，人们又会来我这里。这样，我们师兄弟的生意就能比较长远地做下去，并且互不影响。"

客人又试探地问："你难道就不想跟师兄学做豆腐吗？"老板却说："师傅告诉我们，能做精一件事就不容易了。有时候，你想样样精，结果样样差。"

张记老板的话中有话，除与老豆腐有关，与一个人的择业、一个人一辈子的坚守似乎都有些关联……

是的，世界上夺目的事业太多太多，而选定者必须知道：生命有限，时间有限，精力有限，能力有限，空间有限。而每人只有一双手，只有在众多的事业中选定一件自己爱干的该干的事，才能打造自己的完美人生。

因为，成功是一个力学问题。目标的实现全赖于力量的方向、大小和持续力。

若不选定目标，那么，每天清晨起来，我们将茫然四顾。若不能选准一件事，那么，我们每日的思考与行动将毫无意义可言。宇宙万物都是以中心为内核而运转的，人生也莫不如此。有中心我们才有可能聚积四周的能量，才有可能吸引实现目标的人力、物力、财力。蚌蛤因有中心而结出珍珠；台风因有中心而力大无穷。

当然，中心只应有一个。世界上有梦想的人太多太多，每天活在不同梦想之中的人也太多太多，唯独一生只有一个梦想的人凤毛麟角，少之又少。梦想多者，一生都在游离不定中摇摆，在举棋不定中反复，在湖光掠影中闪失。他们没有恒心，没有毅力，他们太急于求成，他们太不能等待，有的只是一颗空泛的心，他们总是在期待在祈盼机遇之神光顾。结果呢？恰恰相反，机遇之神总是鄙视他们，且将他们弃在路边，如同敝履。

富可敌国、光芒四射的比尔·盖茨，就是一个一生选定一件事、一生只做一件事的人。正因为这一果断的抉择，使他的软件事业在经过几年的打拼之后，成了这一领域的"庞大帝国"，而他本人则成了世界首富。比尔·盖茨在谈到他的成功经验时说："很多人问我成功的秘密，其实没有什么秘密可谈，我只是选择了我爱做的事，该做的事。其实，我不比别人聪明多少，我之所以走到了其他人的前面，不过是我认准了一生只做一件事，并且把这件事做得更完美而已。正是这个深扎于内心的信条，使我的思想和人生变得更加坚定。我始终认为一个能把一件事做到底的人，更能体现出天才的创造力。"

总之，没有选定，人生就没有主题；没有选定，人生就没有方向没有目标；没有选定，人生就是一盘散沙；没有选定，人生就不可能像滚雪球一样越滚越大；没有选定，人生就会流入肤浅和庸俗！只有选定，泰山才会为之让路；只有选定，险峰也会为之臣服；只有选定，人生的坎坷才会被踏平；只有选定，生命才会乘风破浪，一路凯歌！当然，"选定"它需要钢铁般的意志为后盾，才能实现，才能突破。在这个世界上，强者与弱者之间，成功者与失败者之间，大人物与小人物之间，他们之间唯一区别，就是看谁具有钢铁般的意志力，看谁具有绵绵不绝的激情。没有这两点，所有的选定都是白搭，所有的选定都是枉费心机。

今天，我们一定要吃透"选定"，着手"选定"，迅速做出生命中最大的一次决策——选好自己的位置，一生只做一件事。

是小草，就要为生命增添绿意；是鲜花，就要为人间留下芬芳；是阳光，就要照耀大地；是雨露，就要滋润禾苗……茫茫人海中，你的人生坐标在哪里？

成功的道路千条万条，而属于你的只有一条。三百六十行，行行出状元，你该选择哪一行？试想一下，如果让毕加索写小说，让马克·吐温去作画，他们还会被人们尊为大师吗？这里涉及到一个定位问题，简单地说，就是找准自己一生要做的事，选准一事，选定一生。

十年后，你会变成谁，过得怎么样

给自己定好位了，人生就不会有那么多的烦恼，你的人生也将从此而精彩。

在水生动物中，螃蟹是横着走路的，河虾倒退着走路。它们怪异的行走方式引来了不少嘲笑和讥讽。一天，敏捷矫健的银鱼嘲笑说："螃蟹你真笨！横着走路！如果旁边有障碍物你怎么走啊？"聪明的章鱼也插嘴讥讽道："河虾更傻，向前走多顺啊，可它偏偏倒着走，何时才能到头啊？"螃蟹和河虾听见了，只是淡淡一笑。它们心里知道，选择什么样的行走方式，是根据自己的身体情况决定的。只要有自知之明，了解自己的特点，把握好方向和目标，给自己定好位，横着走或者倒着走，都是一种前进的姿态。

人最可贵的是有自知之明，即使这无助于发现真理，它至少也是一项生活准则。法国著名画家安格尔曾说过这么一句话："我在日常生活中严守着一个美好的准则：'贵在自知之明'，我是素以此来鞭策自己的。"

齐庄公乘车出游的时候，在路上看见一只小小的螳螂伸出前臂，准备去阻挡车子的前进，齐庄公不由非常惊讶。车夫就告诉齐庄公："这种虫子凡是看到对手，就会伸出自己的前臂，想要抵挡对手的进攻，却往往没想过自己的力量有多大，所以经常被车压死。"

这就是成语螳臂当车的由来，以此来比喻那些没有自知之明，不自量力的人。

张丽工作的那家公司倒闭半年了，她依然没有找到工作。不是没公司愿意录用她，而是她在原来那家公司工作时月薪为 2000 元。所以她发誓一定要找一份月薪不低于 2000 元的工作。父亲得知她的想法，要她跟他一起去卖菜。

其他菜父亲卖得和别人一个价，而唯有白菜，人家卖 5 毛钱一斤，父亲非卖8 毛钱一斤。父亲说自己的白菜是全市最好的，可一连几个人来问过价后都嫌贵。

她有点着急了，对父亲说："我们也降为 5 毛钱一斤吧。"

父亲不同意，坚持道："我们的白菜是整个菜市场里最好的，不愁没有人买。"

有个人来问价钱了，非常喜欢她家的白菜，但就是嫌贵。那人软磨硬泡，最后一跺脚狠狠心说："7 毛一斤，我都要下。"可父亲仍然一分钱也不让。

时间一分一秒过去了，市场内的菜价也在慢慢下跌。许多菜农的白菜大都卖完了，没有卖完的因是挑剩下的而卖到4毛钱一斤，但父亲却只降价到6毛钱一斤。她急了，建议父亲也卖4毛钱一斤，但父亲仍不同意，他仍坚持说自家的白菜是最好的。

中午过后，不能隔夜卖的白菜已被降价到了2毛一斤。黄昏时分，有的人干脆开始卖1元一大棵。而她家的白菜经过一天的日晒已经毫无优势可言，但父亲仍然坚持不降价。天快黑时，一个中年妇女过来问："这堆白菜5块卖不卖？"看来不卖就只有拿回家自己吃了，于是父亲就卖了。

回家的路上，她埋怨父亲太固执，以至于白白浪费机会，反而少卖了好多钱。父亲没有反驳，只是笑了笑，意味深长地说："总以为早上能以八毛的价格把白菜卖掉，谁知越等越不值钱。"

她深深地被父亲的话触动了，心想：我不就是这样吗？于是第二天，她就到一家公司上班了，月薪1500元。

我们常常说的不能眼高手低，说的就是这个意思：不能将自己定位在太过高于本身实际所处的位置。对本属于自己的位置的不屑一顾，只会换来不断的碰壁。尤其在自己处于低谷的时候，更应该正确认识到自己所处的环境，正确估量自己，然后才能一步一个脚印地往上攀登。

是火柴你就发光，是轮胎你就奔跑，是音箱你就歌唱。每一样东西、每一个人都有自己的特点和使命。只有找准了自己的位置，人生才有成功的可能。

第二章

扛得住，世界就是你的

我们把世界看错了，反说世界欺骗我们

在我们这个世界上，许许多多的人都认为公平合理是生活中应有的现象。我们经常听人说："这不公平！""因为我没有那样做，你也没有权利那样做。"我们整天要求公平合理，每当发现公平不存在时，心里便不高兴。应当说，要求公平并不是错误的心理，但是，如果不能获得公平，就产生一种消极的情绪，这个问题就要注意了。

实际上绝对的公平并不存在。你要寻找绝对公平，就如同寻找神话传说中的宝物一样，是永远也找不到的。这个世界不是根据公平的原则而创造的，譬如：鸟吃虫子，对虫子来说是不公平的；蜘蛛吃苍蝇，对苍蝇来说是不公平的；豹吃狼、狼吃獾、獾吃鼠、鼠又吃……只要看看大自然就可以明白，这个世界并没有公平。飓风、海啸、地震等都是不公平的，公平只是神话中的概念。人们每天都过着不公平的生活，快乐或不快乐，是与公平无关的。

这并不是人类的悲哀，只是一种真实情况。

生活不总是公平的，这着实让人不愉快，但确是我们不得不接受的真实处境。我们许多人所犯的一个错误便是为了自己或他人感到遗憾，认为生活应该是公平的，或者终有一天会公平。其实不然，绝对的公平现在不会有，将来也不会有。

承认生活中充满着不公平这一事实的一个好处便是能激励我们去尽己所能，而不再自我伤感。我们知道让每件事情完美并不是"生活的使命"，而是我们自己对生活的挑战，承认这一事实也会让我们不再为他人遗憾。

每个人在成长、面对现实、做种种决定的过程中都会遇到不同的难题，每个人都有成为牺牲品或遭到不公正对待的时候，承认生活并不总是公平这一事实，并不意味着我们不必尽己所能去改善生活，去改变整个世界，恰恰相反，它正表明我们应该这样做。

当我们没有意识到或不承认生活并不公平时，我们往往怜悯他人也怜悯自己。而怜悯自然是一种于事无补的失败主义的情绪，它只能令人感觉比现在更糟。但当我们真正意识到生活并不公平时，我们会对他人也对自己怀有同情，而同情是一种由衷的情感，所到之处都会散发出充满爱意的仁慈。当你发现自己在思考世界上的种种不公正时，可要提醒自己这一基本的事实。你或许会惊奇地发现它会将你从自我怜悯中拉出来，使你采取一些具有积极意义的行动。

公平公正能够向往，但不能依赖和强求。不要把堕落的责任推诸于他人，更不能自欺欺人！许多不公平的经历我们是无法逃避的，也是无从选择的。我们只能接受已经存在的事实并进行自我调整。抗拒不但能毁了自己的生活，而且还会使自己精神崩溃。因此，人在无法改变不公和不幸的厄运时，只有学会接受它、适应它，才能把人生航向调转过来，才能驶往自己真正的理想目的地。

生命的百孔千疮，是残忍的慈悲

"金无足赤，人无完人。"即使是全世界最出色的足球选手，10 次传球，也有4 次失误；最棒的股票投资专家，也有马失前蹄的时候。我们每个人都不是完人，都有可能存在这样或那样的过失，谁能保证自己的一生不犯错误呢？也许只是程度不同罢了。如果你不断追求完美，对自己做错或没有达到完美标准的事深深自责，那么一辈子都会背着罪恶感生活。

过分苛求完美的人常常伴随着莫大的焦虑、沮丧和压抑。事情刚开始，他们就因担心失败，生怕干得不够漂亮而不安，这就妨碍了他们全力以赴地去取得成功。而一旦遭遇失败，他们就会异常灰心，想尽快从失败的境遇中逃离。他们没有从失败中获取任何教训，而只是想方设法让自己避免尴尬的场面。

很显然，背负着如此沉重的精神包袱，不用说在事业上谋求成功，在自尊心、家庭问题、人际关系等方面，也不可能取得满意的效果。他们抱着一种不正确和不合逻辑的态度对待生活和工作，他们永远无法让自己感到满足。

日本有一名僧人叫奕堂，他曾在香积寺风外和尚处担任典座一职（即负责斋堂）。有一天，寺里有法事，由于情况特殊必须提早进食。乱了手脚的奕堂匆匆忙忙地把白萝卜、胡萝卜、青菜随便洗一洗，切成大块就放到锅里去煮。他没有想到青菜里居然有条小蛇，就把煮好的菜盛到碗里直接端出来给客人吃。

客人一点儿也没发觉。当法事结束，客人回去后，风外把奕堂叫去，风外用筷子把碗中的东西挑起来问他：

"这是什么？"奕堂仔细一看，原来是蛇头。他心想这下完了，不过还是若无其事地回答："那是个胡萝卜的蒂头。"奕堂说完就把蛇头拿过来，咕噜一声吞下去了。风外对此佩服不已。

智者即是如此，犯了错误，他不会一味地自责、内疚或寻找借口，而是采取适度的方式正确地对待。

张爱玲在她的小说《红玫瑰与白玫瑰》中写了男主角佟振保的爱恋，同时也一针见血地道破了男人的心理以及完美之梦的破灭：白玫瑰有如圣洁的恋人，红玫瑰则是热烈的情人。娶了白玫瑰，久而久之，变成了胸口的一粒白米饭，而红玫瑰则有如胸口的朱砂痣；娶了红玫瑰，年复一年，则变成蚊帐上的一抹蚊子血，而白玫瑰则仿佛是床前明月光。

事实上，世界上根本就没有真正的"最大、最美"，人们要学会不对自己、他人苛求完美，对自己宽容一些，否则会浪费掉许许多多的时间和精力，最终只能在光阴蹉跎中悔恨。

世界并不完美，人生当有不足。对于每个人来讲，不完美的生活是客观存在的，无须怨天尤人。不要再继续偏执了，给自己的心留一条退路，不要因为不完美而恨自己，不要因为自己的一时之错而埋怨自己。看看身边的朋友，他们没有一个是十全十美的。

完美往往只会成为人生的负担。人绷紧了完美的弦，它却可能发不出优美的声音来。那些爱自己、宽容自己的人，才是生活的智者。

人生有多残酷，你就该有多坚强

成就平平的人往往是善于发现困难的"天才"，他们善于在每一项任务中都看到困难。他们莫名其妙地担心前进路上的困难，这使他们勇气尽失。他们对于困难似乎有惊人的"预见"能力。一旦开始行动，他们就开始寻找困难，时时刻刻等待着困难的出现。当然，最终他们发现了困难，并且被困难击败。这些人似乎戴着一副有色眼镜，除了困难，他们什么也看不见。他们前进的路上总是充满了"如果"、"但是"、"或者"和"不能"。这些东西足以使他们止步不前。

一个向困难屈服的人必定会一事无成，很多人不明白这一点。一个人的成就与他战胜困难的能力成正比。他战胜越多别人所不能战胜的困难，他取得的成就也就越大。如果你足够强大，那么困难和障碍会显得微不足道；如果你很弱小，那么障碍和困难就显得难以克服。有的人虽然知道自己要追求什么，却畏惧成功道路上的困难。他们常常把一个小小的困难想象得比登天还难，一味地悲观叹息，直到失去了克服困难的机会。那些因为一点点困难就止步不前的人，与没有任何志向、抱负的庸人无异，他们终将一事无成。

成就大业的人，面对困难时从不犹豫徘徊，从不怀疑自己克服困难的能力，他们总是能紧紧抓住自己的目标。对他们来说，自己的目标是伟大而令人兴奋的。他们会向着自己的目标坚持不懈地攀登，而暂时的困难对他们来说则微不足道。伟人只关心一个问题："这件事情可以完成吗？"而不管他将遇到多少困难。只要事情是可能的，所有的困难就都可以克服。

我们随处可见自己给自己制造障碍的人。在每一个学校或公司董事会中或多或少地都有这样的人。他们总是善于夸大困难，小题大做。如果一切事情都依靠这种人，结果就会一事无成。如果听从这些人的建议，那么一切造福这个世界的伟大创造和成就都不会存在。

一个会取得成功的人也会看到困难，却从不惧怕困难，因为他相信自己能战胜这些困难，他相信一往无前的勇气能扫除这些障碍。有了决心和信心，这些困难又能算得了什么呢？对拿破仑来说，阿尔卑斯山算不了什么。并非阿尔卑斯山不可怕，冬天的阿尔卑斯山几乎是不可翻越的，但拿破仑觉得自己比阿尔卑斯山更强大。

虽然在法国将军们的眼里，翻越阿尔卑斯山太困难了，但是他们那伟大领袖的目光却早已越过了阿尔卑斯山上的终年积雪，看到了山那边碧绿的平原。

乐观地面对困难，多一些快乐，少一些烦恼，你会惊奇地发现，这不仅会使你的工作充满乐趣，还会让你获得幸福。你会发现，自己成了一个更优秀、更完美的人。你用充满阳光的心灵轻松地去面对困难，就能保持自己心灵的和谐。而有的人却因为这些困难而痛苦，失去了心灵的和谐。

你怎样看待周围的事物完全取决于你自己的态度。每一个人的心中都有乐观向上的力量，它使你在黑暗中看到光明，在痛苦中看到快乐。每一个人都有一个水晶镜片，可以把昏暗的光线变成七色彩虹。

夏洛特·吉尔曼在他的《一块绊脚石》中描述了一个登山的行者，突然发现一块巨大的石头摆在他的面前，挡住了他的去路。他悲观失望，祈求这块巨石赶快离开。但它一动不动。他愤怒了，大声咒骂，他跪下祈求它让路。它仍旧纹丝不动。行者无助地坐在这块石头前，突然间他鼓起了勇气，最终解决了困难。用他自己的话说："我摘下帽子，拿起我的手杖，卸下我沉重的负担，我径直向着那可恶的石头冲过去，不经意间，我就翻了过去，好像它根本不存在一样。如果我们下定决心，直面困难，而不是畏缩不前，那么，大部分的困难就根本不算什么困难。"

生命中的痛苦是盐，它的咸淡取决于盛它的容器

从前有座山，山里有座庙，庙里有个年轻的小和尚，他过得很不快乐，整天为了一些鸡毛蒜皮的小事唉声叹气。后来，他对师父说："师父啊！我总是烦恼，爱生气，请您开示开示我吧！"

老和尚说："你先去集市买一袋盐。"

小和尚买回来后，老和尚吩咐道："你抓一把盐放入一杯水中，待盐溶化后，喝上一口。"小和尚喝完后，老和尚问："味道如何？"

小和尚皱着眉头答道："又咸又苦。"

然后，老和尚又带着小和尚来到湖边，吩咐道："你把剩下的盐撒进湖里，再尝尝湖水。"弟子撒完盐，弯腰捧起湖水尝了尝。老和尚问道："什么味道？"

"纯净甜美。"小和尚答道。

"尝到咸味了吗？"老和尚又问。

"没有。"小和尚答道。

老和尚点了点头，微笑着对小和尚说道："生命中的痛苦就像盐的咸味，我们所能感受和体验的程度，取决于我们将它放在多大的容器里。"小和尚若有所悟。

老和尚所说的容器，其实就是我们的心量，它的"容量"决定了痛苦的浓淡：心量越大烦恼越轻，心量越小烦恼越重。心量小的人，容不得，忍不得，受不得，装不下大格局。有成就的人，往往也是心量宽广的人，看那些"心包太虚，量周沙界"的古圣大德，都为人类留下了丰富而宝贵的物质财富和精神财富。

其实，我们每个人一生中总会遇到许多盐粒似的痛苦，它们在苍白的心境下泛着清冷的白光，如果你的容器有限，就和不快乐的小和尚一样，只能尝到又咸又苦的盐水。

一个人的心量有多大，他的成就就有多大。不为一己之利去争、去斗、去夺，扫除报复之心和嫉妒之念，则心胸广阔天地宽。当你能把虚空宇宙都包容在心中时，你的心量自然就能如同天空一样广大。无论荣辱悲喜、成败冷暖，只要心量放大，自然能做到风雨不惊。

寒山曾问拾得："世间有人谤我、欺我、辱我、笑我、轻我、贱我、骗我，如何处之？"拾得答道："只要忍他、让他、避他、由他、耐他、敬他、不理他，再过几年，你且看他。"如果说生命中的痛苦是无法自控的，那么我们唯有拓宽自己的心量，才能获得人生的愉悦。通过内心的调整去适应、去承受必须经历的苦难，从苦涩中体味心量是否足够宽广，从忍耐中感悟暗夜中的成长。

心量是一个可开合的容器，当我们只顾自己的私欲，它就会愈缩愈小；当我们能站在别人的立场上考虑，它又会渐渐舒展开来。若事事斤斤计较，便把自心局限在一个很小的框框里。这种处世心态，既轻薄了自身的能力，又轻薄了自己的品格。

心量是大还是小，在于自己愿不愿意敞开。一念之差，心的格局便不一样，它可以大如宇宙，也可以小如微尘。我们的心，要和海一样，任何大江小溪都要容纳；要和云一样，任何天涯海角都愿遨游；要和山一样，任何飞禽走兽，都不排拒；要和土地一样，任何脚印车辙，都能承担。这样，我们才不会因一些小事而心绪不宁、烦躁苦闷！

把心打开吧，用更宽阔的心量来经营未来，你将拥有一个别样的人生！

心不怨恨则宽容，心存善良则美好

我们常常在自己的脑子里预设一些规定，以为别人应该有什么样的行为，如果对方违反规定就会引起我们的怨恨。其实，因为别人对"我们"的规定置之不理就感到怨恨，是一件十分可笑的事。大多数人都一直以为，只要我们不原谅对方，就可以让对方得到一些教训。也就是说，只要我不原谅你，你就没有好日子过。而实际上，不原谅别人，表面上是那人不好，其实真正倒霉的人却是我们自己。生一肚子窝囊气不说，甚至连觉都睡不好。这样看来，报复不仅让我们不能实现对别人的打击，反倒对自己的内心是一种摧残。

有一位好莱坞的女演员，失恋后，怨恨和报复心使她的面容变得僵硬而多皱，她去找一位最有名的美容师为她美容。这位美容师深知她的心理状态，中肯地告诉她："你如果不消除心中的怨和恨，对他人多一点儿包容，我敢说全世界任何美容师也无法美化你的容貌。"

对待自己的最好方式唯有宽容。宽容能抚慰你暴躁的心绪，弥补不幸对你的伤害，让你不再纠缠于心灵毒蛇的咬噬中，从而获得自由。

生活中，我们难免与别人产生误会、摩擦。有的伤了自己的面子，有的让自己下不了台，有的当众给了自己难堪，有的对自己有成见，等等。如果不注意，让仇恨在心底悄悄滋长，你的心灵就会因背负上报复的重负而无法获得自由。

乔治·赫伯特说："不能宽容的人损坏了他自己必须要走的桥。"这句话的智慧在于，宽容使给予者和接受者都受益。当真正的宽容产生时，没有疮疤留下，没有伤害，没有复仇的念头，只有愈合。宽容是一种医治的力量，不仅能医治被宽容者的缺陷，还可以挖掘出宽容者身上的伟大之处。正如美国作家哈伯德所说："宽容和受宽容的难以言喻的快乐，是连神明都会为之羡慕的极大乐事。"

1944年冬天，苏军已经把德军赶出了国门，上百万的德国兵被俘虏。一天，一队德国战俘从莫斯科大街上穿过。所有的马路上都挤满了人。她们每一个人，都和德国人有着一笔血债。

妇女们怀着满腔仇恨，当俘虏出现时，她们把手攥成了拳头。士兵和警察们竭尽全力阻挡着她们，生怕她们控制不住自己。

这时，最令人意想不到的事情发生了：一位上了年纪的犹太妇女，从怀里掏出一个用印花布方巾包裹的东西。里面是一块黑面包。她不好意思地把它塞到一个疲惫不堪的、几乎站不住的俘虏的衣袋里。

她转过身对那些充满仇恨的同胞们说："当这些人手持武器出现在战场上时，他们是敌人。可当他们解除了武装出现在街道上时，他们是跟所有别的人，跟'我们'和'自己'一样的人。"

于是，整个气氛改变了。妇女们从四面八方一齐拥向俘虏，把面包、香烟等各种东西塞给这些战俘。

仇恨是带有毁灭性的情感，只会激化矛盾，酿成大祸。宽容的心却能轻易将恨意化解，让紧张的气氛化成脉脉温情。能将宽容之心给予敌人，已经可以称得上圣洁了。即便只是一个贫苦的犹太老妇人，也完全担得起"伟大"两个字。

人生总有存在的意义，如果只为一个仇恨的目的而生存，那么仇恨会毁掉你的心智、迷惑你的眼睛、吞噬你的心灵。报复是一把双刃剑，它不但会伤害到别人，还会使你自己落入恨的陷阱。恨会使你看不到人间的关爱与温暖，即使在夏日也只能感受到严冬般的寒冷。

既然我们都举目共望同样的星空，既然我们都是同一星球的旅伴，既然我们都生活在同一片蓝天下，那我们为什么还总是彼此为敌呢？请不要忘记世间唯有两个字可使你和他人的生活多姿多彩，那就是宽容。

把眼泪留给最疼你的人，微笑留给伤你最深的人

一个成功的人，一个有眼光和思想的人，都会感谢折磨自己的人和事。唯有以这种态度面对人生，才能走向成功。

人生活在这个世界上，总会经历这样那样的烦心事。这些事总是会折磨人的心，使人不得安稳。尤其对于刚刚大学毕业的年轻人，他们刚在社会中立足，还未完全成长起来，却要承受社会的种种压力，比如待业、失恋、职场压力等。而且还没有摆脱学生气的他们本身就是一个脆弱的群体，往往在这些折磨面前束手无策。

其实，世间的事就是这样。如果你改变不了世界，那就要改变你自己。换一种眼光去看世界，你会发现所有的"折磨"其实都是促进你成长的"清新氧气"。

人们往往把外界的折磨看作人生中消极的、应该完全否定的东西。当然，外界的折磨不同于主动的冒险：冒险可以带来一种挑战的快感，而我们忍受折磨总是迫不得已的。但是，人生中的折磨总是完全消极的吗？清代金兰生在《格言联璧》中写道："经一番挫折，长一番见识；容一番横逆，增一番气度。"由此可见，那些挫折和折磨对人生不但不是消极的，还是一种促进你成长的积极因素。

生命是一次次的蜕变过程。唯有经历各种各样的折磨，才能增加生命的厚度。只有通过一次又一次与各种折磨握手，历经反反复复几个回合的较量之后，人生的阅历才能在这个过程中日积月累、不断丰富。

在人生的岔道口，若我们选择了一条平坦的大道，我们可能会有一个舒适而享乐的青春，但我们会失去很好的历练机会；若我们选择了坎坷的小路，我们的青春也许会充满痛苦，但人生的真谛也许因此被我们发现了。

蝴蝶的幼虫时期是在茧中度过的。当它的生命要发生质的飞跃时，狭小通道对它来讲无疑成了鬼门关，那娇嫩的身躯必须竭尽全力才可以破茧而出。许多幼虫在往外冲的时候力竭身亡。

有人怀了悲悯恻隐之心，企图将那幼虫的生命通道修得宽阔一些，他们用剪刀把茧的洞口剪大。但是，这样一来，所有受到帮助而见到天日的蝴蝶无论如何也飞不起来，只能拖着丧失了飞翔功能的双翅在地上笨拙地爬行！原来，那"鬼门关"般的狭小茧洞恰是帮助蝴蝶幼虫两翼成长的关键所在。穿越的时候，通过用力挤压，血液才能被顺利输送到蝶翼的组织中去；唯有两翼充血，蝴蝶才能振翅飞翔。人为地将茧洞剪大，蝴蝶的翼翅就没有充血的机会，爬出来的蝴蝶便永远与飞翔绝缘。

一个人的成长过程恰似蝴蝶的破茧过程：在痛苦的挣扎中，意志得到磨炼，力量得到加强，心智得到提高，生命在痛苦中得到升华。当你从痛苦中走出来时，就会发现，你已经拥有了飞翔的力量。如果没有挫折，也许就会像那些受到"帮助"的蝴蝶一样，萎缩了双翼，平庸一生。

失败和挫折，其实并不可怕，正是它们才教会我们如何寻找到经验与教训。如果一路都是坦途，那我们也只能沦为平庸。

没有经历过风霜雨雪的花朵，无论如何也结不出丰硕的果实。或许我们习惯羡慕他人所获得的成功，但是别忘了，温室的花朵注定经不起风霜的考验。正所谓"台上十分钟，台下十年功"，在光荣的背后一定会有汗水与泪水共同浇铸的艰辛。

所以，一个成功的人，一个有眼光和思想的人，都会感谢折磨自己的人和事。唯有以这种态度面对人生，才能走向成功。

一生气，你就输了

纵使人生中有再多的磨难和考验，我们也不能像一个被充满了的气球一样，"嘭"的一声，就"粉身碎骨"。

气球越是鼓足了气，就越容易爆炸。人也是一样，心里存有太多气，不仅伤心也会伤身。莎士比亚说："不要因为您的敌人燃起一把火，您就把自己烧死。"所以，当我们意识到自己的情绪波动的时候，就应该努力用理智去控制，而不要让自己的情绪随意地发泄出来。

但是，现实生活中，能够以自己的理智控制情绪的人并不多。通常情况下，我们都是在情绪的左右下生活。有时候，很多事情堆积在一起，就会让我们很生气，甚至到了理智根本无法控制的局面。这个时候，我们不妨给自己找一个"出气口"，让自己的精神得到缓解，也就不会那么生气了。

古时有一个妇人，特别喜欢为一些琐碎的小事生气。她也知道自己这样不好，便去求一位高僧为自己谈禅说道，开阔心胸。

高僧听了她的讲述，一言不发地把她领到一个禅房中，落锁而去。妇人气得跳脚大骂。骂了许久，高僧也不理会。妇人又开始哀求，高僧仍置若罔闻。妇人终于沉默了。高僧来到门外，问她："你还生气吗？"妇人说："我只为我自己生气，我怎么会到这地方来受这份罪。""连自己都不原谅的人怎么能心如止水？"高僧拂袖而去。过了一会儿，高僧又问她："还生气吗？""不生气了。"妇人说。"为什么？""气也没有办法呀。""你的气并未消逝，还压在心里，爆发后将会更加剧烈。"高僧又离开了。高僧第三次来到门前时，妇人告诉他："我不生气了，因为不值得气。""还知道值不值得，可见心中还有衡量，还是有气根。"高僧笑道。

当高僧的身影迎着夕阳立在门外时，妇人问高僧："大师，什么是气？"

高僧将手中的茶水倾洒于地。妇人视之良久，顿悟，叩谢而去。

何苦要气？何苦要拿别人的错误来惩罚自己？人生短短几十年，幸福和快乐尚且享受不尽，哪里还有时间去气呢？所以，我们应该学会消消气，学会控制自己的情绪。在生活中，遇到烦心事在所难免，此时，内心的郁闷、愤怒总想找个地方发泄一下，不然会感到心里憋得慌。找朋友或同学诉说自然是个好方法，但有时有些话不能对别人说，同时怒气也不能往别人身上撒。那怎么办呢？

网球巨星桑普拉斯在一次争夺大满贯杯比赛冠军时，与对手陷入苦战。不料中场休息时，他却在众目睽睽下，手抱浴巾，失声痛哭。原来当年他的启蒙教练兼好友因病亡故，心情已受影响，现在又在比赛中承受如此巨大的压力，因而百感交集地哭泣。有人可能会觉得怎么一个大男人竟会在这种公共场合落泪？然而桑普拉斯之所以能称霸网坛，除了他的球技外，在情绪及心理的反应上都高人一筹，因此他能每每在紧要关头化险为夷，赢得胜利，包括那场比赛。

每个人都有不同的发泄方式，所以选择哭泣也不是什么丢脸的行为。只要我们没有做过伤害别人的事情，没有把别人当成自己的"出气筒"，那么即使满脸泪水又何妨？

不要为旧的悲伤，浪费新的眼泪

为了采集眼前将逝的花朵而花费太多的时间和精力是不值得的。道路还长，前面还有更多的花朵，吸引我们一路走下去……

我们生活在现在，面向着未来。过去的一切，都被时间之水冲得一去不复返。所以，我们没有必要念念不忘曾经的那些不愉快、那些与别人的仇怨。念念不忘，只能被它腐蚀，而变得更加憎恨和怨怼。

文学大师鲁迅笔下的祥林嫂，心爱的儿子被狼叼走后，痛苦得心如刀剜，她逢人就诉说自己儿子的不幸。起初，人们对她还寄予同情。但她一而再、再而三地讲，周围的人们就开始厌烦，她自己也更加痛苦，以致麻木了。老是向别人反复讲述自己的痛苦，就会使自己久久不能忘记这些痛苦，更长久地受到痛苦的折磨。

当然，我们不是主张完全不去看它，采取逃避的态度。而是说，一方面，情感不要长久地停留在痛苦的事情上；另一方面，我们的理智应当多在挫折和坎坷上寻找突破口，力争克服它、解决它。

学会忘记可以使我们真正放下心中的烦恼和不平衡的情绪。让我们在失意之余，有机会喘一口气，恢复体力。

哲人康德是一位懂得忘怀之道的人，当有一天发现他最信赖又依靠的仆人兰佩，一直有计划地偷盗他的财物时，便把他辞退了。但康德又十分怀念他。于是，他在日记上写下悲伤的一行："记住！要忘掉兰佩！"

真正说来，一个人并不那么容易忘掉伤心的往事。不过，当它浮现时，我们必须懂得不陷于悲伤的情绪，必须提防自己再度陷入愤恨、恐惧和无助的哀愁里。这时，最好的方法就是扭转念头去专心工作，计划未来，或者去运动、旅行。有一首禅诗说：

> 春有百花秋有月，夏有凉风冬有雪。
> 若无闲事挂心头，便是人间好时节。

一个人如果学习了忘怀之道，不愉快便自然消失，代之而起的是朝气蓬勃的新生，成功将发出耀眼的光辉。有许多事情，遗忘是一种解脱，是心灵的净化，是伤口痊愈的良药。

一位风烛残年的老人在日记簿上记下了这段生命的感悟：

> 如果我可以从头活一次，我要尝试更多的错误。我不会总朝后看，而不看未

来的路。我情愿多休息，随遇而安，处世糊涂一点，不对已经发生的事难过或者伤悲。其实人生那么短暂，实在不值得花时间不停地缅怀过去。

可以的话，我会朝未来的道路前行，去自己没去过的地方，多旅行，跋山涉水，危险的地方也不怕去一去。以前我经常因为已经发生的些许小事情而懊恼，比如因为丢了东西而深深责备自己，一遍一遍假设要是把东西事先交给××就好了，然后很长时间都在为丢失的东西心疼。此刻我是多么的后悔。过去的日子，我实在活得太小心，每一分每一秒都不容有失。稍微有了过失就埋怨和批评自己，还用同样的标准去对待别人，一遍一遍叨唠别人不对的地方。

如果一切可以重新开始，我不会过分在意宠辱得失，我也不会花很长的时间来诅咒那些伤害过我的人们。诅咒或者伤悲都没有改变事实，还消磨了我生命中不多的时间。我会用心享受每一分、每一秒。如果可以重来，我只想美好的事情，用这个身体好好地感受世界的美丽与和谐。还有，我会去游乐园多玩几圈木马，多看几次日出，和公园里的小朋友玩耍。

如果人生可以从头开始……但我知道，不可能了。

人生没有很多如果，人的生命和时间总是有限的。当你看完老人的日记以后也许就能明白为什么很多老人总是会有一副安详的表情，不急不躁，不过喜也不大悲，因为他们懂得时间的宝贵，把珍贵的时间用来感伤过去，那是在浪费生命。忘记过去，生命应该有更好的价值可以实现。

第三章

习惯千差万别，未来天壤之别

播下一种习惯，收获一种命运

有专家指出，一个人的日常活动，90％已通过不断地重复某个动作，在潜意识中，转化为程序化的惯性，也就是不用思考，便自动运作。这种自动运作的力量，即习惯的力量。一个动作，一个行为，多次重复，就能进入人的潜意识，变成习惯性动作。人的知识积累和才能增长、极限突破，等等，都是习惯性动作、行为不断重复的结果。

在我们的身上，好习惯与坏习惯并存。我们要改变自己的命运，走向成功，最重要的在于改变不良的习惯，培养并凭借好习惯的力量去搏击风浪。

养成一个好习惯，会使人受益终生；而形成一个不好的习惯，则可能会在不经意间害了自己一生。其实不论是大事还是小事都是如此，小问题在某种程度上说，有时确实还没有导致大问题的形成，但"千里之堤，溃于蚁穴"，应是这个道理。

烦恼难断，而去除习气更难。坏的习惯使我们终生受患无穷。譬如，一个人脾气暴躁，出口伤人，习以为常，没有人缘，做事也就得不到帮助，成功的希望自然减少了。有的人养成吃喝嫖赌的恶习，倾家荡产、妻离子散，把幸福的人生断送在自己的手中。更有一些人招摇撞骗、背信弃义，结果虽然骗得一时的享受，但是却把自己孤立于众人之外，让大家对他失去了信任。

现在有些不良的青少年，虽然家境颇为富裕，但是却染上坏习惯，以偷窃为乐趣，进而做出杀人抢劫的恶事，不但伤害了别人，也毁了自己。

坏习惯如同毒品，在不知不觉中会腐蚀我们的心灵，蚕食我们的生命，毁灭我们的幸福，怎么能够不谨慎戒备！

习惯的形成会导致良性循环与恶性循环，好习惯多了自然形成良性循环；而坏习惯多了会渐渐形成恶性循环。

人的一生都受日常习惯的影响，好的习惯、积极的习惯，会造就一个人好的结局。

有些人过于在意那些优秀的强者表现出来的天赋、智商、魅力和工作热情。实际上我们把那些表现归纳分析，就会发现实际上存在一个简单的要点：那就是习惯。

无论我们是否愿意，习惯总是无孔不入，渗透在我们生活的方方面面。很少有人能够意识到，习惯的影响力竟如此之大。

人们日常活动的90%源自习惯和惯性。想想看，我们大多数的日常活动都只是习惯而已。我们几点钟起床，怎么洗澡、刷牙、穿衣、读报、吃早餐、驾车上班，等等，一天之内上演着几百种习惯。然而，习惯还并不仅仅是日常惯例那么简单，它的影响十分深远。如果不加控制，习惯将影响我们生活的所有方面。

小到啃指甲、挠头、握笔姿势以及双臂交叉等微不足道的事，大到一些关系到身体健康的事，比如，吃什么，吃多少，何时吃，运动项目是什么，锻炼时间长短，多久锻炼一次，等等。甚至我们与朋友交往，与家人和同事如何相处都是基于我们的习惯。再说得深一点，甚至连我们的性格都是习惯使然。既然习惯影响人的一生，我们就应该静下来思考一下，把自己身上的习惯进行归纳分类，发扬好的，抛弃坏的，使习惯成为我们成功路上的正能量。

习惯能成就一个人，也能毁灭一个人

成功者之所以成功，不是因为他们有着多么高的天赋和超常的才能，而是因为他们有着良好的习惯，并善于用良好的习惯来提高自己的工作效率，进而提高自己的生活品质。他们发现，好习惯能改变命运，使自己过上充实的生活；好习惯能使身心健康，邻里和睦，家庭幸福美满。这一切都来源于好习惯的力量。

一家大图书馆被烧之后，只有一本书被保存了下来，但并不是一本很有价值的书。一个识得几个字的穷人用几个铜板买下了这本书。这本书并不怎么有趣，但这里面却有一个非常有趣的东西。那是窄窄的一条羊皮纸，上面写着"点金石"的秘密。

点金石是一块小小的石子，它能将任何一种普通金属变成纯金。羊皮纸上的文字解释说，点金石就在黑海的海滩上，和成千上万的与它看起来一模一样的小石子混在一起，但秘密就在这儿。真正的点金石摸上去很温暖，而普通的石子摸上去是冰凉的。然后，这个人变卖了他为数不多的财产，买了一些简单的装备，在海边扎起帐篷，开始检验那些石子。这就是他的计划。

他知道，捡起一块普通的石子并且因为它摸上去冰凉就将其扔掉，他有可能几百次地捡拾起同一种石子。所以，当他摸着石子冰凉的时候，就将它扔进大海里。他这样干了一整天，却没有捡到一块是点金石的石子。然后他又这样干了1个星期、1个月、1年、3年……他还是没有找到点金石。然而他继续这样干下去，捡起一块石子，是凉的，将它扔进海里，又去捡起另一块，还是凉的，再把它扔进海里，又一块……

但是有一天上午他捡起了一块石子，而且这块石子是温暖的……他把它随手就扔进了海里。他已经形成了一种习惯——把他捡到的石子扔进海里。他已经如此习惯于做扔石子的动作，以至于当他真正想要的那一个到来时，他也还是将其扔进了海里。

习惯是一种顽强的力量，它可以主宰人的一生。因此，我们每个人都要养成良好的习惯，无论从学习到工作，从为人到处事，在我们生活的各个方面，如果养成良好的习惯，你就会受益终生。或许你习惯了懒懒散散、心灰意冷地过日子，或许你对抽烟、酗酒、拖延、懒惰等坏习惯熟视无睹，那么你就不要再慨叹生活对你的不公，你就不要说梦想很难实现，更不要说你的经历都很倒霉。归根到底这一切都是你的坏习惯在作祟。如果你永远抱着这种坏习惯不放，却还在想着成功，那真是难于上青天。

成功从良好的习惯开始

孔子说："性相近也，习相远也。""少成若天性，习惯成自然。"意思是说，人的本性是很接近的，但由于习惯不同便相去甚远；小时候培养的品格就好像是天生就有的，长期养成的习惯就仿佛呼吸一般自然。

成功是从良好的习惯开始的。习惯成自然，从小养成的习惯可以比较轻松、毫不费力地做得到。

富兰克林在他 27 岁的时候就为自己写下了 13 条生命中必须具备的美德作为座右铭。每天，他都拿出 1 条来评价自己的行为，而且一星期连续 7 天都力行同一条美德，以作为人生准则。13 条美德分别在 13 周完成一个轮回，就这样日复一日，他扎扎实实执行了 50 年。在 77 岁的时候，富兰克林回顾一生，认为他在 57 岁时就与自己列的美德比较接近了。

富兰克林真正智慧的地方不是他的 13 条美德，而是他意识到良好习惯的养成绝非一朝一夕。只要将人生美德或者人生方向变成习惯性的动作就会成为自己理想中的成功之人。舞蹈皇后杨丽萍从小喜欢舞蹈，每次在学习之后都要求自己重复练习 10 次以上。日复一日，年复一年，这种习惯伴随她 10 年。10 年之后她成功了。

美国 NBA 篮球巨星迈克·乔丹，连续 7 年每天坚持练习 500 次基本动作。这种习惯使他成为空中飞人。

如果有条有理是一种成功的表现的话，那么，只要养成物归原位的习惯，成功自然就会水到渠成。

如果待人以诚是拓展人际关系的最佳策略，那么，把真诚变成自己的习惯，在与人交往中自然流露出真诚，人际关系就会越来越融洽。

例如，礼貌是一种好习惯。走到哪里都能够彬彬有礼、以礼相待的人一定会深受欢迎，拥有这种习惯的人则容易成功。相反，无礼就是一种坏习惯。

微笑是一种习惯，可以预先消除许多不必要的怨气，化解许多不必要的争执，而老是板起面孔的人走到哪里都会制造紧张气氛。

微笑是最好的习惯

史密斯是韩国一家小有名气的公司的总裁，十分年轻。他几乎具备了成功男人应该具备的所有优点：他有明确的人生目标，有不断克服困难、超越自己和别人的毅力与信心；他大步流星、雷厉风行，办事干脆利索、从不拖沓；他的嗓音深沉圆润，讲话切中要害；而且他总是显得雄心勃勃，富有朝气。他对于生活的认真与投入是有口皆碑的，而且，他对待同事们也很真诚，讲求公平对待，与他深交的人都为拥有这样一个好朋友而自豪。

但初次见到他的人却对他少有好感，这令熟知他的人大为吃惊。为什么呢？仔细观察后才发现，原来他几乎没有笑容。

他深沉冷峻的脸上永远是炯炯的目光、紧闭的嘴唇和紧咬的牙关，即便在轻松的社交场合也是如此。他在舞池中优美的舞姿几乎令所有的女士心动，但却很少有人同他跳舞。公司的女员工见了他更是畏如虎豹，男员工对他的支持与认同也不是很多。而事实上他只是缺少了一样东西，一样足以致命的东西——一副动人的微笑的面孔。

一个人的面部表情亲切、温和、充满喜气，远比他穿着一套高档、华丽的衣服更吸引人注意，也更容易受人欢迎。

现实的工作、生活中，一个人对你满面冰霜、横眉冷对，另一个人对你面带笑容、温暖如春，他们同时向你请教一个工作上的问题，你更欢迎哪一个？当然是后者，你会毫不犹豫地对他知无不言，言无不尽，问一答十；而对前者，恐怕就恰恰相反了。

下面的这个例子就充分体现了微笑的力量。

"我为了替公司找一个电脑博士几乎伤透脑筋，最后我找到一个非常好的人选。他刚刚从名牌大学毕业。几次电话交谈后，我知道还有几家公司也希望他去，而且都比我的公司大，比我的公司有名。当他表示接受这份工作时，我真的是非常高兴也非常意外。他开始上班后，我问他，为什么放弃其他更优厚的条件而选择我们公司？他停了一下，然后说：'我想是因为其他公司的经理在电话里是冷冰冰的，商业味很重，那使我觉得好像只是一次生意上的往来而已。但你的声音，听起来似乎真的希望我能成为你们公司的一员。因为我似乎看到，电话的那一边，你正在微笑着与我交谈。你可以相信，我在听电话的时候也是笑着的。'"

说话的是史密斯公司的总经理。

的确，如果说行动比语言更具有力量，那么微笑就是无声的行动，它所表示的是：我很满意你、你使我快乐、我很高兴见到你。"笑容是结束说话的最佳'句号'。"这话真是不假。

对人微笑是一种文明的表现，它显示出一种力量、涵养和暗示。一个刚刚学会微笑的中年领导干部说："自从我开始坚持对同事微笑之后，起初大家非常迷惑、惊异，后来就是欣喜、赞许。两个月来，我得到的快乐比过去一年中得到的满足感与成就感还要多。现在，我已养成了微笑的习惯，而且我发现人人都对我微笑，过去冷若冰霜的人，现在也热情友好起来。上周单位搞民主评议，我几乎获得了全票，这是我参加工作这么多年来从未有过的大喜事！"

有微笑面孔的人，就会有希望。因为一个人的笑容就是他好意的信使，他的笑容可以照亮所有看到它的人。没有人喜欢帮助那些整天皱着眉头、愁容满面的人，更不会信任他们。而对于那些承受着上司、同事、客户或家庭的压力的人，一个笑容却能帮助他们了解一切都是有希望的，也就是世界是有欢乐的。只要活着、忙着、工作着，就不能不微笑。

给不良习惯找个"天敌"

意识产生动机，动机产生行为，这需要有动力。改变习惯同样需要有动力，动力来自哪里？动力有哪几种呢？

一个智者把3个胆量不同的人领到了山涧的旁边，跟他们说："谁能够跳过这个山涧，我承认谁胆子大。"第一大胆的人跳了过去，得到了智者的赞美。其他两个人不跳，这时智者拿出一块金子，说谁能够跳过去他承认谁胆子大。第二大胆的人跳了过去。第三大胆的人还是不跳。这时此人后面出现了一头狮子。此人发现如果不跳会没命，一用力，也跳了过来。这3个人都能够跳过来，但使得他们能够跳过来的动力不同。

使人的行为发生的动力有两类：恐惧和诱因。行为发生了，是因为诱因足够；行为没有发生，是因为恐惧不够。如果一种习惯改变了，是因为诱因足够；如果一种习惯没有改变，则是因为恐惧不足。

恐惧比诱因具有更大的动力。你可以不为金钱利益所动，但是你害怕失去：害怕失去自由、害怕失去健康、害怕失去爱。所以马基雅维利说："恐惧比感激更能够维系忠诚。"

改变习惯需要动力，动力分为诱因或恐惧。不管是国外还是国内，在古代的时候，君主都是以武力来实现统治，即利用臣民对自己的恐惧达到统治的目的，而不是对臣民好一点，让他们产生感激来维系忠诚。因为感激是不可靠的。出于感激，人们只会在满足自己的情况下，再考虑对方。而恐惧就不一样了，它甚至可以让你先满足对方的要求，再考虑自己。

一个人要改变习惯真的很难。一个不喜欢学习的人要让他每天都去学习，他会觉得很不舒服。但是到了快要考试的时候，他就有了压力：考试不及格怎么办？如果考得好的话可以拿奖学金，对以后的推荐上研究生、出国、找工作都很有好处。面对恐惧和诱惑的双重影响，他就会逼着自己改变习惯，因为他有了动力。

森林公园为了保护鹿，把狼赶走了。但是一些鹿却得病而死。得病的原因是缺少运动。为什么缺少运动？因为没有了天敌——狼，所以不用奔跑了。后来森林管理人员又把狼引进了公园，这样鹿们又恢复了健康。

不狠心，怎能改掉自己的恶习

我们虽有很多弱点，但我们不是弱者。积极心态的树立，将使我们很快地摆脱消极心理的阴影。要想成为一个快乐的强者，先从积极改变坏习惯开始吧。

本杰明·富兰克林是美国历史上最有影响力的伟人之一，他博学多才。他是科学家、作家、语言学家、发明家、画家、哲学家。他自修法文、西班牙文、意大利文、拉丁文，并引导美国走上独立之路。

但是，就连富兰克林也有不好的习惯，他自己很清楚这一点。与众不同的是，他会下决心想方设法改变它们。他不愧是一个发明家。他为自己制定了一个戒除恶习的妙方。他列出获得成功必不可少的13个条件：节制、沉默、秩序、果断、节俭、勤奋、诚恳、公正、中庸、清洁、平静、纯洁、谦逊。

在那本不朽的自传中，他提及了使用这个妙方的方法："我打算获得这13种美德，并养成习惯。为了不致分散精力，我不指望一下子全做到，而要逐一进行，直到我能拥有全部美德为止。"

他的秘方中，有一点借鉴了毕达哥拉斯的忠告——每个人应该每日反省。他设计了第一套成功记录表：

"我制作了一个小册子，每一个美德占去一页，画好格子。在反省时若发现有当天未达到的地方，就用笔做个记号。"

妙方对这位伟人起了什么样的作用呢？

当富兰克林79岁时，写了整整15页纸，特别记叙了他的这一项伟大"发明"，因为他认为自己的一切成功与幸福受益于此。

富兰克林在自传中写道："我希望我的子孙后代能效仿这种方式，并有所收益。"

高山滑雪是人与环境以及时间的竞赛。每当我们看到输赢之间只差极短的时间时，就会不禁摇头同情那些输家。

第一名的时间是：1分37秒22。

第二名的时间是：1分37秒25。

也就是说，冠军与平庸之间，相差的时间只是眨眼的工夫。

到底冠军与输家之间有什么不同呢？运气？也许是。但也许冠军多下了一点点功夫，多花了一点点时间。也许冠军肯下功夫对付自己的坏习惯，直到把它从自己的行为中戒除掉。这样，他在高山滑雪时少用了一点点时间，而这就足以使他成功。

你是否也有一些坏习惯呢？它们是什么？是拖拉、放纵、懒惰、邋遢、坏脾气、缺乏毅力？还是……？

只要这些不良习惯存在，你就不可能有太大长进。

当你看到美元票面上的华盛顿的肖像时，看着他白色卷发映衬下那平静、自信、显示着自控能力的面庞时，你能想象出他年轻时曾有一头红发，脾气暴躁吗？

要是他没有学会靠自控力改变自己的坏习惯，那恐怕就无法成为叱咤风云、率领没有受过训练的民兵战胜乔治王军队的领袖，恐怕他也不会成为美国第一任总统。

第四章

跟自己较量，和别人共用能量

你的人际关系，决定你的未来

每个人都在追求精彩的生活，都想在人生的这个大舞台上取得成功，但不是人人都可以如愿以偿。之所以有的人能够活出自己期待的样子，得到自己想要的生活，有的人却不能，一个重要的因素就是——人际关系。

黄巾乱世之中，刘备、关羽、张飞相遇，桃园结义，成就了千古美谈，也奠定了西蜀国的根基。之后天下三分，刘备始为皇帝，关羽、张飞也成开国元勋、西蜀重臣。回头看看，刘、关、张结义之时，三人均是草民。刘备虽是汉室皇亲，却流浪街市，贩席为生。张飞只是一个屠夫、粗人。关羽杀人在逃，无处立身。三人结义后，彼此借势，相得益彰。董卓之乱时，吕布为枭雄。刘、关、张大战吕布，却只打成平手，可见吕布何等英雄。但吕布匹夫无助，枉自豪勇，最终为曹操所杀。而刘、关、张却彼此相仗，日益得势，最终立国树勋。

如果没有刘备、关羽、张飞的互相协助，也就不会有后来的三国鼎立的局面。在现代社会同样如此，只有人脉资源丰富的人，才能更快地获得成功、赢得天下。

我们都知道比尔·盖茨之所以能成为世界巨富，是因为他掌握了世界的大趋势和他在电脑上的智慧与执着。其实，比尔·盖茨之所以成功，除这些原因之外，还有一个关键的因素，那就是比尔·盖茨的人际关系资源相当丰富。

首先，比尔·盖茨利用自己亲人的人际关系资源。

比尔·盖茨20岁时签到了第一份合约，这份合约是跟当时全世界第一强的电脑公司——IBM 签的。

当时，他还是位在大学读书的学生，根本不会有太多的人脉资源。那么他怎能钓到这么大的"鲸鱼"？原来，比尔·盖茨之所以可以签到这份合约，中间有一个十分关键的中介人——比尔·盖茨的母亲。比尔·盖茨的母亲是 IBM 的董事，妈妈介绍儿子认识自己的董事长，这不是很理所当然的事情吗？假如当初比尔·盖茨没有签到 IBM 这个大单，顺利地掘到第一桶金，迈出进军 IT 业的第一步，相信他今天绝对不可能拥有几百亿美元的个人资产。

其次，利用合作伙伴的人际关系资源。

比尔·盖茨最重要的合伙人——保罗·艾伦及史蒂夫·鲍尔默不仅为微软贡献了他们的聪明才智，也贡献了他们的人际关系资源。1973 年，盖茨考进哈佛大学，与现任微软 CEO 的史蒂夫·鲍尔默结为了好朋友，并与艾伦合作为第一台微型计算机开发了 BASIC 编程语言的第一个版本。大三时，盖茨从哈佛大学退学，投入到和孩提时的好友保罗·艾伦创建的微软公司，开发个人计算机软件。合作伙伴的人际关系资源使微软能够找到更多的技术精英和大客户。1998 年 7 月，史蒂夫·鲍尔默出任微软总裁，随即亲赴美国硅谷约见自己熟知的 10 个公司的CEO，劝说他们与微软成为盟友。这一行动为微软扩大市场扫除了许多障碍。

再者，发展国外的朋友，让他们去调查以及开拓国外的市场，常常会比微软自己王婆卖瓜的方式更加有效。比尔·盖茨有一个非常要好的日本朋友叫西和彦。他为比尔·盖茨讲解了很多日本市场的特点，并开发了第一个日本个人电脑项目，以此来开辟日本市场。

同时，比尔·盖茨雇用非常聪明、有潜力的人来一起工作。比尔·盖茨说："在我的事业中，我不得不说我最好的经营决策是必须挑选人才，拥有完全信任的人，可以委以重任的人，可以为你分担忧愁的人。"

那些成大事者，有些固然是天赋异禀、可恃才傲物之辈，但更多的还是朋友遍天下、行走可借力的人。人有智商、情商，自然可以拓展人际关系、聚拢无穷人气、成就非凡人望，进而获得成功。有了强大的人心所向，何愁不能成就一番事业。无论是在古代还是在现在，得人缘者才能得天下。

社会不需要独行侠，单打独斗早晚要摔跟头

创业已经成为年轻人毕业后的重要就业途径之一，创业人群也越来越年轻化。对于年轻人来说，最重要的创业经验就是要避免创业中的硬伤——单打独斗，一意孤行。"君子生非异也，善假于物也。"孤掌难鸣，独木不成桥。

当今社会是一个人际交往频繁的社会、一个合作的社会。没有谁能不依靠任何人即在社会上存活，更没有人可以只凭一己之力就获得成功。

每当秋天来临，大雁南飞的时候，为什么整齐的雁群一会儿排成人字形，一会儿排成一字形？因为这是最省力的团队飞翔方式。

雁群以一字形或人字形列阵飞翔时，后一只大雁的一翼能够借助前一只大雁鼓翼时产生的空气动力，使飞行省力。当飞行一段距离后，左右交换位置是为了使另一侧的羽翼也能借助空气动力缓解疲劳。

这样，消耗同样的体力，雁群飞翔比孤雁单飞增加了70%的飞行距离。而当一只孤雁即将脱离队伍时，它马上就会感到有股动力阻止它离开，借着前一个伙伴的"支持力"，它很快就能回到队伍中。

更重要的是，当一只大雁生病了，或是因枪击而受伤脱队时，另外两只大雁就会主动脱队跟随它，帮助并保护它。它们跟着落下的那只大雁一起落到地面，直到它能够再次飞翔或者死去，另外两只大雁才会飞走，或随着另一队大雁赶上它们自己的队伍。

正是由于为了共同的目标而相互协作，雁群才能够越过万水千山，最终回到它们的栖息地。

像大雁一样，人同样是群体的动物，离开了群体，人就不能健康成长。

群居是人类的特性，现代人同样离不开群体，而且群体的组织形式也越来越发达。除家庭、社区外，还有学校、工厂、公司、军队、政府部门等具有严密组织的社会群体。随着现代社会分工越来越细，社会作为功能交换的体系越来越发达。个人对群体的依赖虽然如旧，但个人对群体的选择性却越来越强。通过对群体的选择和确定，个人可以不断发掘自己的潜力，发挥自己的才能，拓展自己的

发展空间。

信息社会的一大特点是人与人之间的联系交流增多，人们可以通过各种途径增加交往的机会。发达的交通工具、便捷的通讯网络等都让人与人之间的交往成为可能。而年轻人适应社会和认识社会最好的方法就是加入某个社会群体，承担社会责任，与社会相融合。只要你想生存，你想成功，你就离不开合作。

雁群的事例告诉我们，单打独斗很难达到我们的最终目的。只有多与他人合作，才能少摔跟头，早日到达我们的目的地。

不仅在动物界如此，精诚合作、集思广益对于人类来说也是很了不起的。它不仅可以创造奇迹，开辟前所未有的新的天地，也能激发人类的潜能，即使面对人生再大的挑战都不畏惧。

笨人才认为"一切靠自己"

北美有一种生存时间最长、最具生命力的植物——红杉。它之所以生命力如此顽强，就是因为它的生存隐含了一种"团队合作"的力量。这种力量坚不可摧！

美国加州的红杉，其高度大约是90米，相当于30层楼高。

科学家深入研究红杉，发现许多奇特的现象。一般说来，越高大的植物，它的根理应扎得越深。但科学家却发现红杉的根只是浅浅地浮在地表而已。理论上，根扎得不够深的高大植物是非常脆弱的，只要一阵大风就能将它连根拔起，可红杉又为何能长得如此高大且屹立不倒呢？

研究发现，必定是一大片的红杉生长在同一个地方，并没有独立生长的红杉。这大片红杉彼此的根紧密相连，一株连着一株，结成一大片。自然界中再大的飓风，也无法撼动几千株根部紧密连接、占地超过上千公顷的红杉。除非飓风强到足以将整块地皮掀起，否则没有任何自然力量可以动红杉分毫。

红杉的浅根，也正是它能长得如此高大的利器。它的根浮于地表，方便、快速而大量地吸收赖以生长的水分，使红杉得以迅速生长，同时，它也不需耗费能量，像一般植物一样扎下深根，用深根的能量来使它向上生长。

既然连植物都因"合作"而增强生命力，而永存，为什么人类就不可以呢？

成功不能只靠自己的强大，成功需依靠别人。只有能获得更多帮助，你自己才能更成功。

作为社会中的一员，谁也不能总是单独行动。有些事情靠一个人的力量是无法完成的。因为每个人的能力总是有限的。只有那些没有自知之明的人，才想着一切靠自己。

有些人精力旺盛，认为没有自己做不到的事。其实，精力再充沛，个人的能力还是有限度的。超过这个限度，就是人所不能及的，也就是你的短处了。每个人都有自己的长处，同时也有自己的不足，这就要与人合作，用他人之长补己之短，养成合作的习惯。

从前，有两个饥饿的人得到了一位长者的恩赐：一根渔竿和一篓鲜活硕大的鱼。其中，一个人要了一篓鱼，另一个人要了一根渔竿，于是，他们分道扬镳了。

得到鱼的人原地就用干柴燃起篝火煮起了鱼，他狼吞虎咽，还没有品出鲜鱼的肉香，转瞬间，就连鱼带汤吃了个精光。过了一段日子，他便饿死在空空的鱼篓旁。另一个人则提着渔竿继续忍饥挨饿，一步步艰难地向海边走去，可当他已经看到不远处那蔚蓝色的海洋时，他用尽了浑身最后一点力气，也只能带着无尽的遗憾撒手人间。

又有两个饥饿的人，他们同样得到了长者恩赐的一根渔竿和一篓鱼。只是他们并没有各奔东西，而是商定共同去找寻大海。他俩每次只煮一条鱼，他们经过遥远的跋涉，来到了海边，从此，两人开始过上以捕鱼为生的日子。几年后，他们盖起了房子，有了各自的家庭、子女，还有了自己建造的渔船，过上了幸福安康的生活。

这个故事告诉我们，在面临困境时，依靠自己的力量很难摆脱困难。只有合作，产生一种"合力"，才能推动你渡过难关。克雷洛夫说过："一燕不能成春。"一个人无论多么优秀，如果离开别人的配合，就无法把自己的事情做好，也无法在未来的社会中立足。我们的社会是由各怀特长的人共同组成的。每个人都有自己的优点，都是不可取代的。只有相互合作、取长补短，才能够共同取得成功。

人在社会中，独木难成林

一堆沙子是松散的，可是它和水泥、石子、水混合后，却比花岗岩还坚硬。

《水浒传》中，梁山好汉分工明确，有总指挥，有总策划，有管后勤的，有管保养的，有专门作战的勇士。在作战的群体中，也有打先锋的，有打主力的，有接应的，甚至还有探路的、养马的、治病的、看管犯人的、写书的、送信的……所有人各司其职，才能让梁山军马威震天下。

在各路好汉没上梁山之前，尽管都身怀绝技，但是谁也不能很好地生存下去，就是因为缺少合作。只有在一个统一的平台上，分工协作，才能将各自的优势发挥出来，才可能成就一番事业。

一个出色的球队，并不是几个大腕球星就能支撑起来的，取得好成绩还需要一个好教练，需要提供大量资金的老板，需要坚实稳定的替补球员。

芝加哥公牛队的辉煌和没落正说明了这一点。乔丹、皮彭以及当年公牛队的其他成员在分散后，都没有什么太好的表现，只有他们在一起的时候，才能创造三连冠的神话。

哲学家叔本华曾经说过：“单个的人是软弱无力的，就像漂流的鲁滨孙一样，只有同别人在一起，他才能完成许多事业。”而科学家卢瑟福也说过：“科学家不是依赖于个人的思想，而是综合了几千人的智慧，所有的人想一个问题，并且每人做它的部分工作，添加到正建立起来的伟大知识大厦之中。”

国内有一家合资企业招聘中层管理人员。12名优秀的应聘者经过初试，从上百人中脱颖而出，闯进了由公司经理把关的复试。

经理看过这12个人详细的资料和初试成绩后相当满意。但是，此次招聘只能录取4个人，所以，经理给大家出了最后一道题。经理把这12个人随机分成甲、乙、丙三组，指定甲组的4个人去调查本市婴儿用品市场，乙组的4个人调查妇女用品市场，丙组的4个人调查老年人用品市场。经理解释说：“我们录取的人是用来开发市场的，所以，你们必须对市场有敏锐的观察力。让大家调查这些行业，是想看看大家对一个新行业的适应能力，每个小组的成员务必全力以赴！”临走的时候，经理补充道："为避免大家盲目开展调查，我已经叫秘书准备了一份相关行业的资料，走的时候自己到秘书那里去取！"

3 天后，12 个人都把自己的市场分析报告送到了经理那里。经理看完后，站起身来，走向丙组的 4 个人，分别与之一一握手，并祝贺道："恭喜 4 位，你们已经被本公司录取了！"经理看见大家疑惑的表情，呵呵一笑，说："请大家打开我叫秘书给你们的资料，互相看看。"原来，每个人得到的资料都不一样，甲组的 4 个人得到的分别是本市婴儿用品市场过去、现在和将来的分析，其他两组的也类似。经理说："丙组的 4 个人很聪明，互相借用了对方的资料，补全了自己的分析报告。而甲、乙两组的 8 个人却分别行事，抛开队友，各干各的。我出这样一个题目，其实最主要的目的是想看看大家的团队合作意识。甲、乙两组失败的原因在于，你们没有合作，忽视了队友的存在。要知道，团队合作精神才是现代企业成功的保障！"

现代社会是一个崇尚分工合作的社会。一个人的能力再强，也不能包打天下。对于个人来讲，明智且能获得成功的捷径就是充分利用团队的力量。

微软中国研发部的总经理张湘辉博士说："如果一个人是天才，但其团队合作精神比较差，这样的人我们不要。中国 IT 业有很多年轻聪明的人才，但团队精神不够，所以每个简单的程序都能编得很好，但编大型程序就不行了。微软开发 WindowsXP 时有 500 名工程师奋斗了两年，有 5000 万行编码。软件开发需要协调不同类型、不同性格的人员共同奋斗，缺乏领军型的人才、缺乏合作精神是难以成功的。"

随着知识经济的到来，竞争日趋紧张激烈，各种新技术、新知识不断涌现，市场需求越来越多样化，使得现代企业管理面临的环境和情况越来越复杂。在很多时候，单靠一个人的力量是难以完成对各种错综复杂信息的处理和解决的，更不可能采取切实、高效的行动，这就需要依赖组织成员之间的相互合作、相互关联、协调行动，以解决各种复杂的难题，保持组织的应变能力和源源不断的创新能力。

人是群居性的动物，每个人都在社会这个大家庭中生活，彼此隔绝是不可能的，每个人都需要团队，每个人都需要合作。"滴水不成海，独木难成林"，只有团队之间真正地合作，才会汇成一股强大的力量，推动实现最终的目标。

成功人士的共同特征：善于向他人求助

一个人不能单凭自己的力量完成所有的任务，战胜所有的困难，解决所有的问题。须知借人之力也可成事。善于借助他人的力量，既是一种技巧，也是一种智慧。

《圣经》中有这样一则故事：

当摩西率领子孙们前往上帝那里要求赠予他们领地时，他的岳父杰罗塞发现，摩西的工作实在超过他所能负荷的。如果他一直这样的话，不仅仅是他自己，大家都会有苦头吃。于是杰罗塞就想办法帮助摩西解决问题。他告诉摩西，将这群人分成几组，每组1000人，然后再将每组分成10个小组，每组100人，再将100人分成两组，每组50人。最后，再将50人分成5组，每组10个人。然后杰罗塞告诫摩西，要他让每一组选出一位首领，而且这个首领必须负责解决本组成员所遇到的任何问题。摩西接受了建议，并吩咐负责1000人的首领，只有他才能将那些无法解决的问题告诉自己。自从摩西听从了杰罗赛的建议后，他就有足够的时间来处理那些真正重要的问题，而这些问题大多数只有他自己才能够解决。简单一点说，杰罗塞教给摩西的，其实就是要善于利用别人的智慧，善于调动集体的智慧，用别人的力量帮助自己克服难题。

很多事情就是这样的，当我们无力去完成一件事时，不妨向身边可以信任的人求助。也许对我们来说费力不讨好的事情，对他们来说却可能不费吹灰之力就能轻松"搞定"。与其自己苦苦追寻而不得，不如将视线一转，呼唤那些有能力解决问题的人，这样赢取胜利的过程自然会顺利不少。

一个小男孩在沙滩上玩耍。他身边有他的一些玩具——小汽车、货车、塑料水桶和一把亮闪闪的塑料铲子。他在松软的沙滩上修筑公路和隧道时，发现一块很大的岩石挡住了去路。

小男孩企图把它从泥沙中弄出去。他是个很小的孩子，那块岩石对他来说相当巨大。他手脚并用，使尽了全身的力气，岩石却纹丝不动。小男孩一次又一次地向岩石发起冲击，可是，每当他刚把岩石搬动一点点的时候，岩石便又随着他的稍事休息而重新返回原地。小男孩气得直叫，使出吃奶的力气猛推猛挤。但是，他得到的唯一回报便是岩石滚回来时砸伤了他的手指。最后，他筋疲力尽，坐在沙滩上伤心地哭了起来。

这整个过程，他的父亲在不远处看得一清二楚。当泪珠滚过孩子的脸庞时，父亲来到了他的跟前。父亲的话温和而坚定："儿子，你为什么不用上所有的力量呢？"男孩抽泣道："爸爸，我已经用尽全力了，我已经用尽了我所有的力量！""不对，"父亲亲切地纠正道，"儿子，你并没有用尽你所有的力量，你没有请求我的帮助。"说完，父亲弯下腰抱起岩石，将岩石扔到了远处。

可见，不要羞于向强者求助，有时对自己来说是天大的难事，对强者而言不过只需要动动手指头。甚至在另外一些时候，即使是敌人，也可为己所用。

借人之力，利用他人为自己服务，以让自己能够高居人上，这是一个人很难能可贵的地方。尤其对自己所欠缺的东西，更需要多方巧借。善于借助别人的力量，善于利用别人的智慧，广泛地接受多家的意见，多和不同的人聊聊自己的构想，多倾听别人的想法，多用点脑子来观察周遭的事物，多静下心来思考周遭发生的一些现象，将让你受益匪浅。

正如奥地利著名作家斯蒂芬·茨威格说的："一个人的力量是很难应付生活中无边的苦难的。所以，自己需要别人帮助，自己也要帮助别人。"所谓孤掌难鸣，独木不成桥，在这个世界上没有完美的人，巧妙地借助他人的力量为我所用，自然会有事半功倍的效果。

做事能力只给你一种机会，而交际能力
却给你一百种机会

当你刚刚从学校毕业，好不容易找到一份工作后，你首先想到的一定是：我要努力工作，认真做事。不错，你的想法很好，年轻人就是要多做事，才能积累工作经验，但是在做事的同时，你千万不要忘了做人。不要只顾埋头苦干，而与身边的人甚至是你的上司毫无沟通。

如果你这样做，用不了多久，你的工作成绩也许会让你继续留在公司工作，但是你一定会觉得有些孤独。不要觉得其他人是因为你是新人而在排挤你，事实上是你自己缺乏主动，没有结交朋友的诚心和热情，别人自然是不会主动去接纳你的。

再过一段时间，如果你依然不改善你的人际关系，当你的工作需要同事们协助才能开展的时候，你就会觉得自己的力量是多么有限。很多事情是你一个人无法去完成的，即使你的能力再强，再优秀。

简单地说，这有点像你在评选三好学生，成绩完全符合要求，可惜你在班上没什么人缘，甚至得罪了一些同学，那么你肯定是评不上三好生的，因为同学选举这关你就过不去。你只能是个成绩不错的学生，而失去了成为三好生的机会。在学校，我们固然可以放弃一些机会，但是到了社会上，如果你还是保持这样的做人的态度，那么你失去的机会将会很多很多。

学会处理与周围人的各种人际关系，你才能逐步建立起属于你自己的人际关系，才能赢得更多的发展机会。也只有将人际关系处理好了，你才能在新环境中做到游刃有余，才能给领导留下个好印象，让客户看到你的诚意。

王立好不容易通过笔试、面试，顺利地进入了一家国企。他一直信奉老师给他的赠言："多做事，少说话。"于是，刚到岗，他就立刻投入到工作中去，对于难解的研究课题，他经常加班加点地忙活。就这样，他一直忙于自己的工作，甚至没有时间去和同事们沟通。

而和他一起进入企业的还有一个新人，叫张强，他没有王立那么高的学识和才干，但是他很招人喜欢，参加工作没多久就和同事们混得很熟，即使碰到业务上的难题也常有人来主动帮忙。所以虽然他在专业上有所欠缺，但是工作上基本能做到让领导满意。再加上他善于察言观色，善于与人沟通，不仅在部门内部获得了好人缘，企业其他部门的人都对他的表现称赞有加。

一年很快过去了，王立的科研成果显著，还获得了科技奖。张强因为工作协调能力突出而被指派升为该科研小组的组长，负责项目的对外联络和开发。又过了几年，王立的科研项目得到过几次奖励，但在职位上却仍是科研人员。而张强因为其出色的沟通才干，为企业赢得了不少新项目，还给企业带来了实际效益，已经晋升为部门主管。王立虽然一直勤勤恳恳，认认真真地工作，可是无论自己做事多么认真勤奋，到头来还只是普通职员，看着张强步步升迁，而自己还是普通职员，心里真是有些想不通。

难道他老师的话说错了吗？不是应该多做事，少说话吗？其实王立是进入了一个交际的误区。他的老师告诉他"少说话"，并不是不说话，是让他多去倾听别人的讲话，在了解情况后，就要主动去说话，去和人沟通。很显然张强在这方面就做得很好，正因为他善于与人交往，建立了自己的人际关系，所以他才能在工作中如鱼得水，并且能够步步高升。

鼓励年轻人要多做事是正确的，但是俗话说得好："三分做事，七分做人。"仅仅只把你手头上的工作做好是不行的，还要学会如何做人，如何处理你的人际关系。只有处理你好身边的人际关系，才能促使你在工作中做得更好，才能赢得他人的赞赏。

有句话说得好，做事能力只给你一种机会，而交际能力却给你一百种机会。不管你的专业技能有多强，你的个人能力有多突出，都不能离开其他人的支持，毕竟孤军奋战不如团体作战的战斗力更强。而拥有了你自己的人际关系，你便可以以便捷的途径获取到成功的机会，这也是为什么有的人只能默默地做一辈子小职员，而有的人却能步步高升。相信你也想成为后者吧！

亮出闪光点，摆脱"谁也不是"的状态

长久以来，很多人对于拓展人际关系有一种很深的误解，认为认识的朋友多就等于人际关系广泛，他们信奉所谓的"你认识谁，比你是谁更重要"。其实，在人际关系这方面，最重要的不是"你认识谁"，而是"谁认识你"。也就是说，拓展人脉的过程，与其说是"我要认识更多的人"，不如说是"让更多的人认识我"。因此，拓展人际关系的第一步就是要成为"别人渴望认识的人"，如果想要认识更多的朋友，那么首先要让别人看到你的价值，比如你的某种专长、能力或者特质。

以前很多人际关系书籍中都强调"要积极主动地认识新朋友",却不强调提升自我的价值。看起来这是主动拓展人际关系的方式,其实这是很被动的,因为选择权在别人手上,当你"谁也不是"的时候,是别人在选择你作为朋友,而不是你选择别人。但是,一旦你有了自己的闪光点,成为"别人渴望认识的人"之后,主动权就重新回到了自己的手上,是由你来选择和某些人做朋友,而不是由别人来选择你。

也许你现在"人微言轻",但每个人都有自己无可替代的价值。建立人际关系的第一步,就是自我设计,打造自己的闪光点,并且通过一定的方式和技巧把你的价值传播出去,让更多的人认识你。

打造闪光点,可以从自己的强项开始。每个人都有自己独特的能力。从自己独特的能力开始,是最容易打造闪光点的方法。

丹丹是一家饮料公司的业务主管。因为她平易近人、说话随和,所有的客户都喜欢和她谈话。每逢碰到同事和客户谈崩的时候,就会让她出马。只要她一去,不管什么冰山都会融化成一江春水。她个人的闪光点就是"化解矛盾的专家"。

每个人都应像丹丹一样及早找到自己的强项,尽量发挥,这是快速脱颖而出的秘诀!你的表现是你的最佳简历。我们必须做到处处打造自己的闪光点,让每个见过你的人都能记住你,若你果真有能力和风格,那样,成功就离你不远了。

无论是打造闪光点还是个人品牌,总之你要能够让别人一下就能记住你。想要建立广泛的人脉,就必须早日摆脱"谁也不是"的状态,把你的名字深深地印在别人的脑海中。

把自己武装成"绩优股",吸引各方的注意

有句俗话叫:"王婆卖瓜,自卖自夸。"虽然其中蕴涵了一些对自吹自擂者的讽刺意味,但这种自我宣传在某些情况下还是很有必要的。

社会就如同竞技场,有许多机会都是要靠自己去争取的。如果有能力,就应该自告奋勇地去争取那些别人无法完成的任务,千万不要让自己淹没在人群中,

或者躲在被人们遗忘的角落里。成功者会让自己闪耀夺目，像磁铁一样吸引各方的注意。

有一匹千里马，身材非常瘦小，它混在众多马匹之中，默默无闻。主人不知道它有与众不同的奔跑能力。它也不屑表现，它坚信伯乐会发现它的过人之处，改变它的命运。

有一天，它真的遇到了伯乐。伯乐径直来到千里马面前，拍了拍马背，要它跑跑看。千里马激动的心情像被泼了盆冷水，它想：真正的伯乐一眼就会相中我，为什么不相信我，还要我跑给他看呢？这个人一定是冒牌的。千里马傲慢地摇了摇头。伯乐感到很奇怪，但时间有限，来不及多作考察，只得失望地离开了。

又过了许多年，千里马还是没有遇到它心中的伯乐。它已经不再年轻，体力越来越差，主人见它没什么用，就把它杀掉了。千里马在死前的一刻还在哀叹，不明白世人为什么要这么对待它。

客观而言，千里马的一生是悲惨的，可以说是"怀才不遇"。它终年混迹于平庸之辈中，普通人不能看出它的不凡之处，伯乐也错过了提拔它的机会。但是谁导致这种悲剧的呢？是它的主人，还是伯乐？都不是。怪只怪千里马自己。假如它当初能够抓住机遇，勇敢地站出来，在伯乐面前不顾一切地奔跑，表现出自己与众不同的优秀品质来，用速度与激情证明自己的实力，恐怕它早就离开那个狭窄的空间，到属于自己的广阔天地尽情施展才能了。

人们过去总说"酒香不怕巷子深"，但事实并非如此。试想，要有多么浓郁的芳香才能从深巷里传入人们的鼻中呢？又有多少人能够静下心来寻找这芳香的源头呢？再香的酒，只怕最终也不过落得个"长在深巷无人识"的结局。许多人常慨叹怀才不遇，却不知道能力是需要表现出来的，有本事就要发挥出来。不吭声、不动作，谁会知道你胸中的万千丘壑，谁会将你这匹千里马从马群中挑选出来呢？

不少人总是满怀希望地等待着，期待伯乐发现自己、提拔自己。只可惜千里马常有，而伯乐不常有，并不是所有领导、上司都独具慧眼，将机会拱手送上。在你做白日梦的时候，别的千里马，甚至是九百里马、八百里马们早已迎风驰骋，令众人瞩目，获得了充分展示自己的舞台。而默不做声的你，自然只能被淹没在无人问津的平庸者当中。

现实终究是现实，成功的机会不会自动跑到你面前来，一切都要靠你自己去争取。要知道，就算天上掉下馅饼，也要主动去捡，而且必须抢先别人一步。金子如果被埋在土里，就永远不会闪光。

因此，即便是实力再强的人，也要学会表现自己，要善于表现自己，才能让自己的优势展现于世人面前，才能使自己成为求才若渴的人们心目中的抢手货。

以现代职场为例，默默无闻、埋头苦干的人，往往不一定能够得到重用。一个成功的人，不仅要拥有雄厚的实力，还要善于表现自己，这样才有机会脱颖而出。

正如美国著名演讲口才艺术家卡耐基所言："你应庆幸自己是世上独一无二的，应该把自己的禀赋发挥出来。"在如今这个凸显自我价值的时代，实力已不是成功的唯一条件，还需把自己"捧红"，把自己"炒热"，这样才能扩大自己的影响力，赢得更多的人缘。

人的身上真的有"磁场"，会吸引一些人，也会排斥一些人

相信你一定碰到过这种情况：遇到一个人，在完全还不了解的情况下，就是觉得想跟他成为亲近的朋友；而遇到另一个完全不认识的人，你却没有原因地不太喜欢，甚至有一丝嫌恶，尽管他看起来是来自精英阶层。你也许觉得这是"首因效应"在起作用，其实，这只是答案的表皮而已，根本的原因是每个人身上都像磁铁一样有一个"磁场"——你和前一个人的"磁场"相吸，而和后一个人的"磁场"相斥，由于"磁场"碰撞的不同反应而在你心里产生了不同的感觉。当然，为了和磁铁的"磁场"相区别，研究者把人类自身的场称为"气场"。

那么，气场是怎么样形成并存在的呢？

世界是物质与能量的集合，而人的能量场可以直接与宇宙能量进行交流，这是一种比力更高级的存在——气场。通过它，你不仅可以和宇宙对话，还能获得无穷的力量。无论是吸引成功还是影响他人，都可以通过这宇宙中最伟大的力量

来实现。

如果有人告诉你，世上的万事万物都是虚幻，这个世界只由两种基本元素构成，你不要以为这是在说电影《黑客帝国》的故事情节。物理学中的两大守恒定律告诉我们：世间的一切都在不断变化和生灭，只有物质和能量是不生不灭的。正如虚拟的电子世界由 0 和 1 组成，现实世界也是由物质和能量这两种基本元素构成的。

但是，仅有一堆杂乱的 0 和 1 不能叫一个程序，仅凭物质和能量的堆砌也无法产生世间万物。只有满足特定的组合形式，0 和 1 才能产生出无穷变化的序列，物质和能量才能形成各种不同的事物。这个组合形式就是信息。物质按照特定信息组合起来就构成有形的物质世界，而能量按照特定的信息组合起来就构成了各种无形的能量场。能量世界与物质世界的不同在于前者没有绝对的分界，整个宇宙就是一个无形的能量场。

如果你觉得这太不可思议，那么不妨去看看由詹姆斯·卡梅隆执导的科幻电影《阿凡达》。这部影片不仅讲述了一个美丽的故事，更为我们理解自身与能量的关系提供了很好的参考。

在潘多拉星球上有一棵神圣的灵魂树，它是凝聚潘多拉星球上万物和谐共处、平等尊重的图腾。纳威人重视心灵的沟通——人与人，人与动物，人与植物，所有生物和谐共处。

纳威人懂得生命的存在不过是从此到彼，循环不已。神是无处不在的，神能感知感应到纳威人的所思所想，并在冥冥中指引着纳威人顺应自然的规则。当今社会的很多人却失去了真正的爱——那种真实、平衡、自由的爱，他们忘记了自己来自于自然，宇宙才是真正的母亲。

在《阿凡达》这部虚构的作品背后，有一个深刻的启示：人是世界的表象和个体化，人的本质和世界是同一的。我们的身体正如一个容器，承载着精神，也就是心灵。而心灵能量是不受身体束缚的，可以直接与宇宙能量相通。从我们的每一次呼吸、每一次心跳，到每一次潜意识的流动、每一次思考判断，都伴随着能量信息流的输出与输入。既然是能量，那就一定有强弱正负之分，这在与外界接触时就表现为各种力的作用——吸引、排斥、吸收、转化、抵消等。以某个人为核心的能量场具有的力，当然也是由他的身体和心灵决定的。

从某种角度看，人类是万物的主宰，不是因为人在物质基础上有多么强大，而是因为人类具有强大的心灵能量，并能够通过它去认识、利用并改造事物。人类中的佼佼者则是能量场最强之人，他们不仅拥有强大的心灵能量，还能将它转化为身体能量释放出来，从而获得无穷的创造力和对周围人的影响力。

这就是人和宇宙的秘密，而这秘密的核心可以归结到人的身心灵能量场——气场。这种气场在每个人身上都是不相同的。正是由于这种因人而异的气场间相互作用，人际交往中才表现出一个人既会吸引一些人，也会排斥一些人。

积极贡献自己的核心价值——不怕被利用，就怕你没用

在生活中，有时候大家会十分沮丧，因为自己好像工具一样，被人利用了。其实，这并不是最可怕的，最可怕的是有朝一日你连被人利用的价值都没有了，那时，你就真成了孤家寡人，像被束之高阁的积压商品，无人问津。

这样想想，你就会觉得：被人利用其实也不是最可怕的。当然，利用这个词确实不好听，如果人与人之间只留下这种赤裸裸的利用与被利用的关系，那么这将是全人类的悲哀。这里所说的利用实际上可以理解为一种互相需要、彼此帮助。而要想助人，就先要有能够助人的能力。

因此，你在盘点人际关系前，不妨先冷静地问问自己：你对别人有用吗？你能给他人提供哪些价值？不要一味地想得到回报而没有付出，你无法被人利用，就说明你不具有价值，你越有用，你就越容易建立坚实的人际关系。

记得在高阳的《胡雪岩》一书中曾经有过这样一句话："一切都是假的，靠自己是真的。人缘也是靠自己。自己是个半吊子，哪里来的朋友？"这相当贴切地描写了拓展人际关系的秘诀——人际关系的最高境界就是互利，而非单方面的游说。

当你发现某个人对你来说有价值而主动与其建立关系的时候，他照样会考虑你对于他来说是否也具有价值。如果他发现你没有任何利用价值，就算你不停地对他阿谀奉承，他也未必会瞧你一眼。所以，要想拓展自己的人际关系，首先要让自己具有成为别人人际关系的资本。

苏女士是一位刚出道的作家，文笔潇洒，很有天赋，为人也不错，前不久还在某刊物上发表了一篇短篇小说。但是，大家知道，在如今这个社会，并不是有才华就能成大器，作家也是需要包装和推广，如今出名的哪一个不是因为有一个好的平台来展现，才得以迅速飙红？

可是，苏女士在出版界一无熟人、二无背景，因此出头的机会很渺茫。后来，经朋友介绍，她认识了老蒋。老蒋原来是国内一家知名出版机构的首席策划人，不仅熟知业务，而且也有较好的人缘。几个月前，他自立门户，开办了一家文化出版公司，并希望最终能够开辟自己的一片天地。但是让他烦恼的是，从开业到现在，一些比较出名的作家、编辑都不愿与他合作，嫌他的公司规模小。

思来想去，老蒋认为，与其找那些大人物遭拒绝，不如自己培养一些有潜力的作者。于是，他与苏女士一拍即合，立即联手。苏女士成了老蒋公司的"御用"作者。事实证明老蒋的选择十分正确。进公司不久后，苏女士创作的第一部小说一上市就引起了轰动，销量十分可观。

试想，如果苏女士只是个庸庸碌碌的二流写手，那么，老蒋也不会看中她，更不会将其招至麾下，重点培养。可见，很多时候，两个人之所以会交往，都是想从交往对象那里满足自己的某些需求，这种满足既有精神上的，也有物质上的。可以说，人际交往中的互惠互利合乎我们社会的道德规范。

团队合作，才能采到比别人更多的果子

如果你想在事业上取得成功的话，首先在公司内一定要受到众人的瞩目，成为既有才能又有人缘的人才；否则，你的上升运势或许会直线下降。生活中的确有不少这样的实例，有些人由于不重视公司内的人际关系，把自己孤立在交际圈之外。

费文是个时尚的年轻人，喜欢重金属音乐，又有点小资情调。毕业后，他进入一家日化公司从事销售工作。凭着自己的机智和良好的口才，他的销售成绩相当不错。可是费文却觉得有点孤独，他觉得同事不是老古板就是没内涵，因此，他在公司里几乎没有什么朋友，下班了就约上自己的死党去泡吧。公司有集体活

动费文也很少参加。同事拉他去 KTV，他说他对口水歌不感兴趣；公司举办舞会，他说那是群魔乱舞，自己可不想被体重超标的女同事踩来踩去……总之，公司的活动他是能躲就躲，去了也只是意兴阑珊地待一会儿赶快走。同事们都生气地说："看来是我们格调太低，不配和人家来往。"领导对他也颇有微词。

一年后，同他一起进公司的人，除了他和几个业绩太差的，普遍都获得了提升，他愤愤不平地去找领导，质问为什么对他另眼相看。领导淡淡地看了他一看："这要问你自己吧！你真的把自己当成公司中的一员了吗？在公司里你有关系不错的同事吗？人缘这么差，即使我提升了你，谁又肯听你的呢？"费文根本无法回答领导的问题，只好灰溜溜地走了。

费文不懂得搞好公司内部的人际关系，缺乏团队精神，结果成了公司的特殊分子，只能做最基础的工作，无法获得提升的机会。这也是生活中很多人都存在的问题，结果他们在公司内的人缘越来越差，自己逐步被孤立，提升也就无从谈起了。

陈述的舅舅是某公司的总经理，舅舅觉得陈述是个人才，好好磨炼一下，将来可以在事业上给自己帮助，于是就让陈述参加了公司的招聘。果然，陈述以优异的成绩进入了公司。为了让陈述接受锻炼，舅舅特意嘱咐他隐瞒两人的亲属关系，好好工作。

上班之后，陈述觉得舅舅的公司存在很多问题，在他眼里，相当一部分员工，包括他的顶头上司都是不称职的，再加上认为自己身份特殊，因此他当起了"独行侠"，很少与同事来往。上班近 3 个月，在公司里，他竟然没有一个比较说得来的同事。不仅如此，他那骄傲狂妄的态度还着实惹恼了不少人。

陈述的舅舅对陈述的工作成绩还算满意，但还想知道陈述在其他方面的表现如何。一次路过员工休息室时，无意中听到了员工对陈述的评价："唉，你们说陈述那小子像什么？像不像开屏的孔雀？""什么？孔雀？太抬举他了吧！我看倒像茅坑里的石头——又臭又硬！""看他一副狂妄的样子！他有什么了不起的啊！幸亏他只是个小职员，他要是经理，尾巴还不翘上天去啊！""他要是经理啊，我看一半员工都要辞职……"

总经理大吃一惊，他没想到陈述的人缘竟然这么差，他又找来了陈述的部门主管，故作不经意之态地提起陈述。结果部门主管说："他的能力是有的，但在处理人际关系方面有很大问题。老实说，我是领导，不希望手下有这种员工，他已经给我的部门的团结带来了危害。我正想跟人事部门打招呼呢！"第二天，陈述离开了公司，临走前舅舅送给他一句话：进入了一个圈子，你就得适应这个圈子。

　　一个人缘极差的人是无法在公司里的交际圈中生存的，试想在人人排斥、讨厌他的情况下，怎么能把工作做好呢？为了成为有杰出表现的人才，我们就必须在公司内培养好人缘，想办法与众人增进感情，真正融入到一个圈子中去。

第五章

明天的泪，都是现在脑子进的水

在狂妄泛滥的地方危险就大

一个容器，若装满了水，稍一晃动，水便溢了出来。一个人，若心里盛满了骄矜，便再也容纳不了新的知识、新的经验及别人的忠告了。

骄矜，是指一个人骄傲专横、傲慢无礼、自尊自大、好自夸、自以为是。具有骄矜之气的人，大多自以为能力很强，很了不起，做事比别人强，看不起他人。由于骄傲，往往听不进别人的意见；由于自大，则做事专横，轻视有才能的人，看不到别人的长处。

骄矜对人对事的危害性是很大的，这一点古人认识得十分清楚。《管子·法法》中说："凡论人有要：矜物之人，无大士焉。彼矜者，满也。满者，虚也。满虚在物，在物为制。矜者，细之属也。"这段话告诉我们，评价一个人，是有一定标准的，凡是能够做出一番伟大事业的人，没有一个是具有骄矜之气的人。骄矜，是自满的表现，是小家子气的表现，决不能成就大事。

《尚书·革命》中这样阐述：骄傲、荒淫、矜持、自夸，必将以坏结果而结束。同样的看法在《说苑·丛谈篇》中也有：富贵不与骄傲相约，但骄傲自然而然地随富贵出现了；骄傲和死亡并没有联系，但死亡也会随骄傲而来临。

骄矜自大对人百害而无一利，中国历史上深受其害的人可谓比比皆是。

清朝时期，年羹尧早期仕途一路顺畅。1700年考中进士，入朝做官，升迁很快，不到10年已成为重要的地方大员——四川省长官。这个时期是清朝西北边

58

疆多战事的时期。当时康熙重用年羹尧，就是希望他能平定西藏、青海等地叛乱。年羹尧也没有让康熙失望，在1718年参与平定西藏叛乱的过程中，年羹尧表现出了非凡才干。他当时负责清军的后勤保障工作，虽然运送粮饷的道路十分艰险，但是在年羹尧的努力下，清朝大军的粮饷供应始终是充足的，从而为取胜创造了条件。因此，第二年年羹尧就被康熙皇帝提拔为四川、陕西两省的长官，成为清朝在西北最重要的官员。

这一年九月，青海地区又出现叛乱。这一次朝廷任命年羹尧为主帅前去镇压。出兵前，年羹尧突然下令："明天出发前，每个士兵都必须带上一块木板、一束干草。"将士们都不明白这是为什么，又不敢问。第二天进入青海境内，遇到了大面积的沼泽地，队伍难以通过。这时年羹尧下令将干草扔进沼泽泥坑中，上面铺上木板，这样，军队顺利而快速地通过了沼泽。这沼泽本是反叛军队依赖的一大天险，他们认为清军不可能穿过沼泽，哪想到突然之间年羹尧的大军已经出现在他们面前，叛军一时惊慌失措，很快就被打败。

雍正皇帝登基之初，对年羹尧倍加赏识、重用。年羹尧一直在西北前线为朝廷效力。因平定西藏时运粮及守隘之功，封三等公爵，世袭罔替，加太保衔；因平郭罗克功晋二等公；因平青海功，进一等公，给一子爵令其子袭，外加太傅衔。雍正二年八月，年羹尧入觐时，御赐双眼孔雀翎、四团龙补服、黄带、紫辔及金币，恩宠到了无以复加的地步。不但年羹尧的亲属备受恩宠，就连家仆也有通过保荐，官至道员、副将的。

随着权力的日益扩大，年羹尧以功臣自居，变得骄矜自大起来。一次他回北京，京城的王公大臣都到郊外去迎接他，他对这些人看都不看，显得很无礼。他对雍正有时也不恭敬。一次，在军中接到雍正的诏令，按理应摆上香案跪下接令，但他就随便一接了事，令雍正很是气愤。此外，他还大肆收受贿赂，随便任用官员，扰乱了国家秩序。

年羹尧对此不但不知收敛，反而更加得意忘形、更加骄横，还霸占了蒙古贝勒七信之女，斩杀提督、参将多人，甚至蒙古王公见到他都要先跪下。因此他遭到了群臣的愤怒和非议，弹劾他的奏章多似雪片。

内阁、詹翰、九卿、科道合词奏言年羹尧的罪恶，于是部议尽革他的官职。雍正三年十月，雍正帝命逮年羹尧来京审讯。十二月，案成。此距发端仅九个多月。

议政王大臣等定年羹尧罪：计有大逆之罪五、欺罔之罪九、僭越之罪十六、狂悖之罪十三、专擅之罪十五、忌刻之罪六、残忍之罪四，共九十二款。

雍正三年十二月，皇帝差步兵统领阿尔图，来到关押年羹尧的囚室传旨说："历观史书所注，不法之臣有之。然当未败露之先，尚皆为守臣节。如尔公行不法，全无忌惮，古来曾有其人乎？朕待尔之恩如天高地厚，愿以尔实心报国，尽去猜疑，一心任用。尔乃作威作福，植党营私，辜恩负德，于结果忍为之乎？尔悖逆不臣至此，若枉法曲宥，何以彰宪典而服人心？今宽尔碟死，令尔自裁，尔非草木，虽死亦当感涕也。"年羹尧接旨后即自杀。此案涉及年家亲属及友人，其父年遐龄、兄年希尧罢官，其子年富立斩，诸子年十五以上者遣戍极边，子孙未满十五者待至时照例发遣，族中文武官员俱革职。

如果一个人喜欢自大自夸，就算是有一些美德，有一些功劳和成绩，也会因此丧失。过分炫耀自己的能力，看不起他人，最终受到损害的只是自己。所以我们要学会尊重别人，学会谨慎处世，低调为人。

今天不留余地，明天山穷水尽

如果想让自己以后的路越走越宽，就要多给别人留出余地，别人有了落脚和行走的空间，才会有你的发展之地。

韩非子的《说林·下篇》中有这样一段话："桓赫曰：'刻削之道，鼻莫如大，目莫如小。鼻大可小，小不可大也；目小可大，大不可小也。'举事亦然，为其不可复也，则事寡败也。"这段话的大意是说，工艺木雕的要领，首先在于鼻子要大，眼睛要小。鼻子雕刻大了，还可以改小。如果一开始便把鼻子给刻小了，就没有办法补救了。同样道理，初刻时眼睛要小，小了还可加大。如果刚开始雕刻时，就把眼睛弄得很大，后面就无法缩小了。为人处世，也是一个道理，凡事要留有余地，留有后路，只有这样，才不至于遭遇失败。

范雎是魏国人，早年有意效力于魏王，由于出身贫贱，无缘直达魏王，便投靠在中大夫须贾的门下。

有一年，他随须贾出使齐国。齐襄王知范雎之贤，馈以重金及牛、酒等物。

范雎辞谢没有接受。须贾得知此事后，以为范雎一定向齐国泄露了魏国的秘密，便将此事报告了魏的相国魏齐。魏齐不问青红皂白，令人将范雎一阵毒打，直打得范雎肋断齿落。范雎装死，被用破席卷裹，丢弃在茅厕中。须贾目睹了这一幕，不置一词，还往范雎的身上撒尿。

范雎强忍着一时之气。他待众人走后，从破席中伸出头对看守茅厕的人说："公公若能将我救出，以后定当重谢。"守厕人便去请求魏齐，允许让他将厕中的"尸体"运出。

范雎历经千辛万苦来到了秦国都城咸阳，并改名换姓为张禄。范雎看出秦国是最具实力的国家，秦昭王也不是一个无所作为的国君。几经周折，范雎终于见到了秦昭王。他以其出色的辩才向秦昭王指出秦国政策的失误，并提出了自己内政外交等一系列主张。

秦昭王立即采取果断措施，废太后，驱逐穰侯、高陵、华阳、径阳四人于关外，将大权收归己有，并拜范雎为相。范雎所提出的外交政策，便是闻名于后世的"远交近攻"，而他所要进攻的第一个目标，便是他的故国魏国。魏国大恐，派使臣须贾来向秦国求和。不过，须贾只知道秦的相国叫张禄，而不知他就是范雎。

范雎得知须贾到来，便换了一身破旧衣服，也不带随从，独自一人来到须贾的住处。须贾一见大惊，问道："范叔别后还好吗？"范雎道："勉强活着吧！"须贾又问："范叔想游说于秦国吗？"范雎道："没有。我自得罪魏的相国以后，逃亡至此，哪里还敢游说。"须贾问："你现在干什么呢？"范雎道："给别人帮工。"须贾不由得起了一丝怜悯之情，便留范雎吃饭，说道："没想到范叔贫寒至此！"同时送给他一件丝袍。

席间，须贾问："秦的相国张禄，你认识吗？我听说如今天下之事，皆取决于这位张相国，我此行的成败也取决于他，你有什么朋友与这位相国认识吗？"范雎道："我的主人同他很熟，我倒也见过他，我可以设法让你见到相国。"

第二天，范雎赶来一辆驷马大车，将须贾送往相国府。到了相府大堂前，范雎说："你等一下，我先进去替你通报一声。"须贾在门外等了好久，也不见有人出来，便向守门人问道："这位范先生怎么这么半天也不出来？"守门人说哪有什么范先生，刚进去的就是张禄相国。须贾这时才明白刚才拉他进来的"范先生"就是他要找的相国。

须贾大惊失色，于是脱衣袒背，一副罪人的打扮，请守门人带他进去请罪。范雎雄踞堂上，身旁侍从如云。须贾膝行至范雎座前，叩头道："小人有必死之罪，请将我放逐到荒远之地，是死是活都由大人安排！"范雎道："本来我是要处死你的，但我今天之所以不处死你，是因为你昨天送了我一件丝袍，看来你还没忘旧情，我可以放你回去，不过你替我转告魏王，赶快将魏齐的脑袋送来！要不然，我就要发兵血洗魏都大梁城！"

魏齐闻知后吓得仓皇出逃，可赵、楚等国畏于秦国的兵威，谁也不敢收留他，魏齐终于被迫自杀。

凡事要留有余地，给别人留余地的同时也是给自己余地。任何事情都不要做绝。故事里的须贾当初没有帮范雎，还往他"尸体"上撒尿。这也就直接导致范雎的报复。然而须贾仁慈尚存，再遇到范雎时以为他落魄，还送他丝袍、留他吃饭。这点怜悯恰恰挽救了须贾的性命。试想如果须贾看到范叔的"落魄"而嘲笑和加害于他，那他的性命也就丢掉了。

可见，如果想让自己以后的路越走越宽，就要多给别人留出余地。别人有了落脚和行走的空间，才会有你的发展之地。倘若仗势欺人或者得理不饶人，非要把对方逼到绝路上，那自己离绝路也就不远了。

与人争辩，你永远不会真赢

当别人和你谈话时，他根本没有准备请你说教，若你自作聪明，拿出更高超的见解，对方很少乐于接受。

在生活中，我们常常会遇到与别人看法和意见不能达到一致的情况，这个时候，很多人会选择与人争辩。其实，这并不是最好的解决问题的办法，因为在争辩的过程中，你势必会想办法证明自己是对的、别人是错的。

通常情况下，没有人愿意听到别人的批评和指正，所以即使我们说的是对的，他也未必能够听进去。再者，争论的过程中，每一方都以对方为"敌"，试图以一己的观念强加于别人，而根本不把对方的意见放在眼里，最终一定会伤害彼此之间的情感，引发很多不必要的误解。

美国耶鲁大学的两位教授曾经做过一项实验。他们耗费了 7 年的时间，调查了种种争论的过程。例如，店员之间的争执、夫妇间的吵架、售货员与顾客间的斗嘴等，甚至还调查了联合国的讨论会。结果，他们证明了，凡是去攻击对方的人，绝对无法在争论方面获胜。

当别人和你谈话时，他根本没有准备请你说教，若你自作聪明，拿出更高超的见解，对方绝不会乐意接受。所以，你不可随便摆出要教导别人的姿态。你的同事向你提出一个意见时，你若不能赞同，最低限度要表示可以考虑，不可马上反驳。要是你的朋友和你谈天，你更要注意，太多的执拗会让一切有趣的生活变得乏味。遇上别人真的错了，又不肯接受批评或劝告时，别急于求成，往后退一步，把时间延长些，隔一天或两个星期再谈。否则大家都固执己见，就不仅没有进展，反而互相伤害感情，造成隔阂。

许多人因为喜欢表示不同意见而得罪了同事，所以常常有人认为不要轻易表示出不同意见。这种看法是很片面的。其实，只要你表达的方式是正确的，向别人表示自己的不同意见，不但不会得罪人，有时还会大受欢迎，使人有"听君一席话，胜读十年书"之感。

那么怎样才能有效避免争论呢？可以从以下几方面做起：

1. 欢迎不同的意见

当你与别人的意见始终不能统一的时候，这时就要舍弃其中之一。人的脑力是有限的，有些方面不可能完全想到，因而别人的意见是从另外一个角度提出的，总有些可取之处，或许比自己的更好。这时你就应该冷静地思考，或两者互补，或择其善者。如果采取的是别人的意见，就应该衷心感谢对方，因为有可能此意见使你避开了一个重大的错误，甚至奠定了你一生成功的基础。

2. 不要相信直觉

每个人都不愿意听到与自己不同的声音。当别人提出与你不同的意见时，你的第一个反应是要自卫，为自己的意见进行辩护并竭力地去找根据，这完全没有必要。这时你要平心静气、公平、谨慎地对待两种观点（包括你自己的），并时刻提防你的直觉（自卫意识）对你做出正确抉择的影响。值得一提的是，有的人脾气不好，听不得反对意见，一听见就会暴躁起来，这时就应控制自己的脾气，让别人陈述观点，不然，就未免显得气量太窄了。

3. 耐心把话听完

每次对方提出一个不同的观点，不能只听一点就开始发作，要让别人有说话的机会。这样做，一是尊重对方；二是让自己更多地了解对方的观点，以判断此观点是否可取，努力建立理解的桥梁，使双方都完全知道对方的意思，减少彼此沟通的障碍和困难，避免双方的误解。

4. 仔细考虑反对者的意见

在听完对方的话后，首先想的就是去找你同意的意见，看是否有相同之处。如果对方提出的观点是正确的，则应放弃自己的观点，而考虑接纳对方的意见。一味地坚持己见，只会使自己处于尴尬境地。

5. 真诚对待他人

如果对方的观点是正确的，就应该积极地采纳，并主动指出自己观点的不足和错误的地方。这样做，有助于解除反对者的武装，减少他们的防卫，同时也缓和了气氛。

有一种愚钝叫居安不思危

人在风光尽显之时，若能居安思危，以低调的"厚甲"保护自己，不失为明哲保身、化险为夷的良策。

虽然说我们每个人都拥有理性和智慧，能够在清醒的时候分辨是非祸福，但是一旦人生之中发生了重大转折，比如取得了很大的成就、地位得到了提升，我们往往就会沾沾自喜。春风得意的心态会让我们辨不清前行的方向，很多人会因一时的得意而忘乎所以，从而使自己陷于难以自拔的境地。

南下打工的汪明只用了两年的时间就成了一家公司的副总经理。不可否认，他是凭真本事坐上这个位子的。用他的话说，他所取得的一切成绩都是逼出来的。他自小就父母双亡，是外祖母一手将他带大的。那时的日子过得很苦，但外祖母还是供他读完了大学。他必须努力工作，用最好的成绩报答外祖母的养育之恩。

不论是从一开始做普通职员，还是后来做副总经理，汪明都表现得非常出色。后来他发现总经理李玲坐在那位子上可以说形同虚设，每次汪明向她请示工作时，李玲都认真听他说话，最后只说一句："你放心去做吧。"这样就算是应允了。于是，一切几乎都是汪明在做决策，但一遇上签合同时，客户总要和总经理面谈，令汪明很不服气：不就是老板的小姨吗？一点水平也没有，却硬是占个蹲位不拉屎。

汪明想谋总经理位置的念头一现，就不想放弃了。他明明知道李玲是老板的小姨，这事不太好办。但随着为公司赚钱的数目的增加，他的信心也越来越足了，他想：老板想给小姨工资，放在哪个位置都可以办得到，何必一定要做总经理呢？

老板是个笑面人，几次听了汪明的怨言，都不动声色，只是笑问："我那小姨不会过多干涉你的工作吧？"汪明心想：虽然如此，但总给我留下一块心病，就答："也许将李总放在别的位置上，公司的收益会更加好。"老板脸上依然笑着，但心里已有了盘算。

后来，老板真劝小姨别做总经理了，这下惹火了李玲。作为大股东的李玲越想越气，不久就炒了汪明的鱿鱼。汪明万万没有想到事情会是这样的结果，他始终想不明白：这究竟是怎么啦？

其实，成功也就意味着你在社会的阶层楼梯上又往上攀登了一层。但是越往上，竞争就越激烈。就好比一个公司，上层领导的位置不可能像普通职工的位置一样多。如果你想往上攀登，就需要等待你的上司把他的位置留给你。

可是，如果你的上司得知你在等着他走了好顶上去，他一定先把你赶出去。因此，要学会"居安思危"，在没有足够的能力之前一定要有耐心，还要有信心，更重要的是要善于伪装，表面上看自己并没有野心，工作又要勤勤恳恳，换句话说就是要善于隐藏自己，保存实力。

不要小看了隐藏自己的作用，你越是低调，别人反而越会认可你。这样你才有晋升的希望，也才有了实现自己抱负的机会。

因此，做人一定要学会隐藏自己，即使是春风得意的时候，也要时刻保持警惕。因为在激烈的竞争中，随处可见我们的敌人，特别是随着地位的提升，我们的敌人也会越来越聪明、越来越有手段。所以一定要低调行事，这样才能尽量减少人生道路上的阻力和对立面。

杂草多的地方庄稼少，空话多的地方智慧少

别人能够记住的东西也是有限的，如果杂七杂八的话说太多了，能被别人记住的有用的话就少了。

观察过田地的人都知道：如果某块地里杂草生长得太多太茂密了，那块地就很难有庄稼生长，因为杂草把庄稼需要的土壤和水分都挤占了。人的大脑容量也是有限的，没用的东西太多了，有用的东西知道的就少了。别人能够记住的东西也是有限的，如果杂七杂八的话说太多了，能被别人记住的有用的话就少了。

早些年罗克岛铁路公司打算建一座大桥，把罗克岛和达文波特两个城市连接起来。那个时候，轮船是运输小麦、熏肉和其他物资的重要工具。所以，轮船公司把水运权当成上帝赐予他们的特权。铁路桥修建成功，自然也就葬送了他们的特权，毁了他们的财路，因此轮船公司竭力对修桥提案进行阻挠。于是，美国运输史上最著名的一个案子开庭了。

轮船公司的辩护律师韦德，是相当有名的铁嘴。法庭辩论的最后一天，听众云集。韦德滔滔不绝，足足讲了两个小时。

轮到罗克岛铁路公司的律师发言时，听众就不耐烦了，怕他也说起来没完。这也正是韦德的计谋。然而，那位律师只说了一分钟。不可思议的一分钟，这个案子就此闻名。

他站起身平静地说："首先，我对控方律师的滔滔雄辩表示钦佩！然而，陆地运输远比水上运输重要，这是任何人都改变不了的事实。各位陪审，你们要裁决的唯一问题是：对于未来发展而言，陆地运输和水上运输哪一个更重要，哪一个不可阻挡？"

片刻之后，陪审团做出裁决，建桥方获胜。那位律师高高瘦瘦，衣衫简朴，他的名字叫作——亚伯拉罕·林肯。

韦德既想炫耀自己的口才，又想拖延时间，因此滔滔不绝、口若悬河，但是他没有想到这样的喋喋不休会让听众厌烦，更没想到林肯有那么机智的反应，因

此更让他的长篇大论惹人生厌。在现实生活中，我们常常会看到一些说话滔滔不绝的业务员的业绩通常还不如那些沉默的业务员。

西方人常说：与人交谈，犹如弹弦一般，当别人感到乏味时，便要把弦按住，使它停止振动、发声。所以，当你忍不住要发牢骚时，请多想想这样所带来的恶果吧。

话说多了，会显得夸夸其谈，油嘴滑舌。言多必失，祸从口出，这时最好的办法是学会静心倾听。注意听，给人的印象是谦虚好学，专心稳重，诚实可靠；认真听，能减少不成熟的评论，避免不必要的误解；善于听，让你拥有更丰富的人际关系资源。倾听多一点，你也就有时间去思考和成熟。

越流行高调，越要唱低调

这好比弹簧，"压得越低则弹得越高"，只有安于低调，乐于低调，在低调中蓄养势力，才能获取更大的发展。

在流行唱高调的今天，低调的功能常常被人忽视。其实，低调经常是制胜的法宝，低调是一种外"抑"内"扬"的策略。低调的姿态常常能够战胜高调，取得出奇制胜的效果！

美国《时代周刊》刊登了2005年度"全球最具影响力的100人"名单。华为技术有限公司总裁任正非先生成为中国内地唯一入选的企业家，和微软前任董事长比尔·盖茨、苹果电脑CEO史蒂夫·乔布斯等跨国企业大腕比肩。

《时代周刊》评价说：任正非显示出惊人的企业家才能，他在1988年创办了华为公司。这家公司已重复当年思科、爱立信等卓著的全球化大公司的历程，而这些电信巨头已把华为视为"最危险"的竞争对手。

不过，这个极富传奇色彩的电信大佬以及他所统领的华为公司，却并不致力于"抛头露面"，其行事作风倒是出奇的低调。

任正非的低调是出了名的。这位受国家领导人钦点出国访问的企业家从不接受媒体的采访，从不在公共场合抛头露面，从不参加各种无关紧要的集会、宴会。这与他的很多同行形成了强烈的反差：很多人都是唯恐被媒体和大众冷落，他却唯恐被媒体"曝光"。

在回答为什么不接受采访时，任正非的坦率让人吃惊："我们有什么值得见媒体的？我们天天与客户直接沟通，客户可以多批评我们，他们说了，我们改进就好了。对媒体来说，我们不能永远都好呀，不能在有点好的时候就吹牛。我不是不见人，我从来都见客户的，最小的客户我都见。"

任正非在2008年的一次讲话中说道："希望全体员工都要低调，因为我们不是上市公司，所以我们不需要公示社会。我们主要是对政府负责任，对企业的有效运行负责任。对政府负责任就是遵纪守法。我们2007年交给国家税收共27亿，2008年可能会增加到40多个亿。我们已经对社会负责了。"

不仅如此，华为的低调还体现在诸多方面：华为的电信设备经营在国际国内市场纵横捭阖，但是在公开场合，华为从不称自己第一；华为也从不张扬地打广告，如果不是偶尔有新闻说华为在某国中标，或做并购交易，人们无从知道华为为什么可以做得这么好。

譬如它怎么做营销，是哪家国际咨询公司为它做哪一方面的服务。从这个角度来说，华为集团是典型的低调企业。但是，虽然它如此低调，却获得了巨大的成功。它正是通过低调达到了真正的"高调"！

在华为看来，低调首先表现为务实！从VCD到DVD，各大企业都非常注重宣传，业界一直非常热闹。但是，宣传的正面、负面作用总是在交替出现，这个行业也被戴上了炒作、作秀的帽子，给消费者以不信任感。而华为只是把关注点集中在自己的基础方面：一个是产品，一个是品牌。能让媒介了解的，也是基于这两个方面的延伸。他们不去炒作什么概念，所有炒作概念的效果只有一个，那就是赚"快钱"和"短钱"。因为概念再高超，也要落实到消费者的产品体验上去。科技发展这么快，消费者总有醒悟的时候，所以只可能是"短钱"。但华为关注的是企业的长远利益，追求的是"做久"，所以短视的宣传不是他们要选择的方向。

也正因为如此，华为的广告很少出现在公众媒体上。恰如任正非本人经常所讲的那样："只有安静的水流，才能在不经意间走得更远。"

然而，这种低调的宣传策略使它的产品给人一种踏实、靠得住的感觉。相反，许多注重高调宣传的企业，却常给人一种浮夸的印象。

根据华为公布的业绩数字，2006 年华为销售收入为 656 亿元人民币，销售合同销售额达到 110 亿美元，其中有 65％来自海外市场。在目前 TCL、联想等很多企业国际化进程困境重重的背景下，华为已经率先实现了国际化，成功打入世界级企业的行列。

或许只有考察历史，我们才能更深刻地了解任正非及其所领导的华为，才能真正理解任正非的沉默和低调所承载的意义和价值。在当今这个争名逐利、物欲横流的社会里，或许缺少的恰恰就是这种低调做人、踏实做事的精神。

其实，无论对于一个人还是一个企业的发展来说，荣誉、名声都只是些虚无缥缈的东西，说到底不过是过眼云烟而已。名誉固然重要，但切实的利益、长远的发展才是更为重要的。因此，无论是个人，还是团体，只有淡化功名，踏踏实实地立足现实，才能更容易取得胜利，创造奇迹。

没有匍匐的本领，哪能一飞冲天

世界上不可能有生下来就能搏击长空的老鹰，我们每个人都需要通过自己的努力和勤奋来磨炼自己，认识自己的优势和劣势、所长和所短。

古代有一位将军，在撤退的时候始终在后面。回到营地后大家都称赞他勇敢。他却说："非勇也，马不进也。"他虽然不承认自己勇敢，把自己断后的行为归结为马走得太慢，但人们更加赞扬他，并把他的勇敢和谦虚载入史册。

有一年，世界重量级拳王阿里到中国访问时，与中国的老将进行了表演比赛。他故意装作被打倒在地，引起在场观众热烈鼓掌，一时传为美谈。

"主动趴下，匍匐前进"是一种明智的做法。

然而，主动趴下并不是甘居弱小，匍匐并非趴着不动，而是自己先倒下了，别人就无法再使你跌倒，匍匐前进正可以无声无息地做着别人连做梦都想不到的事情。

匍匐前进，这看起来似乎速度太慢，缺乏英雄气概，但是能登上最高地位的，往往就是那个与地面贴得最紧的人。

提起新东方和俞敏洪，几乎没有哪个学过英语的人不知道这个名字。他从一个普通教员走向了"教师首富",并把一个梦想变成了影响成千上万人命运的产业——他让专业教育产生核聚变。2006年9月7日,美国纽约证券交易所见证了来自东方的新传奇。作为中国第一家在纽约证交所上市的教育机构,新东方催生了近10名身价过亿的教师。有人说他是中国最成功的老师,有人说他是一个纯粹的商人,然而他将这两种角色结合在了一起,成了中国最富有的商人教师。

看到身边一个又一个的名人,也许你会从心里生出对他们由衷的羡慕,看着他们名利双收,你也许在想,自己什么时候才能像他们那样引人注目。

我们都羡慕那些名人现在所取得的成就,但是很少有人知道,在多年前,他们也曾是默默无闻的小人物,他们也是一个普通人。在没有一飞冲天之前,他们也是在地面上跌撞着练习。俞敏洪也是这样。

从常熟师范到北大。

从大学教师到中国最富有的教师。

从新东方到计划创建中国最高质量的私立大学。

这是俞敏洪到目前为止的人生经历。

一步步走到今天,俞敏洪历经艰辛,如今堪称中国富豪的俞敏洪仍然会把自己的那段艰苦经历拿出来勉励自己和他人。

由于在大学三年级时因肺结核病休一年,俞敏洪从北大的80级转到了81级,结果80级和81级的同学几乎全部把他忘了。当时有同学从国外回来,80级的拜访80级的同学,81级的拜访81级的同学,但是竟然没有人来看俞敏洪,因为两届的同学都认为他不是他们的同学。那时候俞敏洪感到非常痛苦,非常悲愤,非常辛酸,然而他的痛苦和辛酸远不止这些。

那时他已经是一名北大的英语教师。因为身边的很多同学都去了国外,他渐渐也萌生了出国的梦想,可是经过3年多的努力还是失败了。于是他一边当教师,一边在校外办起托福班,为自己的出国梦而忙碌。然而,有一天他在北大校园里听到了学校广播正宣读给他这种私自办学行为的处分。广播连续读了3天,处分的布告也在学校橱窗里张贴了一个半月。

不得已之下,他只好选择离开北大,自己创业。在北京冬日的寒风中,俞敏洪是这样起家的：一间 10 平方米的破屋，一张破桌子，一把烂椅子，一堆用毛笔写的小广告，一个刷广告的胶水桶。北京寒风怒号的冬夜，俞敏洪骑着自行车在北京的大街小巷刷广告。手冻麻了，拿起二锅头喝两口暖暖身子。寒风中喝二锅头贴小广告，这时候的俞敏洪，显出了一种狠劲。

经历了几多艰辛的俞敏洪终于成功了，这个时候的他，已经得到原来 80、81 届同学的认可，而且也得到了学生的认可。

可他还是不会忘记那些曾经匍匐着前进的日子，一如既往地有着超乎常人的好心态。

如俞敏洪所讲的：把自己踩到最低。你说我是动物，我觉得我连动物都不如，你就拿我没办法了。

懂得低姿态处世，我们就能获得一片广阔的天地，成就一份完美的事业，更重要的是，我们能赢得一个蕴涵厚重、丰富充沛的人生。

做一个最"糊涂"的聪明人

糊涂是一门处世艺术，假装愚钝，让人以为自己浅薄无能，从而忽视自己的存在。

建安十三年，曹操亲率大军攻打江南。当时东吴的孙权对于是战是和还举棋不定。踌躇万分的孙权，按照母亲吴太夫人的指示，遵照哥哥孙策"内事不决问张昭，外事不决问周瑜"的遗言，把周瑜叫来共商国是。

周瑜是吴军的大都督，掌握着吴国的军事大权。诸葛亮非常明白，要想说服孙权奋起联合抗曹，必须先说服周瑜，可是当时诸葛亮不太了解周瑜的个性和态度，于是，就想试投"一石"以观效果。

一天晚上，诸葛亮由鲁肃引见去会周瑜。鲁肃问周瑜："如今曹操驻兵南侵，是战是和，将军欲如何？"周瑜说道："操挟天子以令诸侯，难以抗命。而且兵力强大，不可轻敌。战则必败，和则易安。我们意见和为上策。"鲁肃大惊道："将军之言错矣！江东三世基业，岂可一朝白白送给他人？"周瑜说道："江东六郡，千百万生命财产，如遭到战祸之毁，大家都会责备我的。因此，我决心讲和为好。"

诸葛亮听完，觉得周瑜若不是抗曹的决心未定，便是一种有意试探。此时如果不另辟蹊径，而只是讲一通孙刘联合抗曹的意义，夸周瑜为盖世英雄，或是说明东吴地形险要，战则必胜的道理，那肯定难以奏效。

于是，他采用迂回战术旁敲侧击，激怒了周瑜，让他下了联合抗曹的决心。

诸葛亮说道："我有一条妙计，只需差一名特使，驾一叶扁舟，送两个人过江，曹操得到那两个人，百万大军必然卷旗而撤。"周瑜急问是哪两个人。诸葛亮说道："曹操本是一名好色之徒，自从听到江东乔公有两位千金，大乔和小乔，长得美丽动人，便发誓说：'我有两个志向，一是要扫平四海，创立帝业，流芳百世；二是要得到江东二乔，以娱晚年。'曹操目前领兵百万，进逼江南，其实就是为乔家的两位千金而来的。将军何不找到乔公，花上千两黄金买到那两名女子，差人送给曹操？江东失去这两个人，就像大树飘落一两片黄叶，如同大海减少一两滴水珠，丝毫无损大局；而曹操得到这两人必然心满意足，欢欢喜喜地班师北返。"

周瑜问："曹操想得二乔，有什么证据可说明这一点？"

诸葛亮答曰："有诗为证。曹操的儿子曹植，十分会写文章，曹操在漳河岸上建造了一座铜雀台，雕梁画栋，十分壮丽，并挑选许多美女安置其中，又令曹植作了一篇《铜雀台赋》，文中之意就是说他会做天子，立誓要娶'二乔'。"

周瑜问："那篇赋是怎么写的，你可记得？"

诸葛亮说道："因为我十分喜爱赋中华丽文笔，曾偷偷地背熟了。赋略云：'从明后以嬉游兮，登层台以娱情……临漳水之长流兮，望园果之滋荣。立双台于左右兮，有玉龙与金凤。揽二乔于东南兮，乐朝夕之与共……'"

周瑜听罢，勃然大怒，霍地站立起来指着北方大骂道："曹操老贼欺我太甚！"诸葛亮急忙阻止，说道："都督忘了，古时候单于多次侵犯边境，汉天子许配公主和亲，你又何必可惜民间的两名女子呢？"周瑜说道："你有所不知，大乔是孙伯符将军夫人，小乔就是我的爱妻！"

诸葛亮佯作失言，请罪道："真没想到这回事，我真是该死该死！"周瑜怒道："我与曹操老贼势不两立！"诸葛亮却故作姿态地劝道："请都督不可意气用事，望三思而后行，世上绝无卖后悔药的！"周瑜说道："承蒙伯符重托，岂有屈服曹操之理？我早有北伐之心，就是刀剑架在脖子上，也不会变卦的。劳驾先生助我一臂之力，同心合力共破曹操。"于是，在周瑜等人推动下，孙、刘结成抗曹联盟，赢得了赤壁之战的重大胜利，奠定了三国鼎立的基础。

诸葛亮用不知"二乔"的身份这个"糊涂"来掩饰一个巨大的骗局，掩盖真正的目的和意图，从而收到以静制动、以暗处明、以柔克刚、以反处正的功效。

糊涂是聪明人的百变战术，所以在深陷危机时，我们也可以利用"糊涂"来掩饰自己的聪明，让别人对我们失去戒心。

聪明反被聪明误

天生聪明，你就拥有了成功的资本，但聪明也应审慎用之，聪明用于邪则误入歧途，机关算尽也会必有一失，有才是好事，但千万别"身死因才误"。

古今中外，要小聪明误事、甚至丢掉性命的人比比皆是，清朝的贪官和珅就是典型例子。和珅是有才，若无才，他何以由一名侍卫升为户部尚书兼军机大臣，官至文华殿大学士，封一等公？固然，献媚逢迎是其才之"专长"，但诚如鲁迅所说："帮闲也得有才。"他在狱中写的诗，即可作证。和珅为官，弄权耍奸，朝野骂声不绝。故而当他的靠山乾隆帝（即诗中的"九重仁"）死后不久，就被新皇帝嘉庆宣布20条罪状，令其自裁。抄没家产约值八亿两，等于朝廷一年收入。这"八亿两"乃种种祸国殃民、巧言令色的诸般"前事"的积累和"物化"。因为机关算尽太聪明，反丢了性命，到头来"八亿两"还不是入了国库？"百年原是梦，卅载枉劳神"，总结得何等正确？恋生惧死，人之常情，和珅"伤感"于"前事"，他身陷囹圄之际，才明白是他的那种以权谋私的"才"，"误了自身，罪该应得，没啥冤枉"。

《红楼梦》中凤姐才智过人，手腕灵活，权术机变，口才出众，大权独揽，营私舞弊，并且纵欲、自恃与狠毒，结果是"聪明反被聪明误，送了卿卿性命"。

观古可以鉴今。到头来感伤嗟叹，恨"才""误"身，那份欲说还休的复杂心情，是何等的悲哀与无奈？

凤姐聪明吗？聪明。但是为什么反被聪明误呢？

第一，自视高人一等。聪明人总是比一般人多知道些事情，因此很容易就以为自己无所不知。

第二，孤立无援。一个人如果特别聪明，那么他就容易离群孤立，因为他觉得自己和其他人格格不入，对思维比他慢的人不耐烦，于是很自然地会物以类聚，只和别的聪明人交往。如果一直保持这种习惯，"天马行空，独往独来"，不屑与人合作，并用自己的聪明排斥他人的经验，拒绝接受他人的意见，就大事不妙了。

第三，盲目自信，不计后果。聪明人总是在想"我的下一个高招是……"，他们老是觉得自己无所不知，都喜欢行险招，结果往往是聪明反被聪明误。

第四，过分的好胜心。许多聪明人都不了解一个简单的事实：强中更有强中手，那山更比这山高。即使你站在某一领域的顶点，你在这方面胜人一筹，也并不等于在另一方面一定能成功。

做人必须要"吃透"很多学问，例如"聪明反被聪明误"，即为其一。"聪明"是一个带有限定性的词，处理不好，即会被聪明误，因为物极必反，任何事情都有一个限度。对深藏不露的意图可利用，却不可滥用，尤其不可泄露。一切智术都须加以掩盖，因为它们招人猜忌；对深藏不露的意图更应如此，因为它们惹人厌恨。欺诈行为十分常见，所以我们务必小心防范。但我们又不能让人知道我们的防范心理，否则有可能使人对我们产生不信任。人们若知道我们有防范心，就会感到自己受了伤害，反会寻机报复，弄出意料不到的祸患。凡事三思而行，总会受益良多。此事最宜深加反省。

目光长远者最懂分寸，知进退

如果前方的横栏已经超过了你的极限，那么不妨先后退一步，等到蓄积了更多的力量，再来挑战。

"没有做不到的事情，只有想不到的事情。"教育工作者为了鼓励学生敢作敢为，经常用上这句话。所以经常看到有些人不顾一切地向前冲，即使已经撞到南墙了，也以为自己一定可以把南墙撞出个洞来。

可是在生活中，很多事情并不是我们努力了就一定能做好的，也不是你一路向前冲就一定能够到达理想的目的地。如果环境和其他的外在条件不允许，或者说我们的坚持有可能给自己带来灾难的时候，不如先往后退一步，保存实力，以备来日之需。

汉惠帝六年，相国曹参去世。陈平升任左丞相，安国侯王陵做了右丞相，位在陈平之上。

王陵、陈平并相的第二年，汉惠帝死，太子刘恭即位。少帝刘恭还是个婴儿，不能处理政事。吕太后名正言顺地替他临朝，主持朝政。

吕太后为了巩固自己的统治，打算封自己娘家侄儿为诸侯王，首先征询右丞相王陵的意见。王陵性情耿直，直截了当地说："高帝（刘邦的庙号）在世时，杀白马和大臣们立下盟约，非刘氏而王，天下共击之。现在立姓吕的人为王，违背高帝的盟约。"

吕后听了很不高兴，转而询问左丞相陈平的看法。陈平说："高帝平定天下，分封刘姓子弟为王，现在太后临朝，分封吕姓子弟为王也没什么不可以。"吕后点了点头，十分高兴。退朝以后，王陵责备陈平为奉承太后愧对高帝。听了王陵的责备，陈平一点儿也没生气，而是真诚地劝了王陵一番。

陈平看得很清楚，在当时的情况下，根本不可能阻止吕后封诸吕为王，只有保住自己的官职，才能和诸吕进行长期的斗争。因此，眼前不宜触怒吕后，暂且迎合她，以后再伺机而动，方为上策。

事实证明，陈平采取的斗争策略是高明的。吕后恨直言进谏的王陵不顺她的旨意，假意提拔王陵做少帝的老师，实际上夺去了他的相权。王陵被罢相之后，吕后提升陈平为右丞相，同时任命自己的亲信辟阳侯审食其为左丞相。陈平知道，吕后狡诈阴毒，生性多疑，栋梁干臣如果锋芒毕露，就会因为震主之威而遭到疑忌，导致不测之祸，必须韬光养晦，使吕后放松警觉，才能保住自己的地位。

吕后的妹妹吕须恨陈平当初替刘邦谋划擒拿她的丈夫樊哙，多次在吕后面前进谗言："陈平做丞相不理政事，每天老是喝酒，和妇女游乐。"

吕后听人报告陈平的行为，喜在心头，认为陈平贪图享受，不过是个酒色之徒。一次，她竟然当着吕须的面，和陈平套交情说："俗话说，妇女和小孩子的话，万万不可听信。您和我是什么关系，用不着怕吕须的谗言。"

陈平将计就计，假意顺从吕后。吕后封诸吕为王，陈平无不从命。他费尽心机固守相位，暗中保护刘氏子弟，等待时机恢复刘氏政权。

公元前180年，吕后一死，陈平就和太尉周勃合力，诛灭吕氏家族，拥立代王为帝，恢复了刘氏天下。

压力面前后退一步，可为自己赢得生存和发展的机会。千万不可为了一时意气盲目向前，那样既于事无补，又让自己反受其害。

第六章

二十几岁低头做事，三十几岁抬头做人

抬头之前先低头

"生当作人杰，死亦为鬼雄。至今思项羽，不肯过江东。"这是著名的女词人李清照赞颂西楚霸王项羽的一首诗，诗中虽然充满了豪情，但却难免给人英雄气短的感觉。试想一下，如果当年项羽能够忍受一时的屈辱，过得江东之后重整人马，那么历史便很有可能被改写。

而他的对手刘邦，则将一个"忍"字发挥到了极致。刘邦为了将来的前程似锦，忍住浮华诱惑，忍住胯下之辱，锋芒暂隐，静待转机。这也许正是他最终胜出项羽的原因。

咸阳城内王室发生的剧变，已经明显影响到了秦军的士气，恰逢刘邦招降，正中众士兵下怀。项羽这边听说刘邦西征军已经接近武关的消息，也颇为着急。章邯投降后，项羽不再有任何阻碍，率军火速攻向关中盆地的东边大门——函谷关。

十月，刘邦军团进至灞上。咸阳城已完全没有了防卫的能力，秦王子婴主动投降，秦王朝正式灭亡。

刘邦大军历尽千辛万苦终于进入咸阳，此时刘邦对日后称霸天下有了莫大的野心和信心。

同时，面对扑面而来的荣华富贵，喜好享乐的他，竟然一时忘乎所以，自然忍不住心动。想起年少时的狂言：“大丈夫当如是也。”一切都这样不可思议的唾手可得。

但在张良等人的劝说下，为了长远的未来，刘邦忍下了享受的心。

一个"忍"字的功夫怎生了得，他成全了刘邦，是刘邦成就霸业不可或缺的秘密武器。而项羽，在民心方面，项羽明显不如刘邦。项羽嗜杀成性，不管对方是否投降，一律斩杀。他曾在一夜之间，设计歼害了二十万秦国降军。项羽因为此事而在秦国人民心中臭名昭著。

项羽残杀秦国兵士，刘邦却与秦地父老约法三章，谁是谁非，天下人自然明白。刘邦轻易便为自己赢得了百姓的信任，项羽虽然勇猛，但是做一国之君的话，尚嫌粗莽。在这一节上，刘邦的功夫显然比项羽的功夫要到家。但是刘邦并非一忍再忍，还军灞上之后，仍对咸阳城念念不忘，从而犯下了一个致命的错误。

随后，刘邦在"鸿门宴"中更是将"忍"刻在了心头。这一场心理战，决定了最后的结局。刘邦在得知项羽要进攻的时候，镇定地用谎言骗住了项羽，使得项羽留给了刘邦一条生路。而项羽始终是轻敌的，尤其忽视了刘邦这个手下部将。他认为以刘邦的兵力，绝对不是他的对手。但是刘邦不跟他斗勇，刘邦喜欢斗智。

这就注定了项羽的悲剧命运。

就勇猛来说，项羽力拔山兮气盖世；就智慧来说，项羽也不乏胆识与聪明；就实力来说，项羽是一代霸王，有过众望所归的气势。然而就是一个不能忍，破坏了全部的计划，影响了最终的结局。可见，忍字的力量无穷无尽。

小不忍则乱大谋，忍人一时之疑，一定之辱，一方面是脱离被动的局面，同时也是一种对意志、毅力的磨炼，为日后的发愤图强和励精图治奠定了一定的基础。而不能忍者，则要品尝自己急躁播下的苦果。

"草根"为什么这样红

大众给予了"草根"更多的爱和关注，不是人们对于文化的发展要求降低了，而是他们在平凡人的身上看到了一种难得的品质。

草根英文直译为 grassroots，始于 19 世纪美国，彼时美国正浸于淘金狂潮。当时盛传，山脉土壤表层草根生长茂盛的地方，下面就蕴藏着黄金。后来"草根"

一说被引入社会学领域，"草根"就被赋予了"基层民众"的内涵。

近年来，草根的出现频率急增，很多人和物都被会用草根来形容。白居易有诗"野火烧不尽，春风吹又生"，似乎是对草根的形象注释。草根因平凡而具有顽强的生命力，他们看似卑微普通，却生生不息、绵绵不绝。草根也许永远无法成为主流经营的一员，但是他们彰显出了自己独特的个性和魅力，给人们一种希望。草根是民众的，他们就在我们的中间，跟我们有太多的相似，所以人们会对他们有一种特别的亲近感，人们也就对他们给予了越来越多的关注和爱护。

现如今，郭德纲和他的德云社可谓是全国上下老幼皆知，现在想到现场去听一听郭德纲的相声，怎么也得上百元才能买到一张票。可是，谁能想到，10年前的他，不但默默无闻不被众人知晓，还生活得异常艰辛。

那个时候，郭德纲只是一个在北京和天津"跑堂"的草根艺人，为了得到一次表演机会，他可以在戏园子门口不分白天黑夜一直等，为了登台表演，他就借钱请别人吃炸酱面。有一次他去参加一次相声演出，向邻居借了一辆自行车骑，结果回来的时候车子坏了，他硬是推着车走回来。

成名之前，郭德纲没有固定收入来源，自己的表演也总得不到认可，没有戏院肯收留他，他就只好给别人配音，写剧本，做后期，甚至还跑过龙套。提起这些，郭德纲说："谁说我一夜成名我和谁急，我这10年受苦遭罪受大发了，光看见我吃肉，没见着我挨打吗？"

是的，曾经为了生计到处奔波，现在却能够感受到舞台的光鲜，这不是谁都能做到的，但是我们都有机会得到的。尽管成功对于每个人来说都不容易，但是当出身卑微的人肯付出更多的努力，能够吃更多的苦，拥有了执着的追求和不达目的誓不罢休的勇气，那么没有什么困难是无法战胜的，也没有什么磨难是可以把我们压倒的。

草根为什么会这样红？相对来说，大众给予了草根更多的爱和关注，不是人们对于文化的发展要求降低了，而是他们在平凡人的身上看到了一种难得的品质，而这种品质正是我们当前最值得发扬的：草根红人总是能够给人一种希望——不管以前的处境多么艰难，只要有信心、有恒心，勇敢地与困苦的生活作战，你就能够冲破生活的阴云，看到美好的未来。

所以，那些还在生活的底层奔波的人们，只要拥有了草根精神，能够像草根那样勇敢地向生活挑战，也可能创造"咸鱼翻身"的奇迹。

石头碰鸡蛋，为什么受伤的总是鸡蛋

俗话说：胳膊拧不过大腿。如果还没有足够的实力向权威挑战，你就主动与对方硬碰硬，那最终受伤的只会是你自己。

在日常工作中，经常会出现下级对上级领导不满意的现象。有很多人会选择沉默，虽然背地里发发牢骚，但是当领导分配任务的时候，还是会认真地去完成。但是也有一些人希望将自己的不满直接发泄出来，或者想要趁机给领导一点"教训"，这样的做法无疑是拿着鸡蛋碰石头，到头来受伤害的只有自己。

市场部换了新经理。这个经理作风和之前的经理完全不同，李明和他的同事们有些不习惯。而且新经理对待下属极其严格，动辄高声批评，弄得人很没面子。但是他对上司满脸堆笑，极尽阿谀谄媚之能事。更为可气的是，他自己明明水平有限，却总是摆出一副内里行家的样子。李明他们最害怕的是新经理把自己关在屋里若干个小时，然后很兴奋地拿出一份计划表出来，要求下属们在几天内完成。李明他们照计划去做时，很难行得通。

李明本来就是个仗义执言的人，他实在忍受不了了。有一天，他敲开经理室的房门，直截了当地告诉他大家的意见。没想到经理的脸由白变红再恢复正常之后，很虚心地接受了李明提出的意见。

从此之后，新经理果然变了：对待下属温和多了，构想新的计划时也找来大家一起商议。

同事们都很感激李明，可李明还是感觉到经理对自己日渐冷淡，偶尔在办公楼里碰见也很尴尬。有时候李明想和他打招呼，他还会装成没看见一样走过去。

时间久了，李明觉得特别别扭，只好找了个理由主动辞职，离开了这家他工作多年的单位。

其实年轻人常犯这种错误。有些人血气方刚，碰到不满意的事情就会说出来，也不管上级和领导的面子。他们觉得如果不把问题解决掉，自己就无法继续工作。

有些人虽然不敢当面去撞石头，但是也会被石头间接撞碎。越级打小报告就是被暗算的典型方式。

刘超所在部门的经理这些日子工作效率低下，有时还对工作一拖再拖，使得原定计划总是不得不推迟进行。总经理对此很不满意，经理却推说是手下的员工工作不努力，还告诉大家如果再不按时完成工作，就扣大家的奖金。刘超越想越觉得气愤，就写了份匿名报告交到总经理手中。谁知总经理不但不严格查处，还把这份报告交给刘超的经理处理。经理很快就知道这报告是刘超写的，就随便找了个理由把刘超辞退了。

越级打报告和直接打报告都是拿鸡蛋去撞石头，相比之下越级打报告可能会让当事人更加讨厌你，觉得你心机重，有可能让你摔得更惨。

如果一定要越级报告，就要注意以下几点：其一，不要写匿名信，匿名信往往给人造谣中伤之印象，通常不会重视，而且匿名是纸包不住火的，高层领导迟早会知道是你做的；其二，所陈述的事实必须真实可信、有凭有据，所提出的建议，必须很有分量，如果越级报告的内容不够斤两，高层领导只会睁只眼闭只眼，然后你很容易被高层领导"牺牲"掉；其三，越级报告应当简明地陈述事实，越级报告的出发点应当着重于对公司事业的真诚关心，而不是一味地发泄自己的愤懑不平，希望高层领导"为你做主"，应该把个人的感情压抑下来，摆出"忧国忧民"的诚意。

但是越级报告一定会造成以下恶果：不招高层领导喜欢，遭到顶头上司忌恨，被同事们看不起。所以在选择越级报告的时候一定要慎重。如果没有弄清楚状况，就硬要拿着鸡蛋碰石头，到最后毁掉的只有自己的前程。

还当不了领头羊时，就先躲在羊群里

我们常常不能正确地评估自己的实力，总觉得在目前的位置上是一种"屈才"，其实很多时候我们并不如自己想象中的那么强大。

没有人是天生的领导者，那些走向成功的人士，也是经历了一番痛苦磨炼的。所以，当我们还没有足够的能力撑起一片天的时候，就不要总是炫耀自己，总觉得自己比别人强，而应该虚心学习，潜心修炼，期待有朝一日能够丰盈自己的翅膀，振翅高飞。

两个某大学计算机系的同学，在校时品学兼优，特别是在英文和计算机技术方面优势突出，毕业后一同到了北京一家著名的软件公司，令同学们美慕得不得了。没想到，两个月后，同学甲就因为另外一家私企的高管位置引诱而跳槽。当时他和同学乙商量一起走。乙对本公司文化已经非常认同，且不看好那家公司，苦劝甲不要贸然跳槽。可是被经理职位诱惑冲昏了头脑的甲去意已决，当月就走人了。然而他哪里想到，那家私企资金链异常脆弱，还处于四处融资阶段。果然不久就听说新公司运转出了问题，正常薪水无法发放，甲又跳槽了。在余下的两年中，甲就像一只无头苍蝇一样四处乱撞，一次比一次失望，后悔"早知如此……"短短几年时间里，甲已经相继涉足了软件、网络、销售、广告、媒体、汽车、保健品等多种行业。可谓"万金油"，什么都会一点，但什么都不精通、不专业，只好一直做初级工作。以前的技术也跟不上趟了。奋斗了几年，两手空空。虽然甲在别人面前硬着头皮说跳槽"无怨无悔"，但打落门牙往肚里咽的难受滋味，只有他自己知道。实际上还是最初的那家公司最好，因为那家公司已经在纳斯达克上市，他的同学乙已经成为一个重要的部门经理，手里拿着可观的原始股票，买了车，同学聚会都在他新买的"高尚公寓"举行。而"跳槽冠军"甲仍然一无所有，惶惶不可终日。

尤其是在工作中，看着别人做总是很容易，可是真正轮到自己做的时候，往往就会找不准方向、漏洞百出。所以，在还没有能力当上领头羊的时候，一定要虚心学习，将本领练得扎实。

当然，生活中也有一些人不是没有当领头羊的本领，只是还没有被领导注意到。这个时候，我们就应该寻找一切可利用的机会，为自己创造更好的发展平台。

西汉末年，王莽篡汉建立新朝，托古改制，弄得天下民怨沸腾，各地起义风起云涌。刘秀很小的时候就心思缜密，与人交往时，不计小怨，喜怒不行于色。早在起事之前，尽管刘秀的兄长们蠢蠢欲动，但他却处处小心谨慎，平时只知埋头务农，与世无争，还因此被讥笑为汉高祖刘邦的一位庸庸碌碌的子孙。后来刘秀也加入起义队伍，并凭借自己超凡的才能脱颖而出，逐渐成为领袖。

为了号召天下，绿林军立刘秀的族兄刘玄为更始帝，发展迅速。刘玄是个资质平庸、甚至是有些懦弱的人。刘秀和他的哥哥刘缜才华出众，分别被封为"太常偏将军"和"大司徒"。在昆阳和宛城之战中，刘秀和刘缜立下大功，因此也获得更高的声望。刘氏兄弟日益增长的势力引起了起义军中其他将领的担忧，他们劝更始帝除掉刘。刘秀看出了潜藏的危险，提醒兄长注意，但是刘缜并没有放在心上。不久之后，更始帝果然在众人的怂恿下将刘缜杀害。刘秀听说兄长被杀，十分悲痛，但是他马上来到当时政权所在地——宛城谢罪。大臣们向他表示劝慰之意，但他却只说怪自己没能劝住兄长，以致其惹怒了皇帝。从此之后，他绝口不提自己在昆阳立下的功劳，也不为刘缜服丧，饮宴说笑一如平常，仿佛什么都没有发生过。他这么做反而让更始帝感到惭愧，于是任命刘秀为破虏大将军，封武信侯。

其实，刘秀本非无情之人，他非常在意哥哥被无辜杀害，以致多年之后还难以释怀，提起这件事情的时候就泪流满面，只是他从来不会在外人面前表现出来罢了。后来，起义军攻入洛阳，刘秀单独住在一间房子里，不让别人进去。他的好友冯异曾经进过这间房间一次，却发现刘秀的枕巾被泪水打湿了一大片。冯异努力劝慰刘秀，但刘秀却矢口否认。在当时艰难的处境下，他不得不忍住自己的悲伤。正因为善于低头，刘秀在众人眼中的威胁消除了，反而让自己的实力变得比以前更强大，投降他的军队也越来越多。

我们总是羡慕"咸鱼翻身"的人，殊不知，他们并不是一步登上事业的高峰的，他们的成功也是一步一步通过自己的努力获得的。他们也会经历痛苦，但是相对于别人的心浮气躁，他们更加沉稳、更加注重通过不断的付出来收获回报。

只有坐得了冷板凳，才能坐得了高堂

每个人一生的际遇都不同，然而只要你耐得住寂寞，不断充实、完善自己，当机会向你招手时，你就能很好地把握，获得成功。

我们常常听说，只有耐得住寂寞的人，才能大有作为，才能创造更多的精彩。

在生活中，总会有许多默默无闻的角色，他们并没有享受到人们的关注，但是他们甘愿在自己的位置上认真地工作，将自己分内的事情做到最好。

很多人听过交响乐。演奏的现场，管乐与小提琴手总是默契配合着，大提琴也会时不时地加进弹奏的队伍，只有大号手，一直坐在那里不动。演奏马上要结束了，观众们就要对大号手失望了，可是就在最后的 3 分钟里，大号手终于吹出了震耳欲聋的声音，让整个音乐厅都为之颤抖。3 个小时的演奏，大号手的表演不到 3 分钟，然后就默默地离开了。

有人说："大号手要做的事情就是在一直数着拍子，然后吹出那一声响，那一声响可不是谁都能吹出来的啊。"没错，只有能够忽略自己位置的人，才能留下最美妙的音乐。只有能够耐得住寂寞的人，才能在事业上创造奇迹。

罗明是湖北一所大学的英语教师，在市场经济浪潮的推动下，他决定开创一番属于自己的事业，于是他离开了自己得心应手的教育界，到北京的一家俱乐部工作。北京的俱乐部大多数为会员制，要想有所发展，必须大力发展会员。而在俱乐部里，衡量一个人的工作业绩，主要是看他发展了多少个会员，以及售出了多少张会员卡。他的上司告诉他，现在唯一要做的事就是：售卡。

那段时间里，罗明对一切都感到生疏，初来乍到，也没有可以利用的关系。可想而知，他的处境有多窘迫！他决定采取一个初入职者都采用过的笨办法：扫楼。"扫楼"是业内人士的术语，即大大小小的公司都聚集在写字楼里，你要一家一家地跑，一家一家地问，那种情形就跟扫楼差不多。当然，你必须要找经理以上的高级管理人员，最好是总裁，普通的白领是难以接受价格不菲的会员卡的。

罗明的生活从此发生了 180 度的大转弯。他由一名体面的大学教师，一下子"跌落"成了一个"厚脸皮"的推销员。那是一种什么样的感觉？他心理上的落差感十分强烈。

有一个朋友问过罗明关于"扫楼"的事情。那个朋友阴阳怪气地问他："'扫楼'是不是很威风，一层一层，挨门逐户？"罗明听完这番话，内心真是酸甜苦辣什么滋味都有。往事不堪回首，他至今还清楚地记得"扫楼"之初的狼狈和艰辛。他曾经精确地统计过，他"扫楼"的最高纪录是一天内跑了 10 栋写字楼，"扫"了 72 家公司，感觉身体像散了架一样，腿和脚都不是自己的了，别说走路，挪动一下都很困难。那天晚上，他坐电梯从楼上下来，在电梯间里，他感到自己的胃正在一阵阵痉挛、抽搐、恶心，唯一的想法就是找个清静的地方大吐一场。他经常忍受人们的白眼和奚落，这对于从小到大都一直备受尊重的他来说，该是怎样一种伤害啊！

如果推销会员卡只有"扫楼"这一种方法，那么很少有人能够坚持下去，也很少有人能够成功。"扫楼"只是步入这个行业的初始阶段，秘诀还是有的。大约半年后，罗明开始出现在俱乐部召开的各种招待酒会上。出席这类酒会的人都是些事业有成、志得意满的成功人士。置身于这样的环境中，罗明发现那些如同铁板一样的面孔不见了，那些刺痛人心的冷言冷语不见了，现在出现的可能是真正意义上的彬彬有礼。他感到自己一下子放开了。他本来就该属于这里：他的涵养，他的才学，即使他曾经历过一段坎坷的"奋斗史"，又怎能磨灭他所固有的价值与尊贵呢？他知道他们需要什么，知道他们需要听从什么样的劝告。这是很重要的，因为他一下子就能拉近与他们之间的距离。他的语言、他的讲解，也不是那样干巴巴的，仿佛带有一种难以抗拒的鼓动力。他告诉他们，俱乐部将会给他们最为优质的服务，而购买价格昂贵的会员卡，就是一种地位、身份和财富的象征。

在一次专为外国人举办的酒会上，似乎没人比他更游刃有余。他能说一口纯正、流利的英语，这让他一下子就与外国人打成了一片。他曾经一个下午同时向 8 个外国人推销，结果竟然售出了 9 张会员卡，其中有一个人多买了一张，是送给他朋友的。每张会员卡 5 万美元。每售出一张会员卡，销售人员可以从中提取 10% 的佣金。罗明一下午的收入就很容易推算了。

从那以后，罗明在几个俱乐部之间跳来跳去。到了 2004 年初，他终于在一家俱乐部安营扎寨。他已经不用再去"扫楼"了，即使是参加招待酒会，他也不用怂恿别人买会员卡了。他有良好的学历、良好的敬业精神和销售业绩，所以，他从销售员、销售经理、销售总监一直到俱乐部副总裁。显然，如果没有当年的"低人一等"，哪里会有后来的"高人一筹"呢？

"低是高的铺垫，高是低的目标"，对于那些已经处在事业金字塔顶端的人，你只要去研究他的经历就会发现：他们并不是一开始就"高人一等"、风光十足的，他们也曾有过艰难曲折的"坐冷板凳"的经历，然而他们能够端正心态、不妄自菲薄、不怨天尤人；他们能够忍受"低微卑贱"的经历，并在低微中养精蓄锐、奋发图强，最后才攀上人生的巅峰，让世人瞩目。

怎样正确对待"怀才不遇"和"大材小用"

一定要选择适合自己的空间，如果你是鸵鸟，就应该开拓一片自己的土地；如果你是雄鹰，就应该展翅翱翔。

怀才不遇是每个"千里马"都担心的事情。有才而无人识，这种处境比没有才华更叫人难受。可是伯乐并不常常有，千里马中的大多数也许和其他驴子或者骡子混迹在一起，只被用来骑出去到市场买个货物、驮驮重物，发挥不出自己的专长，那么在这种情况下千里马要有什么样的心态呢？是渐渐自暴自弃心甘情愿地和其他马一样做"负重"锻炼？还是不甘平凡，用最好的状态等待伯乐的发现？毫无疑问，如果选择了自暴自弃，那么我们没有输在别人的不赏识上，而是输给了自己。有些机会是需要等待的，一边打造自己一边等待时机，这样才会有获胜的机会。

一开始，东方朔在汉武帝面前并不受重视，于是他就哄骗宫中看守马圈的侏儒们说："皇上认为你们这些人对朝廷无用，耕田劳作体力不够，任职做官又不能治理政事，参军入伍也不会指挥作战，只会白白耗费衣食，如今想把你们全部杀掉。"侏儒们听说后十分害怕，哭了起来。东方朔又建议他们："皇上就要从这里经过，你们何不叩头谢罪？"当汉武帝来到马圈，侏儒们都跪在地上，一边磕头，一边痛哭。汉武帝问清怎么回事后，非常生气，派人把东方朔召来，责问道："你胆敢编造谎言，该当何罪？"东方朔正等待着这个机会，于是振振有词地说："我活着也要说，死也要说。侏儒身高三尺，俸禄是一袋粟，钱是二百四十；臣东方朔身长九尺多，俸禄也是一袋粟，钱也是二百四十。侏儒饱得要死，臣却饿得要死。如果臣的话可以采用，请用厚礼待我；不采用，请让我回家，不要让我尸位素餐。"汉武帝听了哈哈大笑，赦免了他的罪过。不久后，东方朔就被提升了官职。

先让领导"注意"我们，然后他们才会有可能"重视"我们。晋升之路通过领导实现，有"野心"的人千万不要太默默无闻了。

和怀才不遇类似的事情是大材小用，这是代表领导已经发现我们是人才可是没有可以让我们施展的地方，所以也只能给我们一些小事做。这种情况也很不妙，一方面我们自己心里会有落差，觉得给我们的任务琐碎而且没有挑战性；另一方面，领导心理也会嘀咕："我现在让他熟悉了公司的运营情况，了解了各个流程，他要是哪天碰上更好的机会走了，我不是还得再花时间招人和培养其他人吗？"

某中学校长到某大学选毕业生，欲招聘几名教师和校刊编辑。一位新闻系的学生前来应聘。校长看了看这位同学的简历，挺优秀，还在市级报刊上发表过多篇报道，文笔很不错，当然很能胜任校刊编辑的职位。这位中学校长便说："你学的是编辑专业，但我们校刊是一份小报，我想多少有些大材小用。你大概是打算到我们那儿去积累经验，然后跳槽到大报纸去吧？"这名学生见校长笑容和蔼，没听出校长说这话的深意，也就没对这话作出反应，只是笑了笑。其实这学生本没有跳槽之意，他本来就喜欢像学校这样的简单环境，但校长看见他沉默的态度就以为他默认了自己的推测，于是马上把他否定了。

这个故事告诉我们在面试时一定要留个心眼，琢磨一下问题的"话外之音"。如果我们没有觉得自己在公司里是"屈才"，就及时表明立场，认真踏实地工作。而如果觉得公司太小，不适合自己的发展，就不要浪费自己和别人的时间，用更多精力来寻找适合自己发展的行业和公司。

做人要"降低"一个层次，做事要提高一个档次

做人要降低一个层次，不是让你的道德层次降低，也不是要你对自己的要求降低，而是要你对自己的"所得"降低。做事要提高一个档次，不是说收入的提高，而是标准的提高。

虽然生活中人们常说"一分辛劳就有一分收获"，可是并不是所有的事情都能应验这样的结果。所以，付出多而回报少是再正常不过的事情。如果过分计较自己没得到的东西，那么我们就只能在痛苦中徘徊，而如果我们甘愿付出，对于任何事情都投入百分百的激情和认真，那么我们一定会把生活过得充实、快乐。

美国独立企业联盟主席杰克·弗雷斯从 13 岁起就在他父母的加油站工作。弗雷斯想学修车，但他父亲让他去前台接待顾客。当有汽车开进来时，弗雷斯必须在车子停稳前就站到司机门前，然后去检查油量、蓄电池、传动带、胶皮管和水箱。

弗雷斯注意到，如果他干得好的话，顾客大多会再来。于是，弗雷斯总是多干一些，帮助顾客擦去车身、挡风玻璃和车灯上的污渍。有一段时间，每周都有一位老太太开着她的车来清洗和打蜡。这辆车的车内踏板凹陷得很深，很难打扫，而且这位老太太极难打交道。每次当弗雷斯给她把车清洗好后，她都要再仔细检查一遍，让弗雷斯重新打扫，直到清除掉所有的棉绒和灰尘，她才满意。

终于有一次，弗雷斯忍无可忍，不愿意再伺候她了，他的父亲告诫他说："孩子，记住，这就是你的工作！不管顾客说什么或做什么，你都要记住做好你的工作，并以应有的礼貌去对待顾客。"

父亲的话让弗雷斯深受触动，许多年以后仍不能忘记。弗雷斯说："正是在加油站的工作，使我学到了严格的职业道德和应该如何对待顾客，这些东西在我以后的职业生涯中起到了非常重要的作用。"

生活中，我们经常看到一些人自嘲：付出是那样的多，所得是那样的少。工作的积极性很差，认为自己的工作枯燥、卑微，轻视自己所从事的工作，无法全身心地投入工作。他们在工作中敷衍塞责、得过且过，将大部分心思用在如何才能最偷懒而又赚钱上，这样的人是不可能有很大的成就的。

过分计较个人得失，常常让我们的眼光只注意到利益的获得，而忽略了前进的方向，最终偏离了最初选择的轨迹。总是顾及自己面子的人，在刁钻的生活面前，也会显得无措。对自己的发展严格要求的人，无论做什么事情都会给自己提出高标准的要求，让自己用尽全力去做到最好。

所以，如果一个人想要成功，就不能一直把视线盯在自己的报酬上，不能只顾及自己的面子问题，而应该能够承受发展道路上的一切压力，冲破前进路上的任何阻力，用心思考怎样把工作做得完美。这样，我们才能离成功越来越近。

因此，我们在工作中要学会低调做人，高标做事。在我们的一生中，需要面对的只有两件事：一是学会做人，二是学会做事。低调做人，高标做事，是做人做事的理念。低调不意味着低俗、懦弱，而是一种谦逊的态度。低调做人，意味着在与人相处的过程中能够保持一种较低的姿态，不招摇，不显示自我，也意味着对他人要抱有一颗感恩的心，还意味着不会向对方提出过高的要求。这样才能时时受到欢迎和得到他人的尊重，并且拥有一个好的人缘。要学会做事，高标是关键。高标做事，不是张扬着让全世界都知道你在做什么，而是要以一种很高、很专业的姿态去做，认真地做好、做成功。能完成百分之百，就绝不只做百分之九十九，高标还意味着无论面对什么事情，都要有积极和自信的心态。好的心态和态度是事情成功的最重要因素。只有这样才能称得上是高标做事。当然，想要做好任何事情的前提是要学会做人。如果我们每个人都能时时以"低调做人，高标做事"的标准来要求自己，那么，我们就已经向成功迈出了坚实的一步！

如何才能使自己的事业风生水起？如何才能在单位里脱颖而出？如何才能尽快获得提职晋升？等等诸如此类问题，是我们每一位职场中人都时刻关注，并苦苦思索的问题。经过无数的事实证明：成功没有捷径。要想在事业上有所成就，就一定要记住：低调做员工，高标做工作。因为这是优秀员工标志。美国金融界的杰出人士罗赛尔·赛奇曾经说过："单枪匹马、既无阅历又无背景的年轻人起步的最好方法：第一，谋求一个职位；第二，珍惜每一份工作；第三，养成忠诚敬业、高标做事的习惯；第四，认真仔细观察和学习，为人要谦虚、低调。"

天地之间的高度只有3尺

被称作美国之父的富兰克林有一句名言："人，要昂首天下，但也要时时记得低头！"

有一则小幽默，女孩问向她求爱的男孩："你知道天有多高，地有多厚吗？"男孩想了一下说："嗯……不知道。"女孩轻蔑一笑："哼，又是一个不知天高地厚的家伙。"看似一个不经意的笑话，却可以引发我们对于天地之间高度的探索，那么到底天与地之间的距离是多少呢？

古希腊的时候，有人曾问苏格拉底："你是天下最有学问的人，那么你说天与地之间的高度是多少？"苏格拉底毫不迟疑地说："3尺！"那人疑惑了："我们每个人都有 5 尺高，天与地之间只有 3 尺，那还不把天戳个窟窿？"苏格拉底笑着说："所以，凡是高度超过 3 尺的人，就要懂得低头啊。"

天地间的高度不过 3 尺，可是年轻人的个头大都超过 5 尺，为了能够在天地之间生存，我们每个人都应该学会低头，学会以低调的姿态面对人生。可是，年轻人的身上总是有着"初生牛犊不怕虎"的气势，总是会摆出一副天不怕、地不怕的模样，所以即使是在强势的生活考验之下，我们也不会心甘情愿地低下"高贵"的头颅。

生活，有时候就像一个淘气鬼，总是喜欢捉弄不懂得生存法则的孩子。所以，如果我们在严峻的生活考验之下还不懂得低头，那么无疑我们会受到生活给予的各种各样的严厉惩罚。

富兰克林年轻时曾去拜访一位前辈。年轻气盛的他，昂首挺胸迈着大步，一进门就撞在门框上。迎接他的前辈见此情景，笑笑说："很疼吗？可这将是你今天来访的最大收获。一个人活在世上，就必须时刻记住要适时低头。"

这让人很自然地想起了苗家人房屋建筑的特点。一个不大的屋子里面可以有几十个房檐和门槛，平日里，苗寨里的乡亲们就背着沉甸甸的大背篓从外面穿过这些房檐和门槛走进来。虽然障碍如此之多，可从来没有人因此撞到房檐或者是被门槛绊倒。而外乡人初至，即使是空手走在这样的屋子里也会经常碰头或跌跤。一位苗家老人常常告诫初来的外乡人，要想在这样的建筑里行走自如，就必须牢记：可以低头，但不能弯腰。低头是为了避开上面的障碍，看清楚脚下的门槛，而不弯腰则是为了有足够的力气承担起身上的背负。

老人对富兰克林的告诫其实也是对人生的形象比喻。苗家建筑也好比人生，一路上充满了房檐和门槛，一个不大的空间里到处都是磕磕绊绊，而人们肩膀上那个沉沉的背篓里装满了做人的尊严。背负着尊严走在高低不同、起伏不定的道路上，必须时刻提防四周的危险，还要时刻提醒自己：头要低，腰须挺。

所以，在 3 尺高的天地之间低头前行，并不是一件丢脸的事，而是一种智慧、一种境界。尤其是在社会竞争如此激烈的今天，我们需要面对的东西太多，需要注意的事情也太多：想要工作出色，需要花费心力；想要家庭和睦，需要付出；

想要有更大的发展，更要学会在曲折中保存实力……而并不是所有的事情都是一帆风顺的，上司可能不理解你对于工作的构想；父母可能不理解你的人生选择；同事之间可能一直矛盾重重；连爱人之间也可能不停地产生误会……

面对生活，我们的确需要忍耐，需要低头。生命的负载太多，人生的负载太沉，低一低头，就可能卸去多余的沉重。比如面对别人的不解，低一低头，虽然不一定能赢得别人的谅解和信任，但是最起码可以除去不必要的纠纷。

但是，并不是说低头就要放弃做人的尊严。我们经常误认为，向别人低头，就等于自己的尊严受挫。其实并不是这样的。低头，是在挫折中保存自己的智慧，是在没有必要的纷争中保护自己的一种能力，是一种豁达。可是，现实生活中，并不是所有的人都具有低头的勇气，结果不是碰壁，就是触网，在生活的挫折中饱受煎熬。其实，年轻人何必总是一副宁死不屈的倔强样子呢？低一低头，多给自己一次机会，岂不是更好？

鹤立鸡群被鸡啄

有句话说得好："出头的椽子先烂。"这确实是客观世界中不争的事实。出头椽子，总是比不出头的椽子要承受更多的风吹雨打，日复一日，年复一年，自然也比别的椽子要腐烂得早。同样的道理也适用于我们的生活，那些喜欢高调地炫耀自己的成就的人，往往更容易遭到别人的嫉妒，要承受更多的舆论压力。所以，人们在风光尽显之时，一定要学会用低调的盾甲保护自己，否则，就有可能将自己置于危险的境地。

西汉有位官员叫杨恽，重仁义、轻财物，为官廉洁奉法，大公无私。可正当他官运亨通、春风得意的时候，有人嫉妒他位高名显，便在皇帝面前告了他一状，说他对皇帝陛下心怀不满，表现得那么出色是为了笼络人心，图谋不轨。

皇帝当然厌恶有人和他唱对台戏，尤其不能忍受别人意图谋权篡位。经人这么一告发，皇帝气得顾不上调查，就把杨恽贬为平民。

原先做官时，杨恽就想添置家产，但是怕别人说他不廉政，现在下野了，反倒乐得轻松。他以置办财产为乐，在每天忙忙碌碌的劳动中得到快慰。

他的好朋友孙会宗听说了这件事，感到可能会闹出大事来，就写了一封信给杨恽，信里说："大臣被免掉了，应该关起门来表示'心怀惶恐'，装出可怜的样子，免得人家怀疑。你不应该置办家产，搞公共关系，这样容易引起人们的非议。让皇帝知道了，不会轻易放过你的。"

杨恽很不服气，回信给老朋友说："我自己认为确实有很大的过错，德行也有很大的污点，理应一辈子做农夫。农夫很辛苦，没有什么快乐，但在过年过节杀牛宰羊，喝喝酒、唱唱歌，来慰劳自己，总不会犯法吧！"虽然说"身正不怕影子歪"，可是人心叵测，就是有人把他视为眼中钉、肉中刺，再一次向皇帝告发，说杨恽被免官后，不思悔改，生活腐化。而且，最近出现一次不吉利的日食，也可能是由他造成的。

皇帝大惊，急忙下令迅速将杨恽缉拿归案，以大逆不道的罪名将他腰斩，还把他的妻儿子女流放到酒泉。

如果你已经从高处跌向低谷，就应该适应低处的环境，调整自己处世的方式。即使你是一只"鹤"，如果已经进入了"鸡群"，也要懂得低下你长长的脖子。

通常情况下，我们所说的"鹤立鸡群"包含两层含义：第一种是为人优秀，在人群里非常引人注目。这样的人很容易吸引众人的目光，也很容易发达，可是也会因为注意的人太多而要承受过多的压力，遭人嫉妒或者平增许多莫须有的罪名，让你的精神备受打击。同样的错误，放在别人身上也许会被原谅，可是放到优秀的人身上就会被无限放大甚至招来祸端；同样的事情，别人可以轻松去做、去享受，而当很受人关注的人也去做的时候，就会被人指点和批评。因此，越是春风得意之时，就越要经常反躬自省、不显不露、低头做人，只有这样才能减少别人投放在我们身上的目光，减少自己所承担的压力，让自己的生活变得轻松。

第二层含义是，曾经是鹤，被无情打压和排挤过后，失去了先天的优势，不得不在鸡群里委屈地生活。也许你会觉得，自己的经历完全可以应付现在平淡的生活，也完全可以在"鸡群"里崭露头角，可是不要忘记，人们总是习惯于从自己的利益角度来看事物。如果你做了伤害他们利益的事情，他们就会用你曾经的经历作为把柄来进行攻击，毕竟在他们的眼里，你已经风光不再，甚至还到处都是敌人。所以，即使是落井下石，他们也不会介意。

不管是哪一种状况，只要是鹤立鸡群，鹤永远都是处于苦难的边缘。只有学会低调，不让别人感觉到你是异类，才能逃离一些不必要的折磨，安心地过属于自己的生活。

矮人一截不等于低人一等

低调的人虽不张不扬、不温不火，内心却自信自尊，他们"上交不谄，下交不渎"，以一种独特的风范维护着自己的尊严。

这里说的"矮人一截"里面的"矮"，并不是指个头，而是指低调做人，是取得成就时的不张扬，与人发生冲突时的忍让，帮助别人时的不炫耀，在人群中的不显露……低调做人者不显山、不露水，不让别人觉得自己"高人一等"，但也不会因为自己的忍耐和退让而让人觉得他们就是"低人一等"，他们会用自信、自尊来维护自己的尊严。

如今已是某保险公司股东会成员之一的赵丽回忆起她的成功经历时说，她所卖出的数额最大的一张保单不是在她经验丰富后，也不是在觥筹交错中谈成的，而是在她第一次推销的时候。

晨光电子是赵丽所在市最大的一家合资电子企业。向这样的企业进行推销，赵丽不免有些胆怯，毕竟这是她的第一次推销。然而，再三思虑后，她还是壮着胆子进去了。当时，整个楼层只有外方经理在。

"你找谁？"他的声音很冷漠。

"您好，我是保险公司的业务员，这是我的名片。"赵丽双手递上名片，心里有些发虚。

"推销保险？今天已经是第三个了。谢谢你，或许我会考虑，但现在我很忙。"老外的发音直直的，像线一样，听不出任何感情色彩。

赵丽本来也不指望那天能卖出保险，所以毫不犹豫地说了声"sorry"就离开了。

如果不是她走到楼梯拐角处时下意识地回了一下头，或许她就这么走了，以后也不会有任何事情发生。

赵丽回了一下头，看见自己的名片被那个老外一撕，扔进了废纸篓里。赵丽感到非常气愤，于是她转身回去，用英语对那个老外说："先生，对不起，如果您不打算现在考虑买保险的话，请问我可不可以要回我的名片？"

老外的眼中闪过一丝惊奇，旋即平静了，耸耸肩问她："Why？"

"没有特别的原因，上面印有我的名字和职业，我想要回来。"

"对不起，小姐，你的名片让我不小心洒上墨水，不适合还给你了。"

"如果真的洒上墨水，也请您还给我好吗？"赵丽看了一眼废纸篓。

片刻，他仿佛有了好主意："Ok，这样吧，请问你们印一张名片的费用是多少？"

"五毛，问这个干什么？"赵丽有些奇怪。

"Ok，Ok。"他拿出钱夹，在里面找了片刻，抽出一张一元的，"小姐，真的很对不起，我没有五毛零钱，这张钞票算我赔偿你的名片，可以吗？"

赵丽想夺过那一块钱，撕个稀烂，告诉他她不稀罕他的破钱，告诉他尽管她是做保险推销的，可也是有人格的。但是，她忍住了。

她礼貌地接过那一元钱，然后从包里抽出一张名片给了他："先生，很对不起，我也没有五毛的零钱，这张名片算我找给您的钱。请您看清我的职业和我的名字，这不是一个适合进废纸篓的职业，也不是一个应该进废纸篓的名字。"

说完这些，赵丽头也不回地转身走了。

没想到，第二天赵丽就接到了那个外方经理的电话，约她去他公司。

赵丽几乎是趾高气扬地去了，打算再次和他理论一番。但是，他告诉赵丽的是，他打算从她这里为全体职工购买保险。

赵丽不卑不亢的做法最终使她赢得了外方经理的尊重，也书写了大大的"人"字。她并没有看到别人有地位、有金钱就不自觉地矮人一截，甚至将侵犯人格的举动视而不见，而是让对方明白了尊严的真正意义。因为自重，她赢得了尊重！

低调的人就是这样，他们能够正确认识、分析自我，明白自己的优势和劣势，不以自己的短处与人家的长处相比，更不以自己的劣势与人家的优势相论。他们能摆正自己的位置，摆脱"低人一等"的心理，发挥自己的所长，以平常之心对待，显出足够的自信，从而在处世过程中从容自如、游刃有余。

为什么小丑有时比主角更受欢迎

如果你丢不开面子，放不下尊严，没办法打破生涩，扮演不了在众人的嬉笑中不断进步的小丑，那么你只能成为生活的看客。

观看舞台剧，人们总是为了小丑的滑稽表演而欢呼。人们对于小丑的喜爱，有时候更多于对帅气的王子和美丽的公主的喜爱，这是为什么呢？

法国一家马戏团的经营者说："小丑的角色并不是很容易就能够扮演的，他需要表演者打破羞涩，敢于出丑。只有把观众逗乐了，你才是成功的，否则你就注定会失败。"敢于出丑是小丑表演者的必备因素，可能也是我们最为之心动的因素：我们喜欢小丑，是因为小丑的身上寄托了很多日常生活中我们不敢去做的事情。

在生活中，人们都想使自己表现得聪明，都怕在众人面前出丑。这似乎是截然对立的两件事，聪明人绝不会出丑，出丑的人必然是笨蛋。然而，事实并非如此，并不是你不出丑就能变得聪明，也不是你不出丑就能获得成功。比如滑稽的小丑，虽然丑态百出，却能赢得观众赞许的掌声。所以，不要害怕出丑，也不要因为一时的出丑而觉得难堪、愧疚，因为只有勇于出丑，我们才能增加对自己的磨炼，才能离成功更近。

罗茜读书时网球打得不好，所以老是害怕打输，不敢与人对垒，至今她的网球技术仍然很蹩脚。罗茜有一个同班同学，开始时她的网球比罗茜打得还差，但她不怕被人打下场，越输越打，后来成了令人羡慕的网球手，成了大学网球代表队队员。

聪明令人羡慕，出丑总使人感到难堪。但聪明是无数次出丑中练就的，不敢出丑，就很难聪明起来。

那些勇敢地去干他们想干的事的人是值得赞赏的，即使有时在众人面前出了丑，他们还是洒脱地说："哦，这没什么！"就是这么一类人，他们还没学会反手球和正手球，就勇敢地走上网球场；他们还没学会基本舞步，就走下舞池寻找舞伴；他们甚至没有学会屈膝或控制滑板，就站上了滑道。

艾米只会说一点点可怜的法语，她却毅然飞往法国去做一次生意旅行。虽然人们曾告诫她：巴黎人对不会讲法语的人是很看不起的，但她坚持在展览馆、在咖啡店、在爱丽舍宫用法语与每个人交谈。她不怕结结巴巴，不怕语塞、出丑吗？一点也不。因为艾米发现，当法国人对她使用的虚拟语气大为震惊之后，许多人都热情地向她伸出手来，为她的"生活之乐"所感染，从她对生活的努力态度中得到极大的乐趣。他们为艾米喝彩。

不怕出丑的人还包括那些学习对他们来说并不容易的新学问的人。生活中有些人由于不愿成为初学者，就总是拒绝学习新东西。他们因为害怕"出丑"，宁愿放弃机会，限制自己的乐趣，禁锢自己的生活。

若要改变自己的生活，就必须冒出丑的风险，除非你决心在一个地方、一个水平上"钉死"了。不要担心出丑，否则你就会毫无出息，而且更重要的是，即使你不出丑，你同样不会心绪平静、生活舒畅，你会在囿于静止的生活与时时渴望变化的矛盾中饱受痛苦煎熬。我们也许应该记住这一点，由于我们害怕出丑，也许会失去许多生活机会而长久地感到后悔。我们应该记住法国一句成语："一个从不出丑的人并不是一个他自己想象的聪明人。"

为什么到处都是有才华的失败者

有才华的人总是比普通人更容易失败，不是上天嫉妒有才华的人，不给他们机会，而是有才华的人把自己看得太高，才会摔得更重。

世界上有很多非常优秀的人，但他们总是一事无成、碌碌无为，在失意的煎熬中痛苦地生活。为什么到处都是有才华的失败者呢？因为他们总是把目光投向天空，却把双手揣在口袋中，自视甚高。其实，只要他们谦逊一点、踏实一些，稍微低一下头，人生之路就会不一样。

杨修是曹操门下掌库的主簿，博学能言，智识过人。有一回，塞北送来一盒酥孝敬曹操。曹操没有吃，只是在礼盒上亲笔写了三个字"一合酥"，径直出去了。屋里有的不明白曹丞相的意思，不敢妄拿妄动。这时正好杨修进来看见了，便堂而皇之地走向案头，打开礼盒，把酥饼一人一口地分着吃了。曹操进来见大家正在吃他案头的酥饼，脸色一变，问："为何吃掉了酥饼？"杨修上前答道："我们是按丞相的吩咐吃的。丞相在酥盒上写着'一人一口酥'，分明是赏给大家吃的，难道我们敢违背丞相的命令吗？"曹操见这个杨修识破了他的心意，表面上乐哈哈地说"讲得好，吃得好，吃得对"，其实内心已对杨修徒生厌恶之情了。

可杨修还以为曹操真的欣赏他，所以不但没有丝毫的收敛，反而把心智用在捉摸曹操的言行上，并不分场合地耍弄自己的小聪明。

曹操为人奸狡，且疑心很重，总害怕别人暗中谋害自己，故曾经吩咐左右："我在梦中好杀人，只要我睡着了，你们千万不要走近我。"一次，曹操白天在军帐中小憩，不慎将被子蹬到地上，一个值勤的侍卫赶紧过来捡起被子给曹操盖上。不想此时曹操从床上一跃而起，拔出宝剑一挥，将近侍杀死，又上床睡觉了。在场的人谁也不敢言语。过了半晌，曹操醒来，见一近侍躺在血泊中，装作大惊失色的样子，问："什么人杀了我的近侍？"大家以实情相告，曹操悔恨梦中杀人，痛哭流涕，并命人厚葬了这位侍卫。

杨修则不这样认为，在为那位近侍举行葬礼时，指着近侍的棺材说："不是丞相在梦中，而是你在梦中啊！"

杨修能破解曹操的谜题、看透曹操的心思并不奇怪，因为他从小就智力过人，博学多才，上知天文，下懂地理，他的才华高人一等。可是，他心气太高，太爱表现自己，终究为自己的一生编写了悲剧性的结局。

杨修最后一次显露聪明是曹操自封为魏王之后。那次，曹操引兵与蜀军作战，战事失利，进退不能，是进是退，当时曹操心中犹豫不决。此时厨子呈进鸡汤，曹操看见碗中有鸡肋，因而有感于怀，觉得眼下的战事有如碗中之鸡肋，"食之无肉，弃之可惜"。他正沉吟间，夏侯惇入帐禀请夜间号令，曹操随口说："鸡肋！鸡肋！"夏侯惇传令众官，都称"鸡肋"。杨修见传"鸡肋"二字，便教随行军士各自收拾行装，准备归程。于是，寨中各位将领，无不准备归计。当夜曹操心乱，不能入睡，就手按宝剑，绕着军寨独自行走，只见夏侯惇寨内军士各自准备行装。曹操大惊：我没有下达撤军命令，谁竟敢如此大胆，做撤军的准备？他急忙召见夏侯惇。夏侯惇说："主簿杨修已经知道大王想撤退的意思。"曹操叫来杨修问他怎么知道，杨修就以鸡肋的含义对答。曹操一听大怒，说："怎敢造言乱我军心！"

不由分说，叫来刀斧手把杨修推出去斩了，把首级悬在辕门外。曹操终于寻得机会除掉了杨修，杨修也终于聪明反被聪明误，断送了自己的一生。

凭借自己的才华，杨修玩文字游戏或者猜别人心思都是很简单的事情，但他过于热衷在人前显示，让众人都来称赞自己，结果还没来得及让自己的才华得到更多的展现，就因"鸡肋"事件葬送了自己的性命。这样一个才华横溢的年轻人，非但没有因为自己才华出众而大展宏图，反而因为在明争暗斗的官场中不懂得适时低头，毁掉了自己的锦绣前程。

可是杨修的死并没有惊醒世人，在现实生活中，有才华的失败者比比皆是。很多刚毕业的年轻人，在学校里成绩优异，可是走上社会后却处处受阻，似乎所有人都在跟他作对。其实，并不是周围的人太苛刻，也并非没有机遇，而是因为他们自认为自己很有才华，就过于张扬，唯恐别人看不到自己的聪明才智。

人群里的生存法则，向来都是谁出头谁就难免遭受打击。所以，当有才华的人开始刻意表现自己的时候，就注定了要承受更多的舆论压力和其他更多的外在压力。有一些有才华的人甚至为了表现自己而把别人踩在脚下，那么他们一定会遭到别人加倍的嫉妒和报复。

所以，社会不是排挤有才华的人，而是要让他们学会保护自己，低调处世，不要总想着表现自己而忽略了别人的感受。只有学会低调，有才华的人才能成为最终的胜利者。

第七章

你要去相信，没有到达不了的明天

善于等待的人，一切都会及时到来

在现实生活中，常有人犯浮躁的毛病。他们做事情往往既无准备，又无计划，只凭脑子一热、兴头一来就动手去干。他们不是循序渐进地稳步向前，而是恨不得一锹挖成一眼井，一口吃成胖子。结果呢，必然是事与愿违，欲速则不达。

古时候有兄弟二人，很有孝心，每日上山砍柴卖钱为母亲治病。神仙为了帮助他们，便教他们二人，可用4月的小麦、8月的高粱、9月的稻、10月的豆、12月的雪，放在千年泥做成的大缸内密封49天，待鸡叫3遍后取出，汁水可卖钱。兄弟二人各按神仙教的办法做了一缸。待到49天鸡叫2遍时，老大耐不住性子打开缸，一看里面是又臭又黑的水，便生气地洒在地上。老二坚持到鸡叫3遍后才揭开缸盖，里边是又香又醇的酒，所以"酒"与"洒"字差了一小横。

当然，酒字的来历未必是这样。但这个故事却说明了一个深刻的道理：成功与失败，平凡与伟大，两者之间的距离往往就在一步之间，咬紧牙关向前迈一步就成功了；停住了，泄气了，只能是前功尽弃。这一步就是韧劲的较量，是意志力的较量。

我们的社会，已进入改革开放的兴旺时期，许多新鲜的外来事物都纷纷涌了进来。花花世界的花花事物，难免会对人产生极大的诱惑，而这极大的诱惑，会使人变得浮躁。许多人会想，我为什么不能拥有这些东西呢？别人可以拥有，我为什么不可以呢？

在这样的心态之下，他就浮躁起来，很想自己一下子能取得那么多物质上的东西，能享受到自己以前享受不到的东西。

可是，事情就是这样，你越着急，就越不会成功。因为着急会使你失去清醒的头脑，结果，在你的奋斗过程中，浮躁占据着你的思维，使你不能正确地制订方针、策略以稳步前进。结果呢，自然适得其反。

许多年轻人就是这样，给自己确立了"3 年计划"、"5 年计划"，下定决心要在 3 年内赚 3000 万，5 年内成为一个亿万富豪。

这些年轻人之所以制订这样的计划，也许是因为，他们心目中的学习榜样正是李嘉诚。可他们这个时候却忘了，李嘉诚之所以成功，之所以成为华人首富，不是靠什么 3 年计划、5 年计划，他是一步一个脚印，通过几十年而绝不仅仅是几年的奋斗得来的，而他的奋斗也是充满了艰辛与坎坷的。这些艰辛与坎坷，我们现在说起来好像挺轻松，一下子就过去了，而在当时，他是一天一天、一小时一小时、一分一分、一秒一秒地捱过来的。对这分分秒秒的艰辛与坎坷的体味，需要多大的毅力与意志！一个浮躁的人，是不会这么细心地去品味这些滋味的，也许，他们一尝到这样的滋味，就马上退却了。而李嘉诚，作为一个稳健的人，他深知：这样的苦难是必定要经受的，只有经受这些苦难才能赢得最终的甜美。

一个不浮躁的、稳健的人，通常也是一个不断地要求自己、完善自己、使自己不断适应时代与社会变革的人。也只有这样的人，才是最终会取得成功的人。

在这里，浮躁与稳健对于一个人成败的影响，一目了然。

只有不浮躁，才会吃得起成功路上的苦。

只有不浮躁，才会有耐心与毅力一步一个脚印地向前迈进。

只有不浮躁，才会制订一个接一个的小目标，然后一个接一个地实现它，最后走向大目标。

只有不浮躁，才不会因为各种各样的诱惑而迷失方向。

人这一辈子总有一个时期需要卧薪尝胆

人生不如意之事十之八九，即使是一个十分幸运的人，在他的一生中也总有一个或几个时期处于十分艰难的情况下，总能一帆风顺的时候几乎没有。看一个人是否成功，我们不能看他成功的时候或开心的时候怎么过，而要看其在不顺利的时候，在没有鲜花和掌声的落寞日子里怎么过。有句话是这么说的："在前进的道路上，如果我们因为一时的困难就将梦想搁浅，那只能收获失败的种子，我们将永远不能品尝到成功这杯美酒芬芳的味道。"

在中国商界，史玉柱代表着一个分水岭。

他曾经是20世纪90年代最炙手可热的商界风云人物，但也因为自己的张狂而一赌成恨，血本无归。下了很大的决心后，史玉柱决定和自己的三个部下爬一次珠穆朗玛峰——那个他一直想去的地方。

"当时雇一个导游要800元。为了省钱，我们四个人什么也不知道就那么往前冲了。"1997年8月，史玉柱一行四人就从珠峰5300米的地方往上爬。要下山的时候，四人身上的氧气用完了。走一会儿就得歇一会儿。后来，又无法在冰川里找到下山的路。

"那时候觉得天就要黑了，在零下二三十摄氏度的冰川里，如果等到明天天黑肯定要冻死。"

许多年后，史玉柱把这次的珠峰之行定义为自己的"寻路之旅"。之前的他张狂、自傲，带有几分赌徒似的投机秉性。33岁那年刚进入《福布斯》评选的中国大陆富豪榜前十名，两年之后，就负债2.5亿，成为"中国首负"，自诩是"著名的失败者"。珠峰之行结束之后，他沉静、反思，仿佛变了一个人。

不管在高耸入云的珠穆朗玛峰上，史玉柱找没找到自己的路，一番内心的跌宕在所难免。不然，他不会在从最初的中国富豪榜第8名沦落到"首负"之后，又发展到如今的百亿身价。其中艰辛常人必定难以体会。正因为如此，有人用"沉浮"二字去形容他的过往。而史玉柱从失败到重新崛起的经历，也值得我们长久地铭记。

20世纪90年代，史玉柱是中国商界的风云人物。他通过销售巨人汉卡迅速赚取超过亿元的资本，凭此赢得了巨人集团所在地珠海市第二届科技进步特殊贡献奖。那时的史玉柱事业达到了顶峰，自信心极度膨胀，似乎没有什么事做不成。也就是在获得诸多荣誉的那年，史玉柱决定做点"刺激"的事：要在珠海建一座巨人大厦，为城市争光。

大厦最开始定的是18层，但史玉柱的手在一次又一次地跟中央高层握过之后，大厦层数节节攀升，一直飚到72层。此时的史玉柱就像打了鸡血一样，明知大厦的预算超过10亿，手里的资金只有2亿，还是不停地加码。最终，巨人大厦的轰然倒地让不可一世的史玉柱尝尽了苦头。他曾经在最后的关头四处奔走寻觅资金，但"所有的谈判都失败了"。

随之而来的是全国媒体的一哄而上，成千上万篇文章骂他，欠下的债也是个极其恐怖的数字。史玉柱最难熬的日子是1998年上半年，那时，他连一张飞机票也买不起。"有一天，为了到无锡去办事，我只能找副总借，他个人借了我一张飞机票的钱，1000元。"到了无锡后，他住的是30元一晚的招待所。女招待员认出了他，没有讽刺他，反而给了他一盆水果。那段日子，史玉柱一贫如洗。如果有人给那时的史玉柱拍摄一些照片，那上面的脸孔必定是从极度张狂到失败后的落寞。焦急、忧虑是史玉柱那时最生动的写照。

经历了这次失败，史玉柱开始反思。他觉得性格中一些癫狂的成分是他失败的原因。他想找一个地方静静，于是就有了一年多的南京隐居生活。

在中山陵前面的一块地方，有一片树林，史玉柱经常带着一本书和一个面包到那里充电。那段时间，他读了洪秀全和毛泽东的书，包括第五次"反围剿"及长征的内容。在史玉柱看来，这些书都比较"悲壮"。那时，他每天十点多左右起床，然后下楼开车往林子那边走，路上会买好面包和饮料。部下在外边做市场，他只用手机遥控。晚上快天黑了就回去，在大排档随便吃一点，一天就这样过去了。

后来有人说，史玉柱之所以能"死而复生"，就是得益于那时候的"卧薪尝胆"。他是那种骨子里希望重新站起来的人。事业可以失败，精神上却不能倒下。经过一段时间的修身养性，他逐渐找到了自己失败的症结：之前的事业过于顺利，所以忽视了许多潜在的隐患。不成熟、盲目自大、野心膨胀，这些，就是他性格中的不安定因素。

他决心从头再来。此时，史玉柱身体里"坚强"的秉性体现出来。他在那次珠峰以及多次"省心"之旅后踏上了负重的第二次创业。这次事业的起点是保健品脑白金。

因为之前的巨人大厦事件，全国上下已经没有几个人看好史玉柱。他再次的创业只是被更多的人看作赌徒的又一次疯狂。但脑白金一经推出，就迅速风靡全国，到 2000 年，月销售额达到 1 亿元，利润达到 4500 万。自此，巨人集团奇迹般地复活。虽然史玉柱还是遭到全国上下诸多非议，但不争的事实却是，史玉柱曾经的辉煌确实慢慢回来了。

赚到钱后，他没想到为自己谋多少私利，他做的第一件事就是还钱。这一举动，再次使其成为众人的焦点。因为几乎没有人能够想到史玉柱有翻身的一天，更没想到这个曾经输得一贫如洗的人能够还钱。但他确实做到了。

认识史玉柱的人，总说这些年他变化太大。怎么能没有变化呢？一个经历了大起大落的人，内心总难免泛起些波澜。而对于史玉柱，改变最多的，大概是心态和性格。几番沉浮，很少有人再看到他像早些年那样狂热、亢奋、浮躁，更多的是沉稳、坚忍和执着。即使是十分危急的关头，他也是一副胸有成竹、不慌不忙的样子。

回想自己早年的失败时，史玉柱曾特意指出，巨人大厦"死"掉的那一刻，他的内心极其平静。而现在，身价百亿的他也同样把平静作为自己的常态。只是，这已是两种不同的境界。前者的平静大概象征一潭死水，后者则是波涛过后的风平浪静。起起伏伏，沉沉落落，有些人生就是在这样的过程中变得强大和不可战胜。良好的性情和心态是事业成功的关键，少了它们，事业的发展就可能徒增许多波折。

人生难免有低谷的时候，在这样的时刻，我们需要的就是忍受寂寞，卧薪尝胆。就像当年越王勾践那样，三年的时间里，作为失败者他饱受屈辱，被放回越国之后，他选择了在寂寞中品尝苦胆，铭记耻辱，奋发图强，最终得以雪耻。

不要羡慕别人的辉煌，也不要眼红别人的成功，只要你能忍受寂寞，满怀信心地去开创，默默付出，相信生活一定会给你丰厚的回报。

辉煌的背后，总有一颗努力拼搏的心

2009 年的春节联欢晚会上，和小品大师赵本山一起合作表演小品《不差钱》的演员"小沈阳"沈鹤，一夜之间红遍中国。他的那几句台词也成为很多人模仿的样本："人这一生其实可短暂了，有时候一想跟睡觉是一样儿一样儿的。眼晴一闭，一睁，一天过去了；眼睛一闭，不睁，这一辈子就过去了。""人不能把钱看得太重，钱乃身外之物。人生最痛苦的事情你知道是什么吗？人死了，钱没花了。"

沈鹤靠着春晚迅速蹿红，一时之间全国各大媒体上都会看见小沈阳的影子，不论是赞扬的还是质疑的，但无可厚非的一个事实就是他的表演起码已经被大部分的电视观众所接受。这么快的蹿红对于一个艺人来说是求之不得的事情，但是在光鲜的背后，小沈阳也有着心酸的回忆。

小沈阳家境贫寒，他很早就辍学了。为了将来有口饭吃，他曾经学过武术，但发现不适合自己，最终他选择了二人转，报考了铁岭县剧团。学成之后，他又去了长春小剧场进行表演，这一演就是七年。七年之后，赵本山接纳了他，收他为徒，从此他跟着赵本山认真学艺，直到 2009 年被更多的人认识。

早在 2008 年的时候，沈鹤其实已经"进军"春晚，但是几个回合下来，他的节目被刷下来了。而他的节目本来打算上央视的元宵晚会，但是又临时被取消了，当时的沈鹤这样对自己说，连大艺术家都有被刷下的可能，更何况自己呢？他依旧努力跟师傅赵本山学习二人转，学习表演。直到 2009 年，他终于踏入春晚的大门，并且真正地红了。

如今的小沈阳是令人羡慕的，就像有人说的那样，很多人关心的只是我们跑得快不快，而很少有人关心我们跑得累不累。在这一行，如果出名了，你大红大紫；如果不出名，那么，便只是一个默默在后面跑台的小角色，不会有人注意你，你的去留没有人在乎。所以，在每一个出人头地者的背后，不知道隐藏了多少委屈和艰辛的泪水。

香港喜剧大王周星驰也是一样，在成名之前，他自己一个人默默地奋斗着，对于自己追逐的梦想从没想过要放弃。在他的好友梁朝伟已经春风得意的时候，他却在《射雕英雄传》里饰演一个刚一出场就被打死的士兵。他甚至问导演，在死之前伸出手去挡一下可以吗？

他在演艺这条道路上默默地前行、摸索。今天的周星驰已不可同日而语，他算得上是香港电影史上的里程碑，他开创了周氏幽默。凡是讲到香港电影史，一定不能落下周星驰的电影，它是一个时代的标志，是香港喜剧的集大成者。

那些仍然在黑暗中努力拼搏的人们，千万不要丧失了信心，失去前进的动力。任何成功都充满着艰辛，或许，再坚持一会儿，你就会看到前面灿烂的阳光；或许再坚持一会儿，人生就会改变。

许多人做事时非常努力，却坚持不到最后。其实，若心中有梦，总会有实现的那一天，哪怕现在我们仍在黑暗中摸爬滚打，哪怕别人认为我们现在是如何的不起眼，没有关系，只要自己相信自己，付出努力，坚持向着梦想的方向努力，就会让我们心中的幼芽开花、结果。

不经痛苦的忍耐，怎能有珍珠的璀璨

幸运、成功永远只能属于辛劳的人，有恒心不易变动的人，能坚持到底、绝不轻言放弃的人。

耐性与恒心是实现目标过程中不可缺少的条件，是发挥潜能的必要因素。耐性、恒心与追求结合之后，形成了百折不挠的巨大力量。

一位青年问著名的小提琴家格拉迪尼："你用了多长时间学琴？"格拉迪尼回答："20 年，每天 12 小时。"

我们与大千世界相比，或许微不足道，不为人知，但是我们能够耐心地增长自己的学识和能力，当我们成熟的那一刻、一展所能的那一刻，将会有惊人的成就。正如布尔沃所说的："恒心与忍耐力是征服者的灵魂，它是人类反抗命运、个人反抗世界、灵魂反抗物质的最有力支持。从社会的角度看，考虑到它对种族问题和社会制度的影响，其重要性无论怎样强调也不为过。"

凡事没有耐性，耐不住寂寞，不能持之以恒，正是很多人最后失败的原因。英国诗人布朗宁写道：

实事求是的人要找一件小事做，
找到事情就去做。
空腹高心的人要找一件大事做，
没有找到则身已故。
实事求是的人做了一件又一件，

不久就做一百件。

空腹高心的人一下要做百万件，

结果一件也未实现。

拥有耐力和恒心，虽然不一定能使我们事事成功，但却绝不会令我们事事失败。古巴比伦富翁拥有恒久的财富秘诀之一，便是保持足够的耐心，坚定发财的意志，所以他才有能力建设自己的家园。任何成就都来源于持久不懈的努力，要把人生看作一场持久的马拉松。整个过程虽然很漫长、很劳累，但在挥洒汗水的时候，我们已经慢慢接近了成功的终点。半路放弃，我们就必须要找到新的起点，那样我们只会更加迷失；可是如果能坚持原路行进，终点不会弃我们而去。也许，我们每个人的心里都有一个执着的愿望，只是一不小心把它丢失在了时间的蹉跎里，让天下间最容易的事变成了最难的事。然而，天下事最难的不过十分之一，能做成的有十分之九。要想成就大事大业的人，尤其要有恒心来成就它。要以坚忍不拔的毅力、百折不挠的精神、排除纷繁复杂的耐性、坚贞不变的气质，作为涵养恒心的要素，去实现人生的目标。

乐观的人看到希望，悲观的人只能看到绝望

乐观与悲观是两种截然不同的人生态度。乐观的人对自己、对他人、对世界、对未来充满信心，凡事总能从积极的、正面的角度去考虑，因而能在困境中看到希望，找到出路；悲观的人对自己、对他人、对世界、对未来缺乏信心，凡事总从消极的、负面的角度去考虑，因而在光明中总能看到阴暗，感到绝望。

面对同样的启明星，乐观者会说，虽然摘不到，却永远在前头；而悲观者则会说，虽然在前头，却永远摘不到。面对燃烧的蜡烛，乐观者会说，虽然燃烧了自己，却照亮了别人，真值得；而悲观者会说，虽然照亮了别人，却毁灭了自己，太可悲。乐观与悲观决定着一个人对事物的看法，决定着一个人心情的快乐与郁闷，决定着一个人行为的积极与消极，决定着一个人前途的光明与暗淡。

悲观者说，希望是地平线，就算看得见，也永远走不到；乐观者说，希望是启明星，即使摘不到，也能告诉人们曙光就在前头。

乐观的人习惯用积极的方式解释问题；悲观的人会把问题做负面解释。

乐观的人会把差别抛诸脑后、拒绝停留在问题上；悲观的人认为问题是他们的短处或是他们产品服务不良的证明。乐观的人会不断地去思考如何做才能做得更好；而悲观的人往往停留在自己做错的地方，变得堕落沮丧。

悲观的想法很少落空，假如你预期某事会有不妙的结果，结果也许会真的不妙；同样，乐观主义也会如此，假如预期会有好事发生，通常它就会发生。乐观和成功似乎存在着一种自然的因果关系。

乐观和悲观都具有强大的力量，我们每个人都必须从中做出选择以塑造我们的人生观与未来。每个人的生命中都有足够的好坏——充足的悲喜、哀乐——来达到乐观或悲观的理性基础。我们可以选择笑也可以选择哭，可以选择祝福也可以选择诅咒。该从哪个角度看待我们的人生，是满怀希望还是悲观失望，那是我们的选择。

乐观主义把我们的注意力从悲观主义中转移，并引向积极、有建设性的想法。如果你是一个乐观主义者，你会更关心问题的解决，而不是无谓地吹毛求疵。

在最深的绝望里，遇见最美丽的风景

所谓绝境，不过是成功前的一个热身、蹲下身、屈起臂膀、起跳……这一个个动作，都是为最后那完美的冲刺所做的精心准备。因此，不管你现在顺利与否、灰心与否，让我们共同记住：天无绝人之路，更无绝人之境。面对人生接踵而至的绝境，要坚定地告诉自己：我一定能在最深的绝望里，遇见最美丽的惊喜。

当你被命运无情捉弄，当你的生活一无所有，当你失去亲人和朋友，当你的肢体变得残缺，请不要绝望，因为你还有人最宝贵的东西——生命。所以就算遭受了多么大的打击，也不要放弃活下去的念头。每个人都是造物主的杰作，父母赐予我们生命，我们就该好好珍惜。看看那些为了生存苦苦挣扎的人，他们都在为生存而努力勇敢地走下去。

跌倒了爬起来继续往前走，放弃堕落和脆弱，只要活着，就有希望。

也许你以为自己深陷绝路，你认为所有的努力都是徒劳的，其实，再坚持一会儿，再试一下，就有可能看到胜利的曙光。很多时候，打败你的不是对手，也不是外部的环境，而是你自己的脆弱。并不是生活把你逼上了绝路，而是你自己把自己拉向了深渊。不管身处什么样的境地，都不要用绝望代替希望，只要有希望与你同在，总会出现柳暗花明又一村的转机。

相信自己没有什么不能做到，如果抱着巨大的热情和坚强的意志去改变现实，你就能掌控自己的命运。

只有多吃一点儿苦，才能磨炼出我们克服困难的勇气。只要我们有突破困境的信心，就不会惧怕黎明前的黑暗。只要我们能再坚持一下，再努力一回，迈出自己自信的步伐，完成这最后也是最关键的一步，我们就一定能进入成功的殿堂。

有个好心态，才会有个好人生

生活中，经常看到互不相让的争吵场面，也经常听到有人怨气冲冲地抱怨，要么是工作方面，要么是福利方面，要么是朋友、同事、邻里、婆媳关系方面。其实这些争吵与抱怨完全可以避免。这就涉及到一个心态和心境的问题。

拥有好心境的人，看别人、看自己都是美丽的；拥有好心境的人，宽容、耐心、细心；拥有好心境的人，有良心、善心、爱心；拥有好心境的人，有好人缘、好运气、好前程；拥有好心境的人，积极、乐观、长寿。

世界上所有的事情都是客观的，不以人的情绪为转移，就算你再痛苦、再难过，也改变不了已经发生的事情。所谓坏，也不过是自己的心对它下的定义。好的程度、坏的程度，都是你的心衡量出来的，事情对你的影响程度也是你自己用心臆造出来的。你的心的判断，决定了你的态度，决定了你的心情，你的心情又决定了你的生活，决定了你以后做事情的质量。

世间任何事情，你都可以用两种态度去看它，一种是阳光的，另一种是幽暗的。这就像钱币，存在正反两面，这一正一反，就是心态，它完全取决于你的态度。

有不少人，当自己经过一段时间的努力而没有达到预定目标时，便灰心丧气，认为这件事自己永远都办不到，从而忽视了自身力量的壮大和外界条件的改变，于是放弃了实现目标的努力。久而久之，形成了思维定式，套在失败的教训中爬不出来，以致丧失唾手可得的机会，最终一事无成。

好的心态会使人快乐向上、充满希望、有朝气；幽暗的心态则使人失落、难过，失去快乐感。你认为自己是什么样的人，你就会成为什么样的人。喜与悲，成和败，仅系于一念之间，这一念即是心态，心态决定命运。既然心态如此重要，那么怎样才能保持一种积极向上的心态呢？

想拥有一个好的心态，关键要学会调节自己。

最简单有效的做法是：用积极的心理暗示替代消极的心理暗示。当你想说"我不行，我太差劲儿"的时候，要马上替换成"不，我还有希望，我一定能行"。

唯有你自己觉得你能行的时候，一切才会有"行"的可能。

第八章

对自己狠一点，离成功近一点

你最大的敌人就是自己

每个人最大的对手就是自己。如果你能战胜自己，走出布满阴霾的昨天，你也能成为幸福的人，获得自己人生的奖赏。

驯鹿和狼之间存在着一种非常独特的关系，它们在同一个地方出生，又一同奔跑在自然环境极为恶劣的旷野上。大多数时候，它们相安无事地在同一个地方活动，狼不骚扰鹿群，驯鹿也不害怕狼。

在这看似和平安闲的时候，狼会突然向鹿群发动袭击。驯鹿惊愕而迅速地逃窜，同时又聚成一群以确保安全。狼群早已盯准了目标，在这追和逃的游戏里，会有一只狼冷不防地从斜刺里蹿出，以迅雷不及掩耳之势抓破一只驯鹿的腿。

游戏结束了，没有一只驯鹿牺牲，狼也没有得到一点食物。第二天，同样的一幕再次上演，依然从斜刺里冲出一只狼，依然抓伤那只已经受伤的驯鹿。

每次都是不同的狼从不同的地方蹿出来做猎手，攻击的却只是那一只鹿。可怜的驯鹿旧伤未愈又添新伤，逐渐丧失大量的血和力气，更为严重的是它逐渐丧失了反抗的意志。当它越来越虚弱，已不会对狼构成威胁时，狼便跳起而攻之，美美地饱餐一顿。

其实，狼是无法对驯鹿构成威胁的，因为身材高大的驯鹿可以一蹄把身材矮小的狼踢死或踢伤，可为什么到最后驯鹿却成了狼的腹中之食呢？

狼是绝顶聪明的，它们一次次抓伤同一只驯鹿，让那只驯鹿经过一次次的失

110

败打击后，变得信心全无，到最后它完全崩溃了，完全忘了自己还有反抗的能力。最后，当狼群攻击它时，它放弃了抵抗。

所以，真正打败驯鹿的是它自己，它的敌人不是凶残的狼，而是自己脆弱的心灵。同样的道理，要让自己强大起来，唯一的方法就是挑战自己，战胜自己，超越自己。

每个人最大的对手就是自己。如果你能战胜自己，走出布满阴霾的昨天，你也能成为幸福的人，获得自己人生的奖赏。

咬咬牙，人生没有过不去的坎儿

往往，再多一点努力和坚持便收获到意想不到的成功。以前做出的种种努力、付出的艰辛，便不会白费。令人感到遗憾和悲哀的是，面对一而再、再而三的失败，多数人选择了放弃，没有再给自己一次机会。

乔治的父亲辛曾经是个拳击冠军，如今年老力衰，病卧在床。

有一天，父亲的精神状况不错，对他说了某次赛事的经过。

在一次拳击冠军对抗赛中，他遇到了一位人高马大的对手。因为他的个子相当矮小，一直无法反击，反而被对方击倒，连牙齿也被打出血了。

休息时，教练鼓励他说："辛，别怕，你一定能挺到第12局！"

听了教练的鼓励，他也说："我不怕，我应付得过去！"

于是，在场上他跌倒了又爬起来，爬起来后又被打倒，虽然一直没有反攻的机会，但他却咬紧牙关支持到第12局。

第12局眼看要结束了，对方打得手都发颤了，他发现这是最好的反攻时机。于是，他倾全力给对手一个反击，只见对手应声倒下，而他则挺过来了。那也是他拳击生涯中的第一枚金牌。

说话间，父亲额上全是汗珠，他紧握着乔治的手，吃力地笑着："不要紧，有一点点痛，我应付得了。"

在人生的海洋中航行，不会永远都一帆风顺，难免会遇到狂风暴雨的袭击。在巨浪滔天的困境中，我们更须坚定信念，随时赋予自己生活的支持力，告诉自己"我应付得了"。当我们有了这份坚定的信念,困难便会在不知不觉中慢慢远离,生活自然会回到风和日丽的宁静与幸福之中。唯有相信自己能克服一切困难的人,才能激发勇气,迎战人生的各种磨难,最后成就一番大业! 记住,只要你有决心克服,就一定能走过人生的低谷。

卡耐基在被问及成功秘诀的时候说道:"假使成功只有一个秘诀的话,那应该是坚持。"人生道路中的很多苦难和痛苦都是如此,只要熬过去了,挺住了,就没什么大不了的。

巴顿将军在第二次世界大战后的聚会上说起这么一段经历:当他从西点军校毕业后,入伍接受军事训练。团长在射击场告诉他:打靶的意义在于,哪怕你打偏了 99 颗子弹,只要有 1 颗子弹打中靶心,你就会享受到成功的喜悦。

对于实战经验不多的新兵来说,想要枪枪命中靶心是困难的,然而,当巴顿的靶位旁的空子弹壳越来越多时,他已成了富有射击经验的老兵。

战争爆发后,巴顿将军奔波于各个战场,没有安稳感,他一度对生活产生了疑问,觉得自己像一架战争机器,不知道战争究竟要到何年何月才是尽头。

但这一切仅仅持续了不到 7 年。这 7 年里,由于倔强刚烈的个性,巴顿所经历的挫折、失意,曾经那么锋利地一次次伤害过他,令他消沉,后来他才明白:它们只不过是那一大堆空子弹壳。

生活的意义,并不在于你是否在经受挫折和磨炼,也不在于要经受多少挫折和磨炼,而是在于忍耐和坚持不懈。经受挫折和磨炼是射击,瞄准成功的机会也是射击,但是只有经历了 99 颗子弹的铺垫,才有一枪击中靶心的结果。

只要坚持到底,就一定会成功,人生唯一的失败,就是当你选择放弃的时候。因此,当你处于困境的时候,你应该继续坚持下去,只要你所做的是对的,总有一天成功的大门将为你而开。

查德威尔是第一个成功横渡英吉利海峡的女性,她没有满足,决定从卡塔林岛游到加利福尼亚。

旅程十分艰苦,刺骨的海水冻得查德威尔嘴唇发紫。她快坚持不住了,可目的地还不知道有多远,连海岸线都看不到。

越想越累，渐渐地她感到自己的四肢有千斤那么沉重，自己一点劲都使不上了，于是对陪伴她的船上工作人员说："我快不行了，拉我上船吧！"

"还有一海里就到了啊，再坚持一下吧。"

"我不信，那怎么连海岸线都看不到啊！快拉我上去！"看她那么坚持，工作人员就把她拉上去了。

快艇飞快地往前开去，不到一分钟，加利福尼亚海岸线就出现在眼前了，因为大雾，只能在半海里范围内看得见。

查德威尔后悔莫及，居然离横渡成功只有一海里！为什么不听别人的话，再坚持一下呢？

拿破仑曾经说过："达到目标有两个途径——势力与毅力。势力只有少数人所有，而毅力则属于那些坚韧不拔的人，它的力量会随着时间的发展而至无可抵抗。"往往，再多一点努力和坚持便收获到意想不到的成功。以前做出的种种努力、付出的艰辛，便不会白费。令人感到遗憾和悲哀的是，面对一而再、再而三的失败，多数人选择了放弃，没有再给自己一次机会。所以，无论我们处于什么样的困境，遭遇多大的痛苦，我们都应该激励自己：离成功我只有一海里，只要熬过去就是胜利！

狠下心，绝不为自己找借口

没有人与生俱来就会表现出能与不能，是你自己决定要以何种态度去对待问题。保持一颗积极、绝不轻易放弃的心去面临各种困境，而不要让借口成为你工作中的绊脚石。

世界上最容易办到的事是什么？很简单，就是找借口。狐狸吃不到葡萄，它就找出一个借口：葡萄是酸的。我们都讥笑狐狸的可怜，但我们又不自觉地为自己找借口。

在我们日常生活中，常听到这样一些借口：上班晚了，会有"路上堵车"、"闹钟坏了"的借口；考试不及格，会有"出题太偏"、"题目太难"的借口；做生意赔了本有借口；工作、学习落后了也有借口……只要有心去找，借口总是有的。

久而久之，就会形成这样一种局面：每个人都努力寻找借口来掩盖自己的过失，推卸自己本应承担的责任。于是，所有的过错，你都能找到借口来承担，借口让你丧失责任心和进取心，这对于你的生活和工作都是极其不利的。

没有人与生俱来就会表现出能与不能，是你自己决定要以何种态度去对待问题。保持一颗积极、绝不轻易放弃的心去面临各种困境，而不要让借口成为你工作中的绊脚石。

年轻的亚历山大继承了马其顿的王位后，拥有广阔的土地和无数的臣民，可这并不能满足他的野心。一次，亚历山大因一场小型战争离开故乡，他的目光被一片肥沃的土地吸引，那里是波斯王国。于是，他指挥士兵向波斯大军发起了进攻，并在一场又一场战斗中打败了对手。随后陷落的是埃及。埃及人将亚历山大视为神一般的人物。卢克索神庙中的雕刻表明，亚历山大是埃及历史上第一位欧洲法老。为了抵达世界的尽头，他率领部队向东，进入一片未知的土地。20多岁的时候，他就已经击败了阿富汗的地区头领。接着，他又很快对印度半岛上的王侯展开了猛烈进攻……

在仅仅十多年的时间里，亚历山大就建立起了一个面积超过200万平方英里的帝国。因为他在任何情况下都不找借口，即使是条件不存在，他也毫不犹豫地去创造条件。

做事没有任何借口。条件不足，创造条件也要上。美国成功学家拿破仑·希尔说过这样一段话："如果你有自己系鞋带的能力，你就有上天摘星的机会！"让我们改变对借口的态度，把寻找借口的时间和精力用到努力工作中来。因为工作中没有借口，失败没有借口，成功也不属于那些找借口的人！

第二次世界大战时期的著名将领蒙哥马利元帅在他的回忆录《我所知道的二战》中有这样一个故事：

"我要提拔人的时候，常常把所有符合条件的候选人集合到一起，给他们提一个我想要他们解决的问题。我说：'伙计们，我要在仓库后面挖一条战壕，8英尺长，3英尺宽，6英寸深。'说完就宣布解散。我走进仓库，通过窗户观察他们。

"我看到军官们把锹和镐都放到仓库后面的地上，开始议论我为什么要他们挖这么浅的战壕。他们有的说 6 英寸还不够当火炮掩体。其他人争论说，这样的战壕太热或太冷。还有一些人抱怨他们是军官，这样的体力活应该是普通士兵的事。最后，有个人大声说道：'我们把战壕挖好后离开这里，那个老家伙想用它干什么，随他去吧！'"

最后，蒙哥马利写道："那个家伙得到了提拔，我必须挑选不找任何借口地完成任务的人。"

一万个叹息抵不上一个真正的开始。不怕晚开始，就怕不开始。没有第一步，就不会有万里长征；没有播种，就不会有收获；没有开始，就不会有进步。因此，你千万不要找借口，再困难的事只要你尝试去做，也比推辞不做要强。

不经历风雨，怎能见彩虹

"不经历风雨，怎能见彩虹"，任何一次成功的获得都要经过艰辛的奋斗和痛苦的磨炼，才能拥有。

老鹰是世界上寿命最长的鸟类。它可以活到 70 岁。要活那么长的寿命，它在 40 岁时必须做出艰难却重要的决定。

当老鹰活到 40 岁时，它的爪子开始老化，无法有效地抓住猎物。它的喙变得又长又弯，几乎碰到胸膛。它的翅膀变得十分沉重，因为它的羽毛长得又浓又厚，使得飞翔十分吃力。

它只有两种选择：等死，或经过一个十分痛苦的更新过程。

老鹰要经过 150 天漫长的历练，很努力地飞到山顶。在悬崖上筑巢。停留在那里，不得飞翔。

老鹰首先用它的喙击打岩石，直到完全脱落。然后静静地等候新的喙长出来。

它会用新长出的喙把指甲一根一根地拔出来。当新的指甲长出来后，它们便把羽毛一根一根地拔掉。5 个月以后，新的羽毛长出来了。这个时候，老鹰才能开始飞翔，重新得到 30 年的岁月！

在我们的生命中，有时候我们也必须做出艰难的决定，然后才能获得重生。

我们必须把旧的习惯、旧的传统抛弃，使我们可以重新飞翔。只要我们愿意放下旧的包袱，愿意学习新的技能，我们就能发挥我们的潜能，创造新的未来。

乔·路易斯，世界十大拳王之一，可以说是历史上最为成功的重量级拳击运动员，在长达12年的时间里，他曾经让25名拳手败在自己的拳下。

自从上学以后，乔伊·巴罗斯就成了同学嘲弄的对象。也难怪，放学后，别的18岁的男孩子进行篮球、棒球这些"男子汉"的运动，可乔伊却要去学小提琴！这都是因为巴罗斯太太望子成龙心切。20世纪初，黑人还很受歧视，母亲希望儿子能通过某种特长改变命运，所以从小就送乔伊去学琴。那时候，对于一个普通家庭来说，每周50美分的学费是个不小的开销，但老师说乔伊有天赋，乔伊的妈妈觉得为了孩子的将来，省吃俭用也值得。

但同学不明白这些，他们给乔伊取外号叫"娘娘腔"。一天乔伊实在忍无可忍，用小提琴狠狠砸向取笑他的家伙。一片混乱中，只听"咔嚓"一声，小提琴裂成两半儿——这可是妈妈节衣缩食给他买的。泪水在乔伊的眼眶里打转，周围的人一哄而散，边跑边叫："娘娘腔，拨琴弦的小姑娘……"只有一个同学既没跑，也没笑，他叫瑟斯顿·麦金尼。

别看瑟斯顿长得比同龄人高大魁梧，一脸凶相，其实他是个热心肠的好人。虽然还在上学，瑟斯顿已经是底特律"金手套大赛"的卫冕冠军了。"你要想办法长出些肌肉来，这样他们才不敢欺负你。"他对沮丧的乔伊说。瑟斯顿不知道，他的这句话不但改变了乔伊的一生，甚至影响了美国一代人的观念。虽然日后瑟斯顿在拳坛没取得什么惊人的成就，但因为这句话，他的名字被载入拳击史册。

当时，瑟斯顿的想法很简单，就是带乔伊去体育馆练拳击。乔伊抱着支离破碎的小提琴跟瑟斯顿来到了体育馆。"我可以先把旧鞋和拳击手套借给你，"瑟斯顿说，"不过，你得先租个衣箱。"租衣箱一周要50美分，乔伊口袋里只有妈妈给他这周学琴的50美分，不过琴已经坏了，也不可能马上修好，更别说去上课了。乔伊狠狠心租下衣箱，把小提琴放了进去。

开头几天，瑟斯顿只教了乔伊几个简单的动作，让他反复练习。一个礼拜快结束时，瑟斯顿让乔伊到拳击台上来，试着跟他对打。没想到，才第三个回合，乔伊一个简单的直拳就把"金手套"瑟斯顿击倒了。爬起来后，瑟斯顿的第一句话就是："小子，把你的琴扔了！"

乔伊没有扔掉小提琴，但他发现自己更喜欢拳击，每周50美分的小提琴课学费成了拳击课的学费，巴罗斯太太懊恼了一阵后，也只好听之任之。不久乔伊开始参加比赛，渐渐崭露头角。为了不让妈妈为他担心，乔伊悄悄把名字从"乔伊·巴罗斯"改成了"乔·路易斯"。

5年以后，23岁的乔已经成为重量级世界拳王。1938年，他击败了德国拳手施姆林。当时德国在纳粹统治之下，因此乔的胜利意义更加重大——他成了反法西斯者心中的英雄。但巴罗斯太太一直不知道人们说的那个黑人英雄就是自己"不成器"的儿子。

漫漫人生，人在旅途，难免会遇到荆棘和坎坷，但风雨过后，一定会有美丽的彩虹。任何时候都要抱乐观的心态，任何时候都不要丧失信心和希望。失败不是生活的全部，挫折只是人生的插曲。虽然机遇总是飘忽不定，但朋友，只要你坚持，只要你乐观，你就能永远拥有希望，走向幸福。

从现在起，感谢折磨你的人吧

人不能总停留在原地，而是要努力向前。感谢折磨你的人，你将得到更迅捷的发展速度。

对于生活中的各种折磨，我们应时时心存感激。只有这样，我们才会常常有一种幸福的感觉，纷繁芜杂的世界才会变得鲜活、温馨和动人。一朵美丽的花，如果你不能以一种美好的心情去欣赏它，它在你的心中和眼里也就永远娇艳妩媚不起来，而如同你的心情一般灰暗和没有生机。只有心存感激，我们才会把折磨放在背后，珍视他人的爱心，才会享受生活的美好，才会发现世界原本有很多温情。心存感激，是一种人格的升华，是一种美好的人性。只有心存感激，我们才会热爱生活，珍惜生命，以平和的心态去努力地工作与学习，使自己成为一个有益于社会的人。心存感激，我们的生活就会洋溢着更多的欢笑和阳光，世界在我们眼里就会更加美丽动人。从今天开始，感谢折磨你的人吧！正如网上流传的一首诗写的那样：

当我们拿花送给别人时，

首先闻到花香的是我们自己。

当我们抓起泥巴想抛向别人时，

首先弄脏的是我们自己的手。

一句温暖的话，

就像往别人的身上洒香水，

自己也会沾到两三滴，

因此，要时时心存好意，

脚走好路、身行好事、惜缘种福。

很多的时候，

我们需要给自己的生命留下一点空隙，

就像两车之间的安全距离，

一点缓行的余地，

可以随时调整自己，进退有秩，

生活的空间，需要清理挪减而留出，

心灵的空间，则经思考领悟而拓展。

打桥牌时要把我们手中所握有的这副牌，

不论好坏，都要把它打到淋漓尽致。

人生亦然，重要的不是发生了什么事，

而是我们处理它的方法和态度，

假如我们转身面向阳光，就不可能陷身在阴影里。

光明使我们看见许多东西，

也使我们看不见许多东西，

假如没有黑夜，

我们便看不到天上闪亮的星辰。

因此，即便是曾经一度使我们难以承受的痛苦磨难，

也不会是完全没有价值，

它可以使我们的意志更坚定，

思想人格更成熟。

因此，当困难与挫折到来，

应平静而对，乐观地处理，

不要在人我是非中彼此摩擦。

有些话语称起来不重，

但稍一不慎，

便会重重地坠到别人心上，

同时，也要训练自己，

不要轻易被别人的话扎伤、变心。

你不能决定生命的长度，但你可以控制它的宽度；

你不能左右天气，但你可以改变心情；

你不能改变容貌，但你可以展现笑容；

你不能控制他人，但你可以掌握自己；

你不能预知明天，但你可以利用今天；

你不能样样胜利，但你可以事事尽力。

凡事感激，感激伤害你的人，因为他磨炼了你的心志；

感谢欺骗你的人，因为他增进了你的智慧；

感谢中伤你的人，因为他砥砺了你的人格；

感谢鞭打你的人，因为他激发了你的斗志；

感谢遗弃你的人，因为他教导你该独立；

感谢绊倒你的人，因为他强化了你的双腿；

感谢斥责你的人，因为他提醒了你的缺点；

凡事感谢，学会感谢，感谢一切使你成长的人！

战胜自己的人，才配得上天的奖赏

虽然屡遭痛苦，却能够百折不挠地挺住，这就是成功的秘密。所以，你一定要学会坚强。有了坚强，才有了面对一切痛苦和挫折的能力。

村里有一位妇女，因为乳腺癌，不得不去医院做了左乳切除手术。

伤口痊愈后，她下地走路时，奇怪地发现，自己的身体竟不自觉地向右边倾斜起来。她稍一愣怔后便明白了：也许是自己的乳房比较大且重的缘故，少了一只左乳后，身体也失去了原有的平衡。

让她更为苦恼的是，自己的胸前左边瘪塌塌的，右边鼓囊囊的，极不对称，以致穿起衣服来很是别扭和难看。

可是她又没钱买义乳。怎么办？她决定自己做一个。她"就地取材"地从家里搬出芝麻、蚕豆、玉米、小麦、绿豆等种子，依次分别往乳罩左边的罩口里装满一种种子，然后再缝合罩口，戴在身上测试一下身体的美观及平衡效果。最后，她选定了绿豆作为乳罩的填充物。

初戴上"绿豆乳罩"的她显得异常的兴奋与激动，对于自己的身体，她仿佛又找回了曾经的那分自信与美丽。后来，她无论是下地干活，还是串门赶集，时时刻刻地戴着那副"绿豆乳罩"。

一天晚上，她摘下乳罩准备睡觉时，惊讶地发现——乳罩里的那些绿豆竟发芽了！

那一夜，她基本上没合眼，想着怎样解决绿豆在自己的体温下会发芽的问题。第二天，她把那些绿豆炒熟了，然后再放进乳罩里……

可是她发现，问题又来了，她的身上始终有一种熟绿豆的香味挥之不去。只要她一出现在人群里，人家总会耸着鼻子作闻香状，然后好奇地问：谁兜里揣着熟绿豆？好香啊！快点拿出来让大家尝尝……弄得她很是尴尬，又不好讲出实情，但也怪不得人家，人家也是无意的啊。

后来，经过很多次试验，她在缝制"绿豆乳罩"的时候，终于找到了一个折中的良方，就是在炒绿豆的时候，要掌握好它的火候——仅把绿豆炒到七八成熟的样子，这样的绿豆放进乳罩里既不会发芽，也闻不到香味，刚刚好。

费尽思量，才解决了绿豆作为乳房替代物与自己身体兼容的难题，这位爱美的女人终于松了口气。

有一天，一家女性刊物的记者知道这事后，大老远地赶来采访这位村妇。采访临近尾声时，记者提出要给她拍几张照片。她一下子激动得满脸通红，因为在那个偏僻的村庄里，她很少有照相的机会，她习惯性地抻抻衣角、将将头发，然后站在一株从石缝里长出的芍药花旁，郑重而优雅地摆出了一个个美丽的姿势。望着镜头里那朵火红的花儿衬托着那张自信而美丽的笑脸，泪水模糊了记者的视线……

后来，这位记者在她的文章中写道：

"我是怀着一种敬仰和感动的心情对她进行采访的，在为她的遭遇感到心酸的同时，又被她乐观而不屈的精神所鼓舞并深感欣慰。这样一个在贫困交加的境地里挣扎的女人，依然向往美丽，顽强地追求着美丽。她今后的生活一定会好起来的，就像她拥花而立的那帧美丽的照片。因为她的精神不败，我坚信，仅凭这一点，足以让她战胜人生中所有的厄运和苦难！"

人生是一场面对种种困难的"漫长战役"。早一些让自己懂得痛苦和困难是人生平常的"待遇"，当挫折到来时，应该面对，而不是逃避。这样，你才能早一些坚强起来，成熟起来。以后的人生便会少一些悲哀气氛，多一些壮丽色彩。记住，只有顽强的人生才美丽，才精彩。

前苏联作家奥斯特洛夫斯基在双眼失明的情况下，通过向人口授内容，完成了长篇小说《钢铁是怎样炼成的》；

美国女作家海伦·凯勒自幼双目失明，在沙利文老师的教导下学会了盲文，长大后成长为一名社会活动家，积极到世界各地演讲，宣传助残，并完成了《假如给我三天光明》等14部著作；

当代著名女作家张海迪5岁因为意外事故造成高位截瘫，但仍坚持自学小学到大学课程，并精通多国语言；

……

虽然屡遭痛苦，却能够百折不挠地挺住，这就是成功的秘密。所以，你一定要学会坚强。有了坚强，才有了面对一切痛苦和挫折的能力。

霍金是谁？他是一个神话，一个当代最杰出的理论物理学家，一个科学名义下的巨人……或许，他只是一个坐着轮椅、挑战命运的勇士。

史蒂芬·霍金，出生于1942年1月8日，那一天刚好是伽利略逝世三百年纪念日。

从童年时代起，运动从来就不是霍金的长项，几乎所有的球类活动他都不行。

进入牛津大学后，霍金注意到自己变得更笨拙了，有一两回没有任何原因地跌倒。一次，他不知何故从楼梯上突然跌下来，当即昏迷，差一点儿死去。

直到1962年霍金在剑桥读研究生后，他的母亲才注意到儿子的异常状况。刚过完20岁生日的霍金在医院里住了两个星期，经过各种各样的检查，他被确诊患上了"卢伽雷氏症"，即运动神经细胞萎缩症。

大夫对他说，他的身体会越来越不听使唤，只有心脏、肺和大脑还能运转，到最后，心和肺也会失效。霍金被"宣判"只剩两年的生命。那是在1963年。

霍金的病情渐渐加重。1970年，在学术上声誉日隆的霍金已无法自己走动，他开始使用轮椅。直到今天，他再也没离开它。

永远坐进轮椅的霍金，极其顽强地工作和生活着。

一次，霍金坐轮椅回柏林公寓，过马路时被小汽车撞倒，左臂骨折，头被划破，缝了13针，但48小时后，他又回到办公室投入工作。

虽然身体的残疾日益严重，霍金却力图像普通人一样生活，完成自己所能做的任何事情。他甚至是活泼好动的——这听来有点好笑，在他已经完全无法移动之后，他仍然坚持用唯一可以活动的手指驱动着轮椅在前往办公室的路上"横冲直撞"；在莫斯科的饭店中，他建议大家来跳舞，他在大厅里转动轮椅的身影真是一大奇景；当他与查尔斯王子会晤时，旋转自己的轮椅来炫耀，结果轧到了查尔斯王子的脚趾头。

当然，霍金也尝到过"自由"行动的恶果，这位量子引力的大师级人物，多次在微弱的地球引力左右下，跌下轮椅，幸运的是，每一次他都顽强地重新"站"起来。

1985年，霍金动了一次穿气管手术，从此完全失去了说话的能力，只能用三个指头和外界交流——到目前更是只剩下眼皮了。他就是在这样的情况下，极其艰难地写出了著名的《时间简史》，探索着宇宙的起源。

霍金的科普著作《时间简史——从大爆炸到黑洞》在全世界的销量已经高达2500万册，从1988年出版以来一直雄踞畅销书榜，创下了畅销书的一个世界纪录。

霍金的故事告诉人们，是否具有不屈不挠的精神，或许是取得成就的最大因素。虽然大家都觉得他非常不幸，但他在科学上的成就却是他在病发后获得的。他凭着坚毅不屈的意志，战胜了疾病，创造了一个奇迹，也证明了残疾并非成功的障碍。

多一份磨砺，多一份强大

每个人都有梦想，也曾为之而努力过、奋斗过，但是很多人却因为没有一颗坚强的心和持之以恒的毅力，只能给自己的人生留下深深的遗憾。所以，我们要想成就一番事业，要想实现自己的梦想和追求，就必须努力为自己打造一颗坚强的心。

一个失意的年轻人，向哲人请教成功的秘诀。哲人递给他一颗花生说："用力搓它。"年轻人用力一搓，花生的壳碎了，剩下了花生仁。然后哲人叫他再搓搓它，结果红色的花生衣也被搓掉了，只剩下白白的果肉。哲人叫他再用力搓，年轻人迷惑不解，但还是照着做了。

可是，无论他如何用力，却怎么也捏不碎这粒花生仁。哲人还是叫他再搓搓它，结果仍然是徒劳无功。

最后，哲人语重心长地告诫年轻人："虽然屡受打击和磨难，失去了很多东西，但始终都要拥有一颗坚强不屈的心，这样才有美梦成真的希望。"

对于一个人来说，最有用的财富不是金钱名利，也不是人际资源，而是一颗坚强的心。

一个农民，初中只读了两年，家里就没钱继续供他上学了。他辍学回家，帮父亲耕种三亩薄田。在他19岁时，父亲去世了，家庭的重担全部压在了他的肩上。

他要照顾身体不好的母亲和瘫痪在床的祖母。

20世纪80年代，农田承包到户。他把一块水洼挖成池塘，想养鱼。但乡里的干部告诉他，水田不能养鱼，只能种庄稼，他只好又把水塘填平。这件事成了一个笑话——在别人的眼里，他是一个想发财但又非常愚蠢的人。

听说养鸡能赚钱，他向亲戚借了500元钱，养起了鸡。但是一场洪水后，鸡得了鸡瘟，几天内全部死光。500元对别人来说可能不算什么，但对一个只靠三亩薄田生活的家庭而言，不啻天文数字。他的母亲受不了这个刺激，竟然忧郁而死。

他后来酿过酒，捕过鱼，甚至还在石矿的悬崖上帮人打过炮眼……可都没有赚到钱。

35岁的时候，他还没有娶到媳妇。即使是离异的有孩子的女人也看不上他。因为他只有一间土屋，随时有可能在一场大雨后倒塌。娶不上老婆的男人，在农村是没有人看得起的。

但他还想搏一搏，就四处借钱买一辆手扶拖拉机。不料，上路不到半个月，这辆拖拉机就载着他冲入一条河里。他断了一条腿，成了瘸子。而那拖拉机，被人捞起来，已经支离破碎，他只能拆开它，当作废铁卖。

几乎所有的人都说他这辈子完了。但是后来他却成了南方一个大城市里的一家大公司的老板，手中有数亿元的资产。

现在，许多人知道了他苦难的过去和富有传奇色彩的创业经历。许多媒体采访过他，许多报告文学描述过他。其中一个访谈令人印象深刻：

记者问他："在苦难的日子里，你凭什么一次又一次毫不退缩？"

他坐在宽大豪华的老板台后面，喝完了手里的一杯水。然后，他把玻璃杯子握在手里，反问记者："如果我松手，这只杯子会怎样？"

记者说："杯子摔在地上，肯定要碎了。"

"那我们试试看。"他说。

他手一松，杯子掉到地上发出清脆的声音，但并没有破碎，完好无损。

他说："即使有10个人在场，他们都会认为这只杯子必碎无疑。但是，这只杯子不是普通的玻璃杯，而是用玻璃钢制作的。我之所以能战胜苦难，就因为我有一颗坚强的心。"

这样的人，即使只有一口气，他也会努力去拉住成功的手。如果他不能成功，那么还有谁能成功呢？

每个人的心中都有一个梦想和追求，也曾为之而努力过、奋斗过，但是很多人却因为没有一颗坚强的心和持之以恒的毅力，便半途而废，只能给自己的人生留下深深的遗憾。所以，我们要想成就一番事业，要想实现自己的梦想和追求，就必须努力为自己打造一颗坚强的心。不管通向成功的道路是阳光灿烂，还是风雨兼程，我们都要始终保持这颗坚强的心，不得有半点的懈怠和屈服。相信吧，阳光总在风雨后，经历了风风雨雨、大风大浪、坎坎坷坷之后，再回味自己来之不易的成功的时候，那一定是人世间最幸福的时刻。

纵使平凡，也不要平庸

平凡与平庸是两种截然不同的生活状态：前者如一颗使用中的螺丝钉，虽不起眼，却真真切切地发挥作用，实现价值；后者就像废弃的钉子，身处机器运转之外，无心也无力参与机器的运作。

平凡者纵使渺小却挖掘着自己生命的全部能量，平庸者却甘居无人发现的角落不肯露头。虽无惊天伟绩但物尽其用、人尽其能，这叫平凡；有能力发挥却自掩才华，自甘埋没，这叫平庸。

世间生命多种多样，有天上飞的，有水中游的，有陆上爬的，有山中走的。所有生命，都在时间与空间之流中兜兜转转。生命，总以其多彩多姿的形态展现着各自的意义和价值。

"生命的价值，是以一己之生命，带动无限生命的奋起、活跃。"智慧禅光在众生头顶照耀，生命在闪光中见出灿烂，在平凡中见出真实。所以，所有的生命都应该得到祝福。

"若生命是一朵花就应自然地开放，散发一缕芬芳于人间；若生命是一棵草就应自然地生长，不因是一棵草而自卑自叹；若生命好比一只蝶，何不翩翩飞舞？"芸芸众生，既不是翻江倒海的蛟龙，也不是称霸林中的雄狮。我们在苦海里颠簸，在丛林中避险，平凡得像是海中的一滴水、林中的一片叶。海滩上，这一粒沙与那一粒沙的区别你可能看出？旷野里，这一堆黄土和那一堆黄土的差异你是否能道明？

每个生命都很平凡，但每个生命都不卑微。所以，真正的智者不会让自己的生命陨落在无休无止的自怨自艾中，也不会甘于身心的平庸。

你可见过在悬崖峭壁上卓然屹立的松树？它深深地扎根于岩缝之中，努力舒展着自己的躯干，任凭阳光暴晒，风吹雨打，在残酷的环境中它始终保持着昂扬的斗志和积极的姿态。或许，它很平凡，只是一棵树而已，但是它并不平庸，它努力地保持着自己生命的傲然姿态。

有这样一个寓言让我们懂得：每个生命都不卑微，都是大千世界中不可或缺的一环，都在自己的位置上发挥着自己的作用。

一只老鼠掉进了一只桶里，怎么也出不来。老鼠吱吱地叫着，它发出了哀鸣，可是谁也听不见。可怜的老鼠心想，这只桶大概就是自己的坟墓了。正在这时，一只大象经过桶边，用鼻子把老鼠吊了出来。

"谢谢你，大象。你救了我的命，我希望能报答你。"

大象笑着说："你准备怎么报答我呢？你不过是一只小小的老鼠。"

过了一些日子，大象不幸被猎人捉住了。猎人用绳子把大象捆了起来，准备等天亮后运走。大象伤心地躺在地上，无论怎么挣扎，也无法把绳子扯断。

突然，小老鼠出现了。它开始咬着绳子，终于在天亮前咬断了绳子，替大象松了绑。

大象感激地说："谢谢你救了我的性命！你真的很强大！"

"不，其实我只是一只小小的老鼠。"小老鼠平静地回答。

每个生命都有自己绽放光彩的刹那，即使一只小小的老鼠，也能够拯救比自己体型大很多的巨象。故事中的这只老鼠正是星云大师所说的"有道者"。一个真正有道的人，即使别人看不起他，把他看成是卑贱的人，他也不受影响，因为他知道自己的人格、道德，不一定要求别人来了解、来重视。他依然会在自我的生命之旅中将智慧的种子撒播到世间各处。

有人说："平凡的人虽然不一定能成就一番惊天动地的大事业，但对他自己而言，能在生命过程中把自己点燃，即使自己是根小火柴，只能发出微微星火也就足够了；平庸的人也许是一大捆火药，但他没有找到自己的引线，在忙忙碌碌也许你只是一朵残缺的花，只是一片熬过旱季的叶子，或是一张简单的纸、一块无奇的布，也许你只是时间长河中一个匆匆而逝的过客，不会吸引人们半点的目光和惊叹，但只要你拥有积极的心态，并将自己的长处发挥到极致，就会成为成功驾驭生活的勇士。

把自己"逼"上巅峰

把自己"逼"上巅峰，首先要给自己一片没有后路的悬崖，这样才能发挥出自己最大的能力。力挽狂澜的秘密就在于此。

中国有句成语叫"背水一战"。它的意思是背靠江河作战，没有退路，我们常常用它来比喻决一死战。背水一战，其实就是把自己的后路斩断，以此将自己逼上"巅峰"。这个成语来源于《史记·淮阴侯列传》，这个典故对于处于苦境中的人来说，至今仍有着启示意义。

韩信是汉王刘邦手下的大将，为了打败项羽，夺取天下，他为刘邦定计，先攻取了关中，然后东渡黄河，打败并俘虏了背叛刘邦、听命于项羽的魏王豹，接着韩信开始往东攻打赵王歇。

在攻打赵王时，韩信的部队要通过一道极狭的山口，叫井陉口。赵王手下的谋士李左车主张一面堵住井陉口，一面派兵抄小路切断汉军的辎重粮草，这样韩信少量的远征部队没有后援，就一定会败走。但大将陈余不听，仗着兵力优势，坚持要与汉军正面作战。韩信了解到这一情况，不免对战况有些担心，但他同时心生一计。他命令部队在离井陉30里的地方安营，到了半夜，让将士们吃些点心，告诉他们打了胜仗再吃饱饭。随后，他派出两千轻骑从小路隐蔽前进，要他们在赵军离开营地后迅速冲入赵军营地，换上汉军旗号；又派一万军队故意背靠河水排列阵势来引诱赵军。

到了天明，韩信率军发动进攻，双方展开激战。不一会，汉军假意败回水边阵地，赵军全部离开营地，前来追击。这时，韩信命令主力部队出击，背水结阵的士兵因为没有退路，也回身猛扑敌军。赵军无法取胜，正要回营，忽然营中已插遍了汉军旗帜，于是四散奔逃。汉军乘胜追击，以少胜多，打了一个大胜仗。

在庆祝胜利的时候，将领们问韩信："兵法上说，列阵可以背靠山，前面可以临水泽，现在您让我们背靠水排阵，还说打败赵军再饱饱地吃一顿，我们当时不相信，然而最后竟然取胜了，这是一种什么策略呢？"

韩信笑着说："这也是兵法上有的，只是你们没有注意到罢了。兵法上不是说'陷之死地而后生，置之亡地而后存'吗？如果是有退路的地方，士兵都逃散了，怎么能让他们拼死一搏呢！"

所以在生活中，当我们遇到困难与绝境时，我们也应该如兵法中所说那样"置之死地而后生"，要有背水一战的勇气与决心，这样才能发挥自己最大的能力，将自己逼上生命的巅峰。在这种情况下，往往事情会出现极大的转机。

给自己一片没有退路的悬崖，把自己"逼"上巅峰，从某种意义上说，是给自己一个向生命高地冲锋的机会。如果我们想改变自己的现状，改变自己的命运，那么首先应该改变自己的心态。只要有背水一战的勇气与决心，我们一定能突破重重障碍，走出绝境。

所以我们要保持这样的心态，在使自己处于不断积极进取的状态的过程中，就能形成自信、自爱、坚强等品质，这些品质可以让你的能力源源涌出。你若是想改变自己的处境，那么就改变自己身心所处的状态，勇敢地向命运挑战。一旦你决心背水一战，拼死一搏，你便可以把你蕴藏的无限潜能充分发挥出来，让自己创造奇迹，做出令人瞩目的成绩，登上命运的巅峰。

第九章

每一个优秀的人，都有一段沉默的时光

寂寞成长，无悔青春

每个想要突破目前的困境的人首先都需要耐得住寂寞，只有在寂寞中才能催生一个人的成长。

曾有人在谈及寂寞降临的体验时说："寂寞来的时候，人就仿佛被抛进一个无底的黑洞，任你怎么挣扎呼号，回答你的，只有狰狞的空间。"的确，在追寻事业成功的路上，寂寞给人的精神煎熬是十分厉害的。想在事业上有所成就，自然不能像看电影、听故事那么轻松，必须得苦修苦练，必须得耐疑难、耐深奥、耐无趣、耐寂寞，而且要抵得住形形色色的诱惑。能耐得住寂寞是基本功，是最起码的心理素质。耐得住寂寞，才能不赶时髦，不受诱惑，才不会浅尝辄止，才能集中精力潜心于所从事的工作。耐得住寂寞的人，等到事业有成时，大家自然会投来钦佩的目光，这时就不寂寞了。而有着远大志向却耐不住寂寞，成天追求热闹，终日浸泡在欢乐场中，一混到老，最后什么成绩也没有的人，那就将真正寂寞了。其实，寂寞不是一片阴霾，寂寞也可以变成一缕阳光。只要你勇敢地接受寂寞，拥抱寂寞，以平和的爱心关爱寂寞，你会发现：寂寞并不可怕，可怕的是你对寂寞的惧怕；寂寞也不烦闷，烦闷的是你自己内心的空虚。

曾获得奥斯卡最佳导演奖的华人导演李安，在去美国念电影学院时已经 26 岁，遭到父亲的强烈反对。父亲告诉他：纽约百老汇每年有几万人去争几个角色，电影这条路走不通的。李安毕业后，7 年，整整 7 年，他都没有工作，在家做饭带小孩。有一段时间，他的岳父岳母看他整天无所事事，就委婉地告诉女儿，也就是李安的妻子，准备资助李安一笔钱，让他开个餐馆。李安自知不能再这样拖下去，但也不愿拿丈母娘家的资助，决定去社区大学上计算机课，从头学起，争取可以找到一份安稳的工作。李安背着老婆硬着头皮去社区大学报名。一天下午，他的太太发现了他的计算机课程表。他的太太顺手就把这个课程表撕掉了，并跟他说："安，你一定要坚持自己的理想。"

因为这一句话，这样一位明理聪慧的老婆，李安最后没有去学计算机，如果当时他去了，多年后就不会有一个华人站在奥斯卡的舞台上领那个很有分量的大奖。

李安的故事告诉我们，人生应该做自己最喜欢最爱的事，而且要坚持到底，把自己喜欢的事发挥得淋漓尽致，必将走向成功。

如果你真正的最爱是文学，那就不要为了父母、朋友的谆谆教诲而去经商；如果你真正的最爱是旅行，那就不要为了稳定选择一个一天到晚坐在电脑前的工作。

你的生命是有限的，但你的人生却是无限精彩的。也许你会成为下一个李安。

但你需要耐得住寂寞，7年你等得了吗？很有可能会更久，你等得到那天的到来吗？别人都离开了，你还会在原地继续等待吗？

一个人想成功，一定要经过一段艰苦的过程。任何想在春花秋月中轻松获得成功的人距离成功都遥不可及。这寂寞的过程正是你积蓄力量、开花前奋力地汲取营养的过程。如果你耐不住寂寞，成功永远不会降临于你。

你的孤独，虽败犹荣

在这个世界上，每一个人都经历过无数次的失败。当然，也包括富人在内，他们的成功也并非是一帆风顺的。

没有人不想成为富人，也没有人不想拥有财富，但很多人在追求财富的过程中要么被困难打败，要么对挫折望而却步、半途而废。如果我们换个角度来看问题就不一样了：世界上根本就没有所谓的失败，只有暂时的不成功。这也正是富人们的信条，正是因为在他们的字典里没有"失败"，他们才不会放弃，才会继续努力，他们知道不成功只是暂时的，总有一天他们会成功！

金融家韦特斯真正开始自己的事业是在 17 岁的时候，他赚了第一笔大钱，也是第一次得到教训。那时候，他的全部家当只有 255 块钱。他在股票的场外市场做掮客，在不到一年的时间里，他发了大财，一共赚了 168000 元。拿着这些钱，他给自己买了第一套好衣服，在长岛给母亲买了一幢房子。但是这个时候，第一次世界大战结束了。韦特斯以为和平已经到来，就拿出了自己的全部积蓄，以较低的价格买下了雷卡瓦那钢铁公司。"他们把我剥光了，只留下 4000 元给我。"韦特斯最喜欢说这种话，"我犯了很多错，一个人如果说他从未犯过错，那他就是在说谎。但是，我如果不犯错，也就没有办法学乖。"这一次，他学到了教训。"除非你了解内情，否则，绝对不要买大减价的东西。"

他没有因为一时的挫折而放弃，相反，他总结了相关的经验，并相信他自己一定会成功。后来，他开始涉足股市，在经历了股市的成败得失后，他已赚了一大笔。

1936 年是韦特斯最冒险的一年，也是最赚钱的一年。一家叫普莱史顿的金矿开采公司在一场大火中覆灭了。它的全部设备被焚毁，资金严重短缺，股票也跌到了 3 分钱。有一位名叫陶格拉斯·雷德的地质学家知道韦特斯是个精明人，就说服他把这个极具潜力的公司买下来，继续开采金矿。韦特斯听了以后，拿出 35000 元支持开采。不到几个月，黄金挖到了，离原来的矿坑只有 213 英尺。

这时，普莱史顿的股票开始往上飞涨，不过不知内情的海湾街上的大户还是认为这种股票不过是昙花一现，早晚会跌下来，所以他们纷纷抛出原来的股票。韦特斯抓住了这个机会，他不断地买进、买进，等到他买进了普莱史顿的大部分股票时，这种股票的价格已上涨了许多。

这座金矿，每年毛利达 250 万元。韦特斯在他的股票继续上升的时候把普莱史顿的股票大量卖出，自己留了 50 万股，这 50 万股等于他一分钱都没有花。

韦特斯的成功告诉我们，不要害怕失败，财富的获得总是在失败中一点点积累的，很少有一夜暴富，而且一夜暴富的财富也总是不长久的。这便是富人们不怕失败的原因，失败也是一种财富。

每一只惊艳的蝴蝶，前身都是不起眼的毛毛虫

成功贵在坚持，要取得成功就要坚持不懈地努力，很多人的成功，也是饱尝了许多次的失败之后得到的，我们经常说什么"失败乃成功之母"，成功诚然是对失败的奖赏，但却也是对坚持者的奖赏。

古往今来，那些成功者们不都是依靠坚持而取得成就的吗？

被鲁迅誉为"史家之绝唱，无韵之《离骚》"的《史记》，其作者司马迁，享誉千古的文学大师，是在什么情况下取得这么大的成就呢？

汉武帝为了一时的不快阉割了堂堂的大丈夫，那是多么大的耻辱啊，而且这给他带来的身心伤害是多么的巨大！从此，他只能在四处不通风的炎热潮湿的小屋里生活，不能见风，不能再无畏地欣赏太阳、花草。换一个人，简直就活不下去了。

司马迁也曾想过死。对于当时的他来说，死是最容易的解脱方法了。可是他心中始终有一个梦想，他的梦想就是写一部历史的典籍，把过去的事记下来，传诸后世。为了这个梦，他坚持了下来，坚持着忍受了身体的痛苦，坚持着忍受了别人歧视的目光，坚持着在严酷的政治迫害下活着继续撰写《史记》，并且终于完成了这部光辉著作。

他靠的是什么？只有两个字：坚持。如果他在遭受了腐刑以后，丧失一切斗志，那么我们现在就再也看不到这本巨著，吸收不了他的思想精华。所以他的成功，他的胜利，最主要的还是靠坚持。如果真的可以有对比，他的著作所带给我们的震撼倒其次了，他的坚持的精神所激励鼓舞我们的更多。

外国名作家杰克·伦敦的成功也是建立在坚持之上的。就像他笔下的人物"马丁·伊登"一样，坚持坚持再坚持，他抓住自己的一切时间，坚持把好的字句抄在纸片上，有的插在镜子缝里，有的别在晒衣绳上，有的放在衣袋里，以便随时记诵。所以他成功了。他的作品被翻译成多国文字，他的作品被放在书店中显眼的位置。当然，他所付出的代价也比其他人多好几倍，甚至几十倍。成功是他坚持的结果。

功到自然成。成功之前难免有失败，然而只要能克服困难，坚持不懈地努力，

那么，成功就在眼前。

石头是很硬的，水是很柔软的，然而柔软的水却穿透了坚硬的石头，这其中的原因无他，唯坚持而已。我们在黑暗中摸索，有时需要很长时间才能找寻到通往光明的道路。以勇敢者的气魄，坚定而自信地对自己说，我们不能放弃，一定要坚持。也只有坚持，才能让我们冲破禁锢的蚕茧，最终化成美丽的蝴蝶。

不喧哗，自有声

人生最大的自由，莫过于选择成败。成功者寥若晨星，更少有人青史留名，而失败者比比皆是。据有关学者研究证明：48％的人经历一次失败，就一蹶不振了；25％的人经历两次失败就泄气了；15％的人经历三次失败也放弃了；只有12％的人经历无数次的失败后，仍不气馁，始终朝着一个方向冲刺。他们坚信，只要方向不错、方法得当、坚持不懈、锲而不舍，成功只是时间问题。人生最大的敌人是自己，战胜自己是成功者的必经之路。

李健最早涉足茶叶经营是在2001年。在这之前他经营着一家超市。由于拆迁，他只好改行和一个福建籍朋友做起了茶叶生意。那时，茶艺还处于萌芽状态，是一个新兴产业，利润空间和发展空间都比较大。

然而，李健对茶艺、茶文化一窍不通，门市开业后，面对顾客提出的有关茶的问题，他常常脸涨得通红，说不出话来，之后只得向朋友求教。看着朋友和顾客大谈茶文化，李健第一次认识到茶居然有着这样深的内涵，他喜欢上了这一行。

后来，李健和朋友的经营理念发生了分歧，生意也开始变得冷清。李健回忆，在一段时间里，他们不断地往里垫钱，根本没有回款。坚持了三个月后，李健与朋友在经营思路上的分歧越来越大，最后只好分道扬镳。于是，李健开始独自创业。

经过市场调查，他把茶叶门市地址选在了北京茶叶一条街——马连道。也许是初生牛犊不怕虎，李健当初只是想扎堆的生意好做，并没在意这一条街上对手们的来历。后来他才发现这里的人个个都是高手，不论是茶道还是销售，而且他们都来自茶叶生产厂家，对茶有着深刻的理解，唯独他是个门外汉。

李健选定地址后看中了一间60平方米的门市，年租金4万元。他交了租金请来装修工装修门市，自己则赶往茶叶生产地采购茶叶。这是他第一次采购茶叶。由于没有经验，又缺乏茶叶知识，他采购的茶叶无论在色泽上还是质量上都给日后的批发和销售带来了困难。为了不再犯同样的错误，他买来大量有关茶叶的书，仔细研读，凡是上门的客户也都提供最优惠的价格，以便发展市场。即使这样，他的门市仍是门庭冷落。

李健开始托朋友介绍茶叶销售渠道，稍有空闲就亲自背着茶叶样品去零售店推销，有时他请人给他看门市，自己背个大袋子到偏远区县去找销售点。而很多时候，他都吃了闭门羹，偶尔听到"我们有供货方，以后考虑吧"，他都激动半天。"那时我一心想着尽快发展客户，有时一天只能吃一顿饭，一个月下来整个人都快虚脱了。"

在两个月里，他跑遍了 6 个城市的茶叶零售店，但是没有得到任何回报。

李健的茶叶门市经历了整整 14 个月的萧条后才开始复苏。在这期间，他不断听到类似他这种门外汉茶业门市倒闭的消息，他的朋友也劝他收手。李健经过激烈的思想斗争后，咬着牙告诉朋友："我已经喜欢上了这个行业，每个行业起步都会有艰难和困苦，更何况我还没有认输。"

随着对茶经的深入了解和对市场的辛勤开拓，李健的门市第 13 个月开始有了一点儿利润，就在 2003 年春节前的一个月，他的门市赚回了之前的所有投资，还略有盈余。2004 年，李健的茶叶门市纯利润达 20 多万元。

事实证明：只要有恒心，铁棒也能磨成针。看一个人，不必看他辉煌耀眼、春风得意之时，而应看他身处逆境时是怎样艰难跋涉的。执着是人类的一种美德，任何天赋、才华、强势都不能代替。不积跬步，无以至千里；不积细流，无以成江河。千里之行始于足下，做任何事情都必须有恒心。

做一个安静细微的人，于角落里自在开放

《伊索寓言》中有这样一个故事：

有一只狐狸喜欢自夸自大，它以为森林中自己最大。

傍晚，它单独出去散步，走路的时候看见一个映在地上的巨大影子，觉得很

奇怪，因为它从来没有见过那么大的影子。后来，它知道是它自己的影子，就非常高兴。它平常就以为自己伟大、有优越感，只是一直找不到证据可以证明。

为了证实那影子确实是自己的，它就摇摇头，那个影子的头部也跟着摇动，这证明影子是自己的。它就很高兴地跳舞，那影子也跟着它舞动。它继续跳，正得意忘形时，来了一只老虎。狐狸看到老虎也不怕，就拿自己的影子与老虎比较，结果发现自己的影子比老虎大，就不理它，继续跳舞。老虎趁着狐狸跳得得意忘形的时候扑了过去，把它咬死了。

一个人若种植信心，他会收获品德。一个人若种下骄傲的种子，他必收获众叛亲离的果子，甚至带来不可预知的危险，就像那只自夸自大、自我膨胀的狐狸一样。

但高傲的姿态，却是现代人的通病。大家都想吸引别人的目光，殊不知这目光可能投来善意，也可能投来恶意。越是高调的人，越容易成为众矢之的。老子在《道德经》中说："生而不有，为而不恃，功成而不居。"又说："功成名遂，身退，天之道。"如果成功之后，只知自我陶醉，迷失于成果之中停滞不前，那就是为自己的成就画了句号。

成功常在辛苦日，败事多因得意时。切记：不要老想着出风头。一个人的成绩都是在他谦虚好学、伏下身子踏实肯干的时候取得的，一旦骄气上升、自满自足，必然会停止前进的脚步。

有人会说，大凡骄傲者都有点儿本事、有点儿资本。你看，《三国演义》中"失荆州"的关羽和"失街亭"的马谡不是都熟读兵书、立过大功吗？这种说法其实是只看到了事情的表面，而没看到事情的本质。关羽之所以"大意失荆州"，马谡之所以"失街亭"，不正是因为他们自以为"有资本"而铸成的大错吗？

一个人有一点儿能力，取得一些成绩和进步，产生一种满意和喜悦感，这是无可厚非的。但如果这种"满意"发展为"自满"，"喜悦"变为"狂妄"，那就成问题了。这样，已经取得的成绩和进步，将不再是通向新胜利的阶梯和起点，而成为继续前进的包袱和绊脚石，那就会酿成悲剧。

在这个世界上，谁都在为自己的成功拼搏，都想站在成功的巅峰上风光一下。但是成功的路只有一条，那就是放低姿态，不断学习。在通往成功的路上，人们都行色匆匆，有许多人就是在稍一回首、品味成就的时候被别人超越了。因此，有位成功人士的话很值得我们借鉴："成功的路上没有止境，但永远存在险境；没有满足，却永远存在不足；在成功路上立足的最基本的要点就是学习，学习，再学习。"

心中有光的人，终会冲破一切黑暗和荆棘

当你面对人类的一切伟大成就的时候，你是否想到过：曾经为了创造这一切而经历过无数寂寞的日夜，他们不得不选择与寂寞结伴而行，有了此时的寂寞，才能获得自己苦苦追求的似锦前程。

很多时候成功不是一蹴而就的，要经过很多磨难。每个人无论如何都不能丢弃自己的梦想，执着于自己的目标和理想，把自己开拓的事业做下去。

肯德基创办人桑德斯先生在山区的矿工家庭中长大，家里很穷，他也没受什么教育。他在换了很多工作之后，自己开始经营一个小餐馆。不幸的是，由于公路改道，他的餐馆必须关门，关门则意味着他将失业，而此时他已经65岁了。

也许他只能在痛苦和悲伤中度过余年了，可是他拒绝接受这种命运。他要为自己的生命负责，相信自己仍能有所成就。可是他是个一无所有、只能靠政府救济的老人，他没有学历和文凭，没有资金，没有什么朋友可以帮他，他应该怎么做呢？他想起了小时候母亲炸鸡的特别方法，他觉得这种方法一定可以推广。

经过不断尝试和改进之后，他开始四处推销这种炸鸡的经销权。在遭到无数次拒绝之后，他终于在盐湖城卖出了第一个经销权，结果立刻大受欢迎，他成功了。

65岁时还遭受失败而破产，不得不靠救济金生活的他，在80岁时却成为世界闻名的杰出人物。桑德斯没有因为年龄太大而放弃自己的成功梦想，经过数年拼搏，终于获得了巨大的成功。如今，肯德基的快餐店在世界各地都是一道风景。

很多时候，在日常生活、工作中我们必须在寂寞中度过，没有任何选择。这

就是现实，有嘈杂就有安静，有欢声笑语，就有寂静悄然。

既然如此，你逃脱不掉寂寞的影子，驱赶不走寂寞的阴魂，为什么非要与寂寞抗争？寂寞有什么不好？寂寞让你有时间梳理躁动的心情；寂寞让你有机会审视所作所为；寂寞让你站在情感的外圈探究感情世界的课题；寂寞让你向成功的彼岸挪动脚步。所以，寂寞不光是可怕的孤独。

寂寞是一种力量，而且无比强大。事业成就者的秘密有许多，生活悠闲者的诀窍也有许多。但是，他们有一个共同的特点，那就是耐得住寂寞。谁耐得住寂寞，谁就有宁静的心情，谁有宁静的心情，谁就水到渠成，谁水到渠成谁就会有收获。山川草木无不含情，沧海桑田无不蕴理，天地万物无不藏美，那是它们在寂寞之后带给人们的享受。所以，耐住寂寞之士，何愁做不成想做的事情。有许多人过高地估计自己的毅力，其实他们没有跟寂寞认真地较量过。

我们常说，做什么事情都需要坚持，只要奋力坚持下来，就会成功。这里的坚持是什么？就是寂寞。每天循规蹈矩地做一件事情，心便生厌，这也是耐不住寂寞的一种表现。

如果有一天，当寂寞紧紧地拴住你，哪怕一年半载，为了自己的追求不得不与寂寞搭肩并进的时候，心中没有那份失落，没有那份孤寂，没有那份被抛弃的感觉，才能证明你的毅力坚强。

人生不可能总是前呼后拥，人生在世难免要面对寂寞。寂寞是一条波澜不惊的小溪，它甚至掀不起一个浪花，然而它却孕育着可能成为飞瀑的希望，渗透着奔向大海的理想。坚守寂寞，坚持梦想，那朵盛开的花朵就是你盼望已久的成功。

虽然每一步都走得很慢，但我不曾退缩过

"登泰山而小天下"，这是成功者的境界，如果达不到这个高度，就不会有这个视野。但是，若想到达这种境界亦非易事，人们从岱庙前起步上山，进中天门，入南天门，上十八盘，登玉皇顶，这一步步拾级而上，起初倒觉轻松，但愈到上面便愈感艰难。十八盘的陡峭与险峻曾使无数登山客望而却步。游人只有努力向前，才能登上泰山山顶，体验杜甫当年"一览众山小"的酣畅意境。

许多人盼望长命百岁，却不理解生命的意义；许多人渴求事业成功，却不愿持之以恒地努力。其实，人的生命是由许许多多的"现在"累积而成的，人只有珍惜"现在"，不懈奋斗，才能使生命焕发光彩，事业获得成功。

要成功，最忌"一日曝之，十日寒之"，"三天打鱼，两天晒网"。数学家陈景润为了求证哥德巴赫猜想，用过的稿纸几乎可以装满一个小房间；作家姚雪垠为了写成长篇历史小说《李自成》，竟耗费了40年的心血，大量的事实告诉我们：无论你多么聪明，成功都是在踏实中，一步一步、一年一年积累起来的。

莎士比亚说："斧头虽小，但多次砍劈，终能将一棵挺拔的大树砍倒。"

现在有一种流行病，就是浮躁。许多人总想"一夜成名"、"一夜暴富"。他们不扎扎实实地长期努力，而是想靠侥幸一举成功。比如投资赚钱，不是先从小生意做起，慢慢积累资金和经验，再把生意做大，而是如赌徒一般，借钱做大投资、大生意，结果往往惨败。网络经济一度充满了泡沫。有的人并没有认真研究市场，也没有认真考虑它的巨大风险，只觉得这是一个发财成名的"大馅饼"，一口吞下去，最后没撑多久，草草倒闭，白白"烧"掉了许多钞票。

俗话说："滚石不生苔"，"坚持不懈的乌龟能快过灵巧敏捷的野兔"。如果能每天学习一小时，并坚持12年，所学到的东西，一定远比坐在学校里混日子的人所学到的多。

人类迄今为止，还不曾有一项重大的成就不是凭借坚持不懈的精神而实现的。

大发明家爱迪生也如是说："我从来不做投机取巧的事情。我的发明除了照相术，也没有一项是由于幸运之神的光顾。一旦我下定决心，知道我应该往哪个方向努力，我就会勇往直前，一遍一遍地试验，直到产生最终的结果。"

要成功，就要强迫自己一件一件地去做，并从最困难的事做起。有一个美国作家在编辑《西方名作》一书时，应约撰写102篇文章。这项工作花了他两年半的时间。加上其他一些工作，他每周都要干整整七天。他没有从最容易阐述的文章入手，而是给自己定下一个规矩：严格地按照字母顺序进行，绝不允许跳过任何一个自感费解的观点。另外，他始终坚持每天都首先完成困难较大的工作，再干其他的事。事实证明，这样做是行之有效的。

一个人如果要成功，就应该学习这些名人的经验，从小事入手，坚持下去，总有一天你会看到成功的阳光。

生活原本厚重，我们何必总想拈轻

2007 年，火暴各大电视银屏的电视剧《士兵突击》有下面几个关于主角许三多的情节：

结束了新兵连的训练，许三多被分到了红三连五班看守驻训场。指导员对他说："这是一个光荣而艰巨的任务。"而李梦说："光荣在于平淡，艰巨在于漫长。"许三多并不明白李梦话中的含义，但是他做到了。

在三连五班，在 120 多华里的大草原上，在你干什么都没人知道的那些时间和那个地点，他修了一条路，一条能使直升机在上空盘旋的路。

钢七连改编后，只剩下许三多独自看守营房，一个人面对着空荡荡的大楼。但他一如既往地跑步出操，一丝不苟地打扫卫生，一样嘹亮地唱着餐前一支歌，那样的半年，让所有人为之侧目。

袁朗的再次出现无疑是许三多人生中的又一个重要转折。对曾经活捉过自己的许三多，袁朗有着自己的见解："不好不坏、不高不低的一个兵，一个安分的兵，不太焦虑、耐得住寂寞的兵！有很多人天天都在焦虑，怕没得到，怕寂寞！我喜欢不焦虑的人！"于是许三多在袁朗的亲自游说下参加了老 A 的选拔赛，并最终成为老 A 的一员。

当他离开七〇二团时，团长把自己亲手制作的步战车模型送给许三多，并且说："你成了我最尊敬的那种兵，这样一个兵的价值甚至超过一个连长。"

许三多耐受寂寞的能力是他跨越各种障碍和逆境的性格优势，由此我们可以看出：成功需要耐得住寂寞！成功者付出了多少，别人是想象不到的。

每个人一生中的际遇都不相同，只要你耐得住寂寞，不断充实、完善自己，当际遇向你招手时，你就能很好地把握，获得成功。有"马班邮路上的忠诚信使"称号的王顺友就是这样一个甘于寂寞、耐得住寂寞的人。

王顺友，四川省凉山彝族自治州木里藏族自治县邮政局投递员，全国劳模，2007 年"全国道德模范"的获得者。他一直从事着一个人、一匹马、一条路的艰苦而平凡的乡邮工作。邮路往返里程360公里，月投递两班，一个班期为14天。22年来，他送邮行程达26万多公里，相当于走了21个二万五千里长征，相当于围绕地球转了6圈！

王顺友担负的马班邮路，山高路险，气候恶劣，一天要经过几个气候带。他经常露宿荒山岩洞、乱石丛林，经历了被野兽袭击、意外受伤等艰难困苦。他常年奔波在漫漫邮路上，一年中有330天左右的时间在大山中度过，无法照顾多病的妻子和年幼的儿女，却没有向组织提出过任何要求。

为了排遣邮路上的寂寞和孤独，娱乐身心，他自编自唱山歌，其间不乏精品，像"为人民服务不算苦，再苦再累都幸福"，等等。为了能把信件及时送到群众手中，他宁愿在风雨中多走山路，改道绕行以方便沿途群众。他还热心为农民群众传递科技信息、致富信息，购买优良种子。为了给群众捎去生产生活用品，王顺友甘愿绕路、贴钱、吃苦，受到群众的交口称赞。

20余年来，王顺友没有延误过一个班期，没有丢失过一个邮件，没有丢失过一份报刊，投递准确率达到100%。

王顺友是成功的，因为他耐住了寂寞，战胜了自己。耐得住寂寞，是所有成就事业者共同遵循的一个原则。它以踏实、厚重、沉思的姿态作为特征，以一种严谨、严肃、严峻的态度，追求着人生的目标。当这种目标价值得以实现时，他仍不喜形于色，而是以更踏实的人生态度去探求实现另一奋斗目标的途径。而浮躁的人生是与之相悖的，它以历来不甘寂寞和一味追赶时髦为特征，受到强烈的功利主义驱使。浮躁地向往，浮躁地追逐，只能产出浮躁的果实。这果实的表面或许是绚丽多彩的，但不具有实用价值和交换价值。

"论至德者不和于俗，成大功者不谋于众"，从侧面阐明的正是这个意思：至高无上之道德者，是不与世俗争辩的；而成就大业者往往是不与老百姓和谋的。这话乍听起来似乎有悖于历史唯物主义，但细细想来，也不无道理。"头悬梁锥刺骨"也好，"孟母三迁"、"凿壁偷光"也好，大都说的是，成就大业者在其创业初期，都是能耐得住寂寞的，古今中外，概莫能外。门捷列夫的化学周期表的诞生，居里夫人镭元素的发现，陈景润在哥德巴赫猜想中摘取的桂冠等，都是在寂寞中扎扎实实做学问，在反反复复的冷静思索和无数次实践后才得以成功的。

耐得住寂寞是一个人的品质，不是与生俱来，也不是一成不变，它需要长期的艰苦磨炼和凝重的自我修养、完善。耐得住寂寞是一种有价值、有意义的积累，而耐不住寂寞往往是对宝贵人生的挥霍。

一个人的生活中有可能会有这样那样的挫折和机遇，但只要你有一颗耐得住寂寞的心，用心去看待与守望，成功一定会属于你。

不在沉默中爆发，就在沉默中灭亡

西方有位哲人在总结自己一生时说过这样的话："在我整整 75 年的生命中，我没有过过四个星期真正的安宁。这一生只是一块必须时常推上去又不断滚下来的崖石。"所以，追求宁静，或者是追求寂寞对许多人来说成了一个梦想。由此看来，寂寞并不是每个人都能享受的。

可是，现实生活中，许多人害怕寂寞，时时借热闹来躲避寂寞，麻痹自己。滚滚红尘中，已经很少有人能够固守一方清静，独享一份寂寞了，更多的人脚步匆匆，奔向人声鼎沸的地方。殊不知，热闹之后的寂寞更加寂寞。我辈如能在热闹中独饮那杯寂寞的清茶，也不失为人生的另类选择与生存。但是，寂寞并不是每个人都会享受的！

对未来进行抗争的人，才有面对寂寞的勇气；在昔日拥有辉煌的人，才有不甘寂寞的感受。

为了收获而不惜辛勤耕耘、流血流汗的人，才有资格和能力享受寂寞。

寂寞是一种难得的感觉，只有在拥有寂寞时，你才能静下心来悉心梳理自己烦乱的思绪，只有在拥有寂寞时，你才能让自己成熟。不在寂寞中升华，就在寂寞中死去。

许多人把失意、伤感、无为、消极等与寂寞联系在一起，认为将自己封闭起来就是寂寞，其实，这是一种误解。倘使这样去超越生活，不仅限制生命的成长，还会与现实产生隔阂，这样的人只是逃避生活。

寂寞是一种感受，是一种难得的感觉，是心灵的避难所，会给你足够的时间去舔拭伤口，重新以明朗的笑容直面人生。

懂得了寂寞，便能从容地面对阳光，将自己化作一杯清茗，在轻啜深酌中渐渐明白：不是所有的生长都能成熟，不是所有的欢歌都是幸福，不是所有的故事都会真实。有时，平淡是穿越灿烂而抵达美丽的一种高度，一种境界。

当寂寞来临时，轻轻合上门窗，隔去外面喧嚣的世界，默默独坐在灯下，平静地等待身体与心灵的一致，让自己从悲欢交集中净化思想。这样，被一度驱远的宁静会重新回归。你静静地用自己的理解去解读人世间风起云涌的内容，思考人生历程中的痛苦和欢悦。你不再出入上流社会，也就不再对那些达官显贵们摧眉折腰；人们不再追逐你，不再关注你，你也因此而少了流言的中伤。当你真实乍窥了人生的丰富与美好，生命的宏伟和阔大，让身心平直地立在生活的急流中，不因贪图而倾斜，不因喜乐而忘形，不因危难而逃避，你就读懂了寂寞，理解了寂寞。于是，寂寞不再是寂寞，寂寞成了一首诗，成了一道风景，成了一曲美妙的音乐。于是，寂寞成了享受，使我们终于获得了人生的宁静。

寂寞来时，轻轻闭上双眼，去聆听远方的鸟鸣，去感受灵魂深处的快乐。

第十章

不要和鲨鱼接吻，但要和勇敢一起睡觉

勇谋大事而失败，强如不谋一事而成功

生命是一连串的奇迹与不可能所组合的，未来会如何没有任何人能把握，冒险才是生命的真谛。

有一天，龙虾与寄居蟹在深海中相遇，寄居蟹看见龙虾正把自己的硬壳脱掉，只露出娇嫩的身躯。寄居蟹非常紧张地说："龙虾，你怎可以把唯一保护自己身躯的硬壳也放弃呢？难道你不怕有大鱼一口把你吃掉吗？以你现在的情况来看，连急流也会把你冲到岩石去，到时你不死才怪呢！"

龙虾气定神闲地回答："谢谢你的关心，但是你不了解，我们龙虾每次成长，都必须先脱掉旧壳，才能生长出更坚固的外壳，现在面对的危险，只是为了将来发展得更好而做出准备。"

寄居蟹细心思量一下，自己整天只找可以避居的地方，而没有想过如何令自己成长得更强壮，整天只活在别人的护荫之下，难怪自己永远都会被限制发展。

每个人都有一定的安全区，你想跨越自己目前的成就，请不要划地自限。勇于接受挑战、充实自我，才会发展得比想象中更好。

"衰老的重要标志，就是求稳怕变。所以，你想保持年轻吗？你希望自己有活力吗？你期待着清晨能在新生活的憧憬中醒来吗？有一个好办法——每天都冒一点险。"

在美国优山美地国家公园，有一块垂直高度超过 300 米的大石，几乎是笔直

的岩面，寸草不生。除了中段有个很小的岩洞可以栖身过夜外，整块石头可以说是毫无立足之地。只要光顾这里，导游就会指着这块光秃秃的石头对游客说："有一位因登山而失去了双腿的登山家曾经攀上了这块石头。当时电视现场直播，万人空巷。"

这是怎样一种人，怎样一种精神。探险，之于当事人来说，并非寻求物质享受。正如张朝阳在珠峰脚下营地的日记中所写："我开始佩服那些勇敢攀登的人们。单只是虚荣心是无法支撑他们面对如此极端而危险的挑战，在那时刻，你不会想到成功归来的鲜花与喝彩。那……还有什么？那是对人生严肃认真态度的毅然选择！那是内心勇敢乐观的无言明证！那是对人类生命力强大的终极的歌颂与赞叹！"

精神的力量，可以散布在人生的每一个角落。而这种体验也是一份生命的感动。

一位主管为了帮助一位长期保持稳定，但一直不愿晋升且无法突破的同事，煞费苦心却无法改变他。

有一天主管换了一种方式，问他的那位同事："倘若你的独生子小学毕业时愿意继续留在原小学，而不愿升初中，理由是：如果这样的话，他就可以一直保持名列前茅的优势，而免除不及格和落后他人的顾虑。身为人父的你，会同意吗？"他不假思索的答道："当然不行，怎么可以因为怕不及格和成绩单不好看而留级呢？上学的目的并不在成绩单，而在不断地学习与成长。考试与竞争的压力正是帮助学习与成长的最好方法。我绝对不会同意小孩留级，这样会害了小孩一辈子的。"

主管在旁边不断地点头微笑。最后话题一转，提醒他说："身教重于言传，你自己应该是勇于接受挑战、突破竞争的时候了，别再担心无法达到目标及在与同行竞争中落后。如此因噎废食将使自己如同不愿升学的小孩，无形中遭到莫大的损失。"这位同仁在猛然顿悟之后果然接受忠告，以最快速度晋升做高职级，如同脱胎换骨一样。

每个人都会担心，怕定高目标后难以达到，怕晋升高职后比赛会输给人，但是唯有接受挑战与压力才能不断地突破与成长。因为，勇谋大事而失败，强如不谋一事而成功。

该出手时决不犹豫

《致富时代》杂志上，曾刊登过这样一个故事：

有一个自称"只要能赚钱的生意都做"的年轻人，在一次偶然的机会，听人说市民缺乏便宜的塑料袋盛垃圾。他立即就进行了市场调查，通过认真预测，认为有利可图，马上着手行动，很快把价廉物美的塑料袋推向市场。结果，靠那条别人看来一文不值的"垃圾袋"的信息，两星期内，这位小伙子就赚了 4 万块。

相反，一位智商一流、执有大学文凭的翩翩才子决心"下海"做生意。

有朋友建议他炒股票，他豪情冲天，但去办股东卡时，他又犹豫道："炒股有风险啊，等等看。"

又有朋友建议他到夜校兼职讲课，他很有兴趣，但快到上课了，他又犹豫了："讲一堂课，才 20 块钱，没有什么意思。"

他很有天分，却一直在犹豫中度过。两三年了，一直没有"下"过海，碌碌无为。

一天，这位"犹豫先生"到乡间探亲，路过一片苹果园，望见满眼都是长势苗壮的苹果树，禁不住感叹道："上帝赐予了一块多么肥沃的土地啊！"种树人一听，对他说："那你就来看看上帝怎样在这里耕耘吧。"

有些人不是没有成功立业的机遇，只因不善抓机遇，所以最终错失机遇。他们做人好像永远不能自主，非有人在旁扶持不可，即使遇到任何一点小事，也得东奔西走地去和亲友邻人商量，同时脑子里更是胡思乱想，弄得自己一刻不宁。于是愈商量、愈打不定主意、愈东猜西想、愈是糊涂，就愈弄得毫无结果，不知所终。

没有判断力的人，往往使一件事情无法开场，即使开了场，也无法进行。他们的一生，大半都消耗在没有主见的怀疑之中，即使给这种人成功的机遇，他们也永远不会达到成功的目的。

一个成功者，应该具有当机立断、把握机遇的能力。他们只要自己把事情审查清楚，计划周密，就不再怀疑，立刻勇敢果断地行事。因此任何事情只要一到他们手里，往往能够随心所欲，大获成功。在行动前，很多人提心吊胆，犹豫不决。在这种情况下，首先你要问自己："我害怕什么？为什么我总是这样犹豫不决，抓不住机会？"

在成功之路上奔跑的人，如果能在机遇来临之前就识别它，在它消逝之前就果断采取行动占有它，这样，幸运之神就来到你的面前。

当机立断，将它抓获，以免转瞬即逝，或是日久生变。看来，握住机遇，眼力和勇气是不可缺少的。

机遇是一位神奇的、充满灵性的，但性格怪僻的天使。它对每一个人都是公平的，但绝不会无缘无故地降临。只有经过反复尝试，多方出击，才能寻觅到它。

在通往成功的道路上，每一次机会都会轻轻地敲你的门。不要等待机会去为你开门，因为门闩在你自己这一面。机会也不会跑过来说"你好"，它只是告诉你"站起来，向前走"。知难而退，优柔寡断，缺乏勇往直前的勇气，这便是人生最大的遗憾。

要善于发现机会。很多的机会好像蒙尘的珍珠，让人无法一眼看清它华丽珍贵的本质。踏实的人并不是一味等待的人，要学会为机会拭去障眼的灰尘。

也要善于把握机会。没有一种机会可以让你看到未来的成败，人生的妙处也在于此。不通过拼搏得到的成功就像一开始就知道真正凶手的悬案电影般索然无味。选择一个机会，不可否认有失败的可能。将机会和自己的能力对比，合适的紧紧抓住，不合适的学会放弃。用明智的态度对待机会，也使用明智的态度对待人生。

不要为自己找借口了，诸如别人有关系、有钱，当然会成功；别人成功是因为抓住了机遇，而我没有机遇，等等。

这些都是你维持现状的理由，其实根本原因是你根本没有什么目标，没有勇气，你是胆小鬼，你根本不敢迈出成功的第一步，你只知道成功不会属于你。

如果一生只求平稳，从不放开自己去追逐更高的目标，从不展翅高飞，那么人生便失去了意义。

这是一条生活准则，从你停止把握机会的那一刻起，你就开始死亡了。如果在商业中你总是毫无变化地做相同的事，那你就会破产。如果我们的行为同我们的祖先一样，那么进化过程就会停滞不前。世界会与你擦肩而过——它只为那些不断超越现状的人打开通向生活的大门。

人对于改变，多多少少会有一种莫名的紧张和不安，即使是面临代表进步的改变也会这样，这就是害怕冒风险造成的。

但丁在《神曲》中描述这样一个细节：但丁在古罗马诗人维吉尔的引导下，游历了惨烈的九层地狱后来到炼狱，一个魂灵呼喊他，他便转过身去观望。这时导师维吉尔这样告诉他："为什么你的精神分散？为什么你的脚步放慢？人家的窃窃私语与你何干？走你的路，让人们去说吧！要像一座卓立的塔，绝不因暴风雨而倾斜。"

克服犹豫不决的方法是，先"排演"一场比你要面对的更复杂的战斗。如果手上有棘手活而自己又犹豫不决，不妨挑件更难的事先做。生活挑战你的事情，你定可以用来挑战自己。这样，你就可以自己开辟一条成功之路。成功的真谛是：对自己越苛刻，生活对你越宽容；对自己越宽容，生活对你越苛刻。

只要你认准了路，确立好人生的目标，就永不回头，"该出手时就出手"，向着目标，心无旁骛地前进，相信你一定会到达成功的彼岸。

负重的生命如夏花灿烂

遭遇苦难时，肩挑重担时，不妨自豪地说一句，上帝把沉重的十字架挂在我的脖子上，那是因为：我驮得动！让生命负重，其实就是让人在压力下得到锻炼，增长才干。就像船，没有负重的船会被大浪掀翻，就像心灵，没有思想的心灵会飘浮如云。

有两名大学生，毕业后进了某公司的同一个办公室。大学生甲出身农村，为人老实而踏实；大学生乙自幼在城市长大，为人圆滑，善搞人际关系。刚开始，两人分别干着分配给自己的那份工作，都干得很卖劲，也干得很不错。不久大学生甲发现主任竟把一些本属于乙的工作分给自己做，自己每天忙得像个陀螺转个不停，而乙却无所事事。后来听别人说乙的父亲同办公室主任关系密切。他虽心里不快，但想了想最终忍气吞声，继续干着。

但到后来，事情越来越出格，甲每天要干的事越来越多，几乎把乙的工作全做了，每天要加班到很晚，而乙却到办公室点个到就走了。甲觉得自己像一头老黄牛，背负的东西越来越沉，他终于忍无可忍，请了假回到乡下，准备辞职外出闯天下。乡下的父亲听了儿子的诉苦，反而高兴地说："真的，你一个人能把两个人干的事都给做下了？"

"整天累死，工资又不多拿一分，有啥可高兴的？"儿子没好气地说。

父亲没有说话，随手拿了两张纸，使劲扔出一张，那纸飘飘摇摇落在跟前，然后老父亲又从地上捡了一块石头包进另一张纸里，随手一扔就扔出很远。"孩子，你看石头沉吗？可加了石头的那张纸却扔得远。年轻人多做些事，肩上压重点儿的担子，能锻炼人，是好事！"

听了父亲的话甲大为振奋，回单位仍干着原来的工作，而且更加积极、主动。不久，他一个人干两个人的事竟也能干得得心应手。

一年之后，部门进行优化整合，甲荣升办公室主任，而乙却下岗了。

生活中人们往往容易陷入一个误区：盲目地羡慕轻松、舒适没有压力却有着高回报的工作，可是市场经济时代还有这种工作吗？也有人希望自己的一生轻松自在、愉快无忧，没有痛苦和磨难，甚至连困难也没有，可是又有谁会有这样的"幸运"呢？难道没有压力和困难的人生就是幸运的吗？

有这样一则寓言：

有两艘新造的船准备出海，一艘船上装了很多货物，另一艘船却什么也不肯装。它对装满货物的船说："老兄，你可真傻，装那么多东西压得多难受呀，你看我一身轻松，多自在啊！"

装满货物的船说："我们做船本来就是要装货的，什么也不装，那还叫船吗？"

出海的时间到了，它们都驶上了自己的行程。刚开始在海上风平浪静，那艘空船得意扬扬地行驶在前面，它一再嘲笑后面那艘船的笨重。不久，大海上起了风浪。风越刮越猛，浪越来越高。装满货物的船因为重心很稳，仍平稳地在风浪中穿行。而那艘空船却被大浪掀翻，沉入海底。

其实人的一生要负载很多东西，比如苦难，比如沉重的生活和繁重的工作。谁也不知道自己哪天会面临哪些沉重的东西，并把这些东西扛在肩上风雨兼程地向前赶路。如果有些东西注定是我们无法逃避、必须面对的，我们不妨以一种积极的态度去面对。人生什么时候起跑都不算晚，关键是不怕负重，更要进取。

微小的勇气能赢得巨大的成功

美国心理学家斯科特·派克说：不恐惧不等于有勇气；勇气使你尽管害怕，尽管痛苦，但还是继续向前走。在这个世界上，只要你真实地付出，就会发现许多门都是虚掩的！微小的勇气，能够完成无限的成就。

不卑不亢无论是对事还是对人都有一种极强的穿透力，如果你幸运与生俱来就有这种品性，那么很值得恭贺；如果你还没有养成这种性格，那么尽快培养吧，人的生命很需要它！

有一个国王，他想委任一名官员担任一项重要的职务，就招集了许多威武有力和聪明过人的官员，想试试他们之中谁能胜任。

"聪明的人们，"国王说，"我有个问题，我想看看你们谁能在这种情况下解决它。"国王领着这些人来到一座大门——一座谁也没见过的最大的门前。国王说："你们看到的这座门是我国最大最重的门。你们之中有谁能把它打开？"许多大臣见了这门都摇了摇头，其他一些比较聪明一点的，也只是走近看了看，没敢去开这门。当这些聪明人说打不开时，其他人也都随声附和。只有一位大臣，他走到大门处，用眼睛和手仔细检查了大门，用各种方法试着去打开它。最后，他抓住一条沉重的链子一拉，门竟然开了。其实大门并没有完全关死，而是留了一条窄缝，任何人只要仔细观察，再加上有胆量去开一下，都会把门打开的。国王说："你将要在朝廷中担任重要的职务，因为你不光限于你所见到的或所听到的，你还有勇气靠自己的力量冒险去试一试。"

史东是"美国联合保险公司"的主要股东和董事长，同时，也是另外两家公司的大股东和总裁。

然而，他能白手起家，他创出如此巨大的事业却是经历了无数次磨难的结果，或者我们可以这样说，史东的发迹史也是他勇气作用的结果。

在史东还是个孩子时，就为了生计到处贩卖报纸。有家餐馆把他赶出来好多次，他却一再地溜进去，并且手里拿着更多的报纸。那里的客人为其勇气所动，纷纷劝说餐馆老板不要再把他踢出去，并且都解囊买他的报纸。

史东一而再再而三地被踢出餐馆，屁股虽然被踢痛了，但他的口袋里却装满了钱。

史东常常陷入沉思。"哪一点我做对了呢？""哪一点我又做错了呢？""下一次，我该这样做，或许不会挨踢。"这样，他用自己的亲身经历总结出了引导自己达到成功的座右铭："如果你做了，没有损失，而可能有大收获，那就放手去做。"

当史东 16 岁时，在一个夏天，在母亲的指导下，他走进了一座办公大楼，开始了推销保险的生涯。当他因胆怯而发料时，他就用卖报纸时被踢后总结出来的座右铭来鼓舞自己。

就这样，他抱着"若被踢出来，就试着再进去"的念头推开了第一间办公室。

他没有被踢出来。那天只有两个人买了他的保险。从数量而言，他是个失败者。然而，这是个零的突破，他从此有了自信，不再害怕被拒绝，也不再因别人的拒绝而感到难堪。

第二天，史东卖出了四份保险。第三天，这一数字增加到了六份……

20 岁时，史东设立了只有他一个人的保险经纪社。开业第一天，销出了 54 份保险单。有一天，他更创造一个令人瞠目的纪录 122 份。以每天 8 小时计算，每 4 分钟就成交了一份。

在不到 30 岁时，他已建立了巨大的史东经纪社，成为令人叹服的"推销大王"。

微小的努力能带来巨大的成功，想想当初如果史东没有胆量去推开门，那他就只能选择放弃了。

1968 年，在墨西哥奥运会百米赛道上，美国选手吉·海因斯撞线后，转过身子看运动场上的计时长牌，当指示灯显示 9.95 的字样后，海因斯摊开双手自言自语地说了一句话。这一情景后来通过电视网络，全世界至少有几亿人看到。但由于当时他身边没有话筒，海因斯到底说什么，谁都不知道。直到 1984 年洛杉矶奥运会前夕，一名叫戴维·帕尔的记者在办公室回放奥运会资料时好奇心大现，找到海因斯询问此事时这句话才被破译了出来。原来，自欧文创造了 10.3 秒的成绩后，医学界断言，人类肌肉纤维承载的运动极限不会超过 10 秒。所以当海因斯看到自己 9.95 秒的纪录之后，自己都有些惊呆了，原来 10 秒这个门不是紧锁的，它虚掩着，就像终点那根横着的绳子。于是兴奋的海因斯情不自禁地说："上帝啊！那扇门原来是虚掩着的。"

是啊，成功和失败之间就隔着一道虚掩的门，以小小的勇气去推开它，生活就会完全不一样。

狭路相逢勇者胜

19 世纪，在英国的名门公立学校——哈罗学校，常常会出现以强凌弱、以大欺小的事情。

有一天，一个强悍的高个子男生，拦在一个新生的面前，颐指气使地命令他替自己做事。新生初来乍到，不明白其中"原委"，断然拒绝。高个子恼羞成怒，一把揪住新生的领子，劈头盖脑地打起来，嘴里还骂骂咧咧："你这小子，为了让你聪明点，我得好好开导你！"新生痛得龇牙咧嘴，却不肯乞怜告饶。

旁观的学生或者冷眼相看，或者起哄嬉笑，或者一走了之。只有一个外表文弱的男生，看着这欺凌的一幕，眼里渐渐涌出了泪水，终于忍不住嚷起来："你到底还要打他几下才肯罢休！"

高个子朝那个又尖又细的抗议的声音望去，一看也是个瘦弱的新生，就恶狠狠地骂道："你这个不知天高地厚的家伙，问这个干吗？"

那个新生用眼睛盯着他，毫不畏惧地回答："不管你还要打几下，让我替他忍受一半的拳头吧。"

高个子听到这出人意料的回答，不禁怯懦地停住了手。

从这以后，学校里反抗恶行暴力的声音开始响亮起来，帮助弱者的善举也逐渐增多，两个新生也成为了莫逆之交。那位被殴打的少年，深感爱与善的可贵，后来成为英国颇负盛名的大政治家罗伯特·比尔；挺身而出、愿为陌生弱者分担痛苦的，则是扬名全世界的大诗人拜伦。

人生途中，我们也需要像拜伦一样，在别人只是畏惧地逃避，或幸灾乐祸地观看时，能够拿出罕有的勇气，为了善，为了爱，也为启迪和震撼那些冷漠的心灵。

现实世界的很多斗争都是勇气的较量，常常是勇者得胜。只有具备一颗勇敢的心，我们才能发挥出超过平时双倍的力量，什么都不顾地冲向前方，甚至一鼓作气地到达终点。这就是为什么人们在危急时刻才能爆发出巨大潜力的原因。

我国宋代柳宗元的《黔之驴》中的故事是这样的：

贵州本没有驴，有个喜欢多事的人用船运进一头驴来，运到之后却没有什么用途，就把它放在山脚下。一只老虎看到它是个形体高大、强壮的家伙，就把它当成神奇的东西了，隐藏在树林中偷偷观看。过了一会儿，老虎渐渐靠近它，小心翼翼，不知道它究竟是个什么东西。

有一天，驴大叫起来。老虎吓了一大跳，逃得远远的，认为驴子将要咬自己了，非常害怕。可是老虎来来回回地观察它，感到它没有什么特殊本领似的。渐渐听惯了它的叫声，又试探着靠近它，在它周围走动，但终究不敢向驴进攻。老虎又渐渐靠近驴子，进一步戏弄它，碰闯、依靠、冲撞、冒犯它。驴禁不住发起怒来，用蹄子踢老虎。老虎因而很高兴，心里盘算着说："它的本事不过如此罢了！"于是跳起来大声吼着，咬断驴的喉咙，吃光它的肉，然后才离开。

如果故事中的老虎被驴的叫声吓跑，再也不敢接触它，那老虎就永远不能享受这顿美餐。道理显而易见，面对敌人一定要勇敢，你强他就弱，你弱他就强，很多时候，敌对双方的较量其实就心理上的较量。缺乏勇敢永远不会有大的成就。勇敢面对你的敌人，有时你发现其实你并不懦弱，而且还会有超出你想象的强大力量。正如歌德老人的所说：你若失去了财产，你只失去了一点；你若失去了荣誉，你就丢掉了许多；你若失掉了勇敢，你就把一切都失掉了！如果你想得到，一定要具有勇敢地面对困难的态度。狭路相逢勇者胜，为了胜利一定要保持勇敢。

理性的勇敢才是最值得称道的勇敢

勇敢的定义只有一个，但勇敢的表现却可能多种多样。

有这样一个故事：

老板招聘雇员，有三人应聘。老板对第一个应聘者说："楼道有个玻璃窗，你用拳头把它击碎。"应聘者执行了，幸亏那不是一块真玻璃，不然他的手就会严重受伤。老板又对第二个应聘者说："这里有一桶脏水，你把它泼到清洁工身上去。她此刻正在楼道拐角处那个小屋里休息。你不要说话，推开门泼到她身上就是了。"这位应聘者提着脏水出去，找到那间小屋，推开门，果见一位女清洁工坐在那里。他也不说话，把脏水泼在她头上，回头就走，向老板交差。老板此时告诉他，坐在那里的不过是个蜡像。老板最后对第三个应聘者说："大厅里坐个胖子，你去狠狠击他两拳。"这位应聘者说："对不起，我没有理由去击他；即便有理由，我也不能用击打的方法。我因此可能不会被您录用，但我也不执行您这样的命令。"此时，老板宣布，第三位应聘者被聘用，理由是他是一个勇敢的人，也是一个理性的人。他有勇气不执行老板的荒唐的命令，当然也更有勇气不执行其他人的荒唐的命令了。

戴高乐将军也碰到过这样的勇敢者。那是1965年，法国发生民变，巴黎的学生、市民走上街头，要求当时任总统的戴高乐下台。戴高乐黔驴技穷，来到德国的巴登——法军驻德司令部设在这里。戴高乐要求驻德法军司令带兵回到巴黎平息民变。但戴高乐的两次要求都遭到那位驻德法军司令的拒绝，还劝说戴高乐放弃这个命令。后来戴高乐非常感谢那位司令，称颂那位司令勇敢地拒绝执行他的命令。他还写信给那位司令的妻子，说这是上帝在他无能为力时让他来到巴登，又是上帝让他碰到那位司令。不然，他就可能是历史的罪人了。

三个应聘者，前两个坚决执行老板的命令，好像也无可厚非，但后一个拒绝执行老板的荒唐的命令，则更值得赞誉。至于驻德法军的那位司令，敢于拒绝执行当时作为法国总统的戴高乐的有违民意、有违民主原则和精神的命令，就更难能可贵。这在专制制度的国家简直是不可思议的。所以勇敢不勇敢，不只是一种行为的体现，其中也包含着理性，包含着道义。没有理性的、缺乏理性的勇敢，没有道义的、缺乏道义的勇敢，不一定就是好勇敢。

在我们这个世界上，就勇敢而言，绝对执行命令的勇敢多而敢于抗拒执行荒唐的命令的勇敢少。这是因为权力者一般都竭力提倡、培养、制造绝对执行这种勇敢，而对敢于抗拒自己荒唐命令的勇敢深恶痛绝，即便他发现自己的荒唐以后，对那些敢于抗拒自己荒唐的勇敢者也决不宽恕。以至有些明明是错误的东西，是荒谬的东西，是反科学的东西，是违法违纪的东西，因为是权力者指使，因为有权力者撑腰，有的人也敢勇敢地去执行，勇敢地去做。

勇敢是一个褒义词，它所体现的是一种好品德。人们教育孩子就要做勇敢的好孩子。但勇敢确实又还有一个是与非的前提。勇敢不是盲从，不分是非的、没有理性的，绝对执行命令的勇敢是一种可怕的勇敢，也是一种愚蠢的勇敢，更是一种专制者欣赏和欢迎的勇敢。而坚持真理、敢于同谬误、同荒唐、同发疯对抗的勇敢，理性的勇敢才是最值得称道的勇敢。

勇敢地做自己的上帝

人生总是会遇到不顺的情况，很多人处于不利的困境时总期待借助别人的力量改变现状，殊不知，在这个世界上，最可靠的人不是别人，而是你自己，为何总想着依赖别人，而不是依赖自己呢？在这个世界上，你要勇敢地做你自己的上帝，因为，你的命运只能由你自己来主宰。

从事个性分析的专家罗伯特·菲利浦有一次在办公室接待了一位因自己开办的企业倒闭、负债累累、离开妻女四处为家的流浪者。那人进门打招呼说："我来这，是想见见这本书的作者。"说着，他从口袋里拿出一本名为《自信心》的书，那是罗伯特多年前写的。流浪者说："一定是命运之神在昨天下午把这本书放入我的口袋里的，因为我当时决定跳入密歇根湖，了此残生。我已经看破一切，认为一切已经绝望，所有的人（包括上帝在内）已经抛弃了我。但还好，我看到了这本书，它使我产生了新的看法，为我带来了勇气及希望，并支持我度过昨天晚上。我已下定决心，只要我能见到这本书的作者，他一定能协助我再度站起来。现在，我来了，我想知道你能替我这样的人做些什么。"

在他说话的时候，罗伯特从头到脚打量着这位流浪者，发现他眼神茫然、神态紧张。这一切都显示，他已经无可救药了，但罗伯特不忍心对他这样说。因此，罗伯特请他坐下，要他把自己的故事完完整整地说出来。

听完流浪汉的故事，罗伯特想了想，说："虽然我没有办法帮助你，但如果你愿意的话，我可以介绍你去见一个人，他可以帮助你赚回你所损失的钱，并且协助你东山再起。"罗伯特刚说完，流浪汉立刻跳了起来，抓住他的手，说道："看在上天的分上，请带我去见这个人。"

他会为了"上天的分"而提此要求，显示他心中仍然存在着一丝希望。所以，罗伯特拉着他的手，引导他来到从事个性分析的心理试验室，和他一起站在一块窗帘之前。罗伯特把窗帘拉开，露出一面高大的镜子，罗伯特指着镜子里的流浪汉说："就是这个人。在这个世界上，只有这个人能够使你东山再起，除非你坐下来，彻底认识这个人——当作你从前并未认识他——否则，你只能跳到密歇根湖里。因为在你对这个人未作充分的认识之前，对于你自己或这个世界来说，你都将是一个没有任何价值的废物。"

流浪汉朝着镜子走了几步，用手摸摸他长满胡须的脸孔，对着镜子里的人从头到脚打量了几分钟，然后后退几步，低下头，开始哭泣起来。过了一会儿，罗伯特领他走出电梯间，送他离去。

几天后，罗伯特在街上碰到了这个人。他不再是一个流浪汉形象，他西装革履，步伐轻快有力，原来的衰老、不安、紧张已经消失不见。他说，感谢罗伯特先生让他找回了自己，并很快找到了工作。

后来，那个人真的东山再起，成为芝加哥的富翁。

人要勇敢地做自己的上帝，因为真正能够主宰自己命运的人就是自己，当你相信自己的力量之后，你的脚步就会变得轻快，你就会离成功的目标越来越近。只有做自己的上帝，你才能充分发挥你自身的潜能。如果你还在等待别人的帮助，那就在这一刻改变吧。

从21世纪人才的竞争来看，社会对人才素质的要求是很高的，除了具备良好的身体素质和智力水平，还必须具备生存意识、竞争意识、科技意识，以及创新意识。这就要求我们从现在开始注重对自己各方面能力的培养，只有使自己成为一个全面的、高素质的人，才可能在未来的竞争中站稳脚跟，取得成功。

人若失去自我，是一种不幸；人若失去自主，则是人生最大的缺憾。赤、橙、黄、绿、蓝、靛、紫，每个人都应该有自己的一片天地和特有的亮丽色彩。你应该果断地、毫无顾忌地向世人宣告并展示你的能力、你的风采、你的气度、你的才智。在生活的道路上，必须自己做选择，不要总是踩着别人的脚印走，不要总是听凭他人摆布，而要勇敢地驾驭自己的命运，调控自己的情感，做自己的主宰，做命运的主人。

善于驾驭自我命运的人，是最幸福的人。只有摆脱了依赖，抛弃了拐杖，具有自信、能够自主的人，才能走向成功。自立自强是走入社会的第一步，是打开成功之门的金钥匙。

真正的自助者是令人敬佩的觉悟者，他会藐视困难，而困难也会在他面前轰然倒地。

行动起来，因为只有你自己才能真正帮助自己。依赖别人，不如期待自己。

第十一章

在难搞的日子笑出声来

阳光照不到你的生活，微笑着才发现沿途开满花朵

汪国真有诗云："我微笑着走向生活 / 无论生活以什么方式回敬我 / 报我以平坦吗 / 我是一条欢快奔流的小河 / 报我以崎岖吗 / 我是一座大山挺峻巍峨……"谁能说人生没有遗憾、没有失落，失落中之只伴随着忧郁，阳光照不到你的生活；只有微笑着走向生活，才发现原来沿途开满了花朵。

体会了没有脚的痛楚，才明白为没有鞋子而哭泣是多么浅薄；经历了归途的风雨坎坷，蓦然回首，才发现来时的路却是怎样美丽的一种风景。

没有人能够完全把握前路的东西，但却也没有理由不微笑走向生活……

古语云："甘瓜苦蒂，物不全美。"从理念上讲，人们大都承认"金无足赤，人无完人"。正如世界上没有十全十美的东西一样，也不存在什么精灵通神的完人。但在认识自我、看待别人这一具体问题上，许多人仍然习惯于追求完美，求全责备，对自己要求样样都是，对别人也往往是全面衡量。

任何人总是有优点和缺点两个方面。俗话说："寸有所长，尺有所短。""十个手指不一般齐。"长处再多的人，也不免有所短；缺点再多的人，也必定有所长。

美国大发明家爱迪生，有一千多项发明，被誉为"发明大王"。但他在晚年，却固执地反对交流输电，一味地主张直流输电；电影艺术大师卓别林创造了深刻而生活的喜剧艺术形象，但他却极力反对有声电影；创立了《相对论》的20世纪最伟大的科学家爱因斯坦，他的智慧带来了科学思想的革命，却不能处理好自己的家庭关系……奥地利圆舞曲之王约翰·施特劳斯逝世100周年之际，一本新

出版的传记以几百封从未曝光的书信为依据指出，这位创作了《蓝色多瑙河》等许多著名圆舞曲的施特劳斯，其实动作笨拙，不会跳舞。他还害怕阳光，非常胆小，也害怕黑暗，不敢独处，没有半点儿幽默感。真正的施特劳斯与众人想象中的活泼形象完全不同。

这些事实说明，大师、著名人物也都不是完人、超人，也不可能十全十美。他们的缺点和失误比之于他们给予人类的贡献，当然是次要的。但通过这些事实，我们应当明白，人无完人，人生必有缺憾，才是真实的，正常的。

维纳斯塑像的断臂，引得众多的学者、文人、工匠进行思考、论证、试验，想对她的断臂进行重新"安装"。可是，种种假设和计划均告失败。于是，围绕在维纳斯身上的神秘感越来越浓。作为爱神，断臂的维纳斯似乎更受人们的喜爱，也更能引起人们做出种种的猜想和遐思。由此可见，并不完美的缺憾之处从某种意义上看不也是一种美吗？

所以，当缺憾也成为一种美的时候，面对生活中仅有的一些不顺利，你除了恬淡接受，泰然处之，还有什么其他的选择吗？

美好的日子给你带来经历，阴暗的日子给你带来阅历

经济不景气，大学生刚毕业就待业；裁员、下岗、减薪……这些词汇每天都充斥在工薪阶层的耳旁，扰得人们寝食难安；消费水平提高、物价上涨、孩子上学问题、户口问题、买不起房子买不起车、租个房子还要整天面对苛刻的房东……面对如此尴尬的处境，人们不禁感叹："这日子真的是没法过了。"

艰难的日子虽然让人焦头烂额，可是我们却没有办法选择别样的生活。既然改变不了，那么我们不如冷静地接受，认真地过好每一天，这样也许我们就会有很多意外的收获，生活也不会再让我们觉得痛苦了。

众所周知，王宝强是个在少林寺里拳来脚往生活了六年的孩子，因为克制不住内心梦想之火的燃烧，就决定出少林"闯荡江湖"了。他从少林寺伙房师傅的口中得知很多师兄弟都去了北京做武打替身，可以拍电影，还可以和很多大明星接触……被外面五彩缤纷的生活所吸引，也被心中的梦想所牵引，于是王宝强来

到北京，开始了所谓的"北漂生活"。

　　实际上，我们可以想象得到，像王宝强这样没有什么学历和文凭的人，在"北漂"中注定是不能气定神闲的。他曾经自己回忆："那个时候住排房，屋子很小，夏天非常拥挤，五六个师兄弟挤在一个炕上。不过房租很便宜，一个月100块，每个人每月也就20块钱的租金。"可是，就算你空有一身好武功，也要有戏演才能维持生活。而实际上，只凭当替身的那点儿拳脚费，几乎无法维持生活。于是，那个时候的王宝强，几乎是"替身和民工"并存。

　　生活的艰难并没有动摇王宝强的信念，不管生活多难，他都咬紧牙关坚持着。接下去的两年里，他忽然和家里失去了联系。有一次访谈中，王宝强的哥哥说："他到了北京忽然和家里失去了联系，信也没有，电话也没有，差不多将近两年的时间，我妈妈想他都快得病了。他忽然有一天打电话回来，说自己得了大奖，开始我们都还不信呢……"

　　王宝强的确曾经和家里失去联系，他说："那个时候没有钱，就是没钱打电话。""而且也不想打，没混出来个人样，觉得没法跟家里交代，没脸和家里人说。"就在那样孤独、艰难的岁月里，王宝强一面做"武替"，一面做民工，才勉强维持了自己的生活。有时候"武替"一天有几十块钱，有时候就只有一顿盒饭，可是即便这样，王宝强也觉得挺好的，来了北京，能吃饱，还能长见识。

　　很多师兄都劝他："宝强，咱回去吧。你说咱们武功也一般，长得也不好，还没什么文化，哪有导演愿意要咱们这样的呀。不是每个人都有李连杰那样的好运气的。"可是，倔强的王宝强就是不肯认输，抱定了"再难也要坚持下去"的观点，坚决要留在北京打拼。记得蒲松龄曾经写过这样的落第自勉联："有志者，事竟成，破釜沉舟，百二秦关终属楚；苦心人，天不负，卧薪尝胆，三千越甲可吞吴。"不知道是不是因为他"愚公移山"的精神感动了上帝，好运终于飘然降临了。

　　李扬导演相中了他。电影《盲井》中的优秀表演让他一举成名，并让他摘得了当年金马奖最佳新人奖。随后，冯小刚导演找到了他，他和中国最优秀的几个一线大明星、众多影帝影后加盟《天下无贼》。那个憨厚的"傻根"让人们一下子记住了他的名字。王宝强的星途从此一帆风顺。

　　很多人认为王宝强之所以能越来越好，是因为他太幸运了。可是王宝强却说："我并不是幸运的一个，能够有今天的成绩，是因为我一直没有放弃，尽管日子很难过，但是我一直在认真过好每一天。"

在生活中，我们每个人都会遇到各种各样的磨难和考验。只有能够认真地过日子的人，才能在最后的关头突破自己，创造生活的奇迹。其实，生活中给予我们每个人的机会都是相同的，越是艰难的岁月，就越能提供给我们进步的空间。所以，不要总是抱怨日子不好过，只要我们坚持，认真地过好每一天，我们就能抓住希望。

冬天里会有绿意，绝境中也会有生机

我们知道，事情的发展往往具有两面性，犹如每一枚硬币总有正反面一样，失败的背后可能是成功，危机的背后也有转机。

1974 年，第一次石油危机引发经济衰退时，世界运输业普遍不景气，但当时美国的特德·阿里森家族却收购了一艘邮轮，成立嘉年华邮轮公司，后来这家公司成为世界上最大的超级豪华邮轮公司；世界最大的钢铁集团米塔尔公司，在 20 世纪 90 年代末，世界钢铁行业不景气的时候，进行了首次大规模兼并，然后迅速扩张起来。所以说，危机中有商机，挑战中有机遇，艰难的经济发展阶段对企业来说是充满机会的，对企业如此，对个人、对民族、对国家也是如此。

2008 年经济危机爆发后，美国很多商业机构和场所顿时萧条了，但酒吧的生意却悄悄地红火起来。原来，精明的酒商们发现美国人开始越来越喜欢喝战前禁酒令时期以及大萧条时期的酒品，比如由白兰地、橘味酒和柠檬汁调制成的赛德卡鸡尾酒。酒商们迅速嗅出了新商机，推出了一款改进的老牌鸡尾酒。美国一个酒业资深人士指出，人们在困难时期，往往会从熟悉的东西那里寻求安慰，老式鸡尾酒自然而然会走俏。这种酒品，不仅让酒商们大赚了一笔，而且还能使疲于应对经济危机的美国人民得到慰藉。

"危中有机，化危为机。"一些中外专家认为，如果危机处置得当，金融风暴也有可能成为个人、企业或国家迅速发展的机遇。所以，冬天里会有绿意，绝境里也会有生机。

危机之下，谁都不希望面临绝境，但绝境意外来临时，我们挡也挡不住，与其怨天尤人，还不如奋力一搏，说不定，还会创造一个奇迹。

有人说过这样一句话："瀑布之所以能在绝处创造奇观，是因为它有绝处求生的勇气和智慧。"其实我们每个人都像瀑布一样，在平静的溪谷中流淌时，波澜不惊，看不出蕴涵着多大的力量：往往当我们身处绝境时，才能将这种力量开发出来。

下面是一个在绝境里求生存的真实故事：

第二次世界大战期间，有位苏联士兵驾驶一辆苏 H 正式重型坦克，非常勇猛，一马当先地冲入了德军的心腹重地。这一下虽然把敌军打得抱头鼠窜，但他自己渐渐脱离了大部队。

就在这时，突然轰隆隆一声，他的坦克陷入了德军阵地中的一条防坦克深沟之中，顿时熄了火，动弹不得。

这时，德军纷纷围了上来，大喊着："俄国佬，投降吧！"

刚刚还在战场上咆哮的重型坦克，一下子变成了敌人的瓮中之物。

苏联士兵宁死也不肯投降，但是现实一点儿也不容乐观，他正处于束手待毙的绝境中。

突然，苏军的坦克里传出了"砰砰砰"的几声枪响，接着就是死一般的沉寂。看来苏联士兵在坦克中自杀了。

德军很高兴，就去弄了辆坦克来拉苏军的坦克，想把它拖回自己的堡垒。可是德军这辆坦克吨位太轻，拉不动苏军的庞然大物，于是德军又弄了一辆坦克来拉。

两辆德军坦克拉着苏军坦克出了壕沟。突然，苏军的坦克发动起来，它没有被德军坦克拉走，反而拉走了德军的坦克。

德军惊惶失措，纷纷开枪射向苏军坦克，但子弹打在钢板上，只打出一个个浅浅的坑洼，奈何它不得。那两辆被拖走的德军坦克，因为目标近在咫尺，无法发挥火力，只好像被驯服的羔羊，乖乖地被拖到苏军阵地。

原来，苏联士兵并没有自杀，而是在那种绝境中，被逼得想出了一个绝妙的办法。他以静制动，后发制人，让德军坦克将他的坦克拖出深沟，然后凭着自身强劲的马力，反而俘虏了两辆德军坦克。

其实，每个人皆是如此，虽然我们的生活并不会时时面临枪林弹雨，但总有身处绝境的时候，每当此时，我们往往会产生爆发力，而正是这种爆发力将我们的力量激发出来了。所以，面临绝境的时候，不要灰心、不要气馁，更不要坐以待毙，勇往直前，无所畏惧，你我都可以"杀出一条血路"。

笑看天下几多愁

人生欢喜多少事，笑看天下几多愁。

我们从小就在做游戏，游戏的本身，就是在不断战胜挫折与失败中获取一种刺激与欢乐，假如没有挫折与失败，再好的游戏也会索然无味。"那就是一场游戏一场梦"，人生如梦，就如一场游戏，但我们作为其中的玩家，真的能像在现实的游戏中吗？人们玩游戏时的心态，是寻找娱乐，是带着挑战的心情去面对游戏中的困难与挫折的，你面对强大的对手，不断地损伤受挫，但越是如此，你越发兴头十足。试想，倘若人们在生活中，也有这么一种积极向上的游戏心态，那么失败与挫折，也就不会显得那般沉重和压抑。既然如此，我们为何不能将挫折变成一种游戏呢？那样便会让痛苦沮丧的心态超然快活起来。二者其实并无差别，只是人们在游戏中身心放松，而在生活中过于紧张。如果你可以体味在游戏中面对和战胜挫折的欢乐。那么同样当你将生活中的挫折视为游戏，就会从中体味积极人生的快乐……

每个人的路都不一样，但命运对我们都是公平的，有所得必所有失，有痛苦也有快乐，就看你能不能咬定青山不放松，心往好处想。西方哲学家蓝姆·达斯讲过这样一个故事：

一个病入膏肓、仅剩数周生命的妇人，整天思考死亡的恐怖，心情坏到了极点。蓝姆·达斯去安慰她说："你是不是可以不要花那么多时间去想死，而把这些时间用来考虑如何快乐地度过剩下的时间呢？"

他刚对妇人说时，妇人显得十分恼火，但当她看出蓝姆·达斯眼中的真诚时，便慢慢地领悟着他话中的诚意。"说得对，我一直都在想着怎么死，完全忘了该怎么活了。"她略显高兴地说。

一个星期之后，那妇人还是去世了，她在死前充满感激地对蓝姆·达斯说："这一个星期，我活得比前一阵子幸福多了。"

"苦乐无二境，迷悟非两心。"妇人学会了心往好处想，所以在离开人世前仍能感到一丝幸福，快乐地合上双眼；如果她仍像以前一样，一味地想死，那只能是痛苦地离开人世。

心往好处想，不论何时，不论何事，只要仍在人间，就要心往好处想，天堂和地狱就在人心中。人可以没有名利、金钱，但必须拥有美好的心情。

看看下面童真无忌的画面，不知你想到了什么？

在一个春光明媚的日子，在阳光普照的公园里，许多小孩正在快乐地游戏，其中一个小女孩不知绊到了什么东西，突然摔倒了，并开始哭泣。这时，旁边有一位小男孩立即跑过来，别人都以为这个小男孩会伸手把摔倒的小女孩拉起来或安慰鼓励她站起来。但出乎意料的是，这个小男孩竟在哭泣着的小女孩身边也故意摔了一跤，同时一边看着小女孩一边笑个不停。泪流满面的小女孩看到这幅情景，也觉得十分可笑，于是破涕为笑，俩人滚在一起乐得非常开心。

将生活中的挫折和困难视为"游戏"，不是游戏人生，而是以积极的心态面对现实，去战胜挫折和困难。笑看忧愁，笑看人生，如此而已！

用你的笑容去改变这个世界，别让这个世界改变了你的笑容

只有具备了淡然如云、微笑如花的人生态度，困境和不幸才能被锤炼成通向平安的阶梯。

人在什么时候最有魅力？就是在微笑的时候。一个积极向上的人，一个热爱生活的人，微笑是他显露最多的表情。

达·芬奇用蒙娜丽莎的微笑征服了整个世界，可见微笑是多么神奇。微笑的

魅力无所不在，它可以美化我们的心灵，也可以让快乐无处不在，是它让这个世界充满友善与朝气。一个真心的微笑，不管是从眼睛看到的或从声音里听到的，都是一个很好的开端。

在人际交往中，我们需要微笑。微笑是一种令人愉快的表情，表达的是一种热情而积极的处世态度。微笑甚至可以创造财富，引领你走向成功。

几年前，底特律的哥堡大厅举行了一次巨大的汽艇展览会，人们蜂拥而至，在展览会上人们可以选购各种船只，从小帆船到豪华的游艇都可以买到。

在汽艇展览会期间，一家汽艇厂有一宗巨大的生意跑掉了，而另一家汽艇厂却用微笑把顾客挽留了下来。

事情是这样的：一位富翁，他来到一艘展览的大船旁对站在他面前的推销员说："我想买艘汽船。"这对推销员来说，可是求之不得的好事。那位推销员很周到地接待了富翁，只是他脸上冷冰冰的，没有一丝笑容。

这位富翁看着这位推销员那没有笑容的脸，里面似乎藏有什么心机，然后走开了。

他继续参观，到了下一艘陈列的船前，这次他受到了一位年轻推销员的热情招待。这位推销员脸上始终挂满了欢迎的笑容，那微笑像太阳一样灿烂，使这位富翁有宾至如归的感觉，所以，他又一次说："我想买艘汽船。"

"没问题。"这位推销员脸上带着微笑答道，"我会为你介绍我们的产品。"

后来，这位富翁果然交了定金，并且对这位推销员说："我喜欢人们表现出一种他们非常喜欢我的样子，现在你已经用微笑给我表现出来了。在这次展览会上，你是唯一让我感到我是受欢迎的人。"

第二天这位富翁带着一张保付支票回来，购下了价值2000万美元的汽船。

不难看出，微笑就是无声的行动，一个人温和、亲切、洋溢着笑意，远比他穿着一套华丽、高档的衣服更引人注意，也更受人欢迎。因为微笑是一种宽容、一种接纳，它缩短了人与人之间的距离，使彼此之间心心相通。喜欢微笑着面对他人的人，往往更容易走入对方的天地。所以说，微笑是成功者的先锋。

现实生活中，许多人都意识到了服饰仪容对自己社交、办事的重要，所以，临出门前，我们总是要对着镜子特意整理一番，看头发是否凌乱、领带是否平整、化妆是否恰到好处，唯恐因衣着的粗俗和妆饰的不雅而被人轻视，从而达不到办事目的。然而，我们也不能忽略另一种魅力，那就是微笑。其实，对于社交、办事来说，整理表情有时比整理服饰、化妆更重要。

说到这里，我们就不能不说到以微笑服务冠于全球的希尔顿旅馆。

希尔顿于 1887 年生于美国新墨西哥州。他的父亲去世的时候，只给年轻的希尔顿留下 2000 美元的遗产。希尔顿加上自己的 3000 美元，只身去得克萨斯州买下了他的第一家旅馆。当旅馆资产增加到 5100 万美元的时候，他欣喜而自豪地告诉了他的母亲。但是，母亲却淡然地说："依我看，你和从前根本没有什么两样，不同的只是你已把领带弄脏了一些而已。事实上你必须把握比 5100 万美元更值钱的东西。除了对顾客诚实之外，还要想办法使每一个住进希尔顿旅馆的人住过了还想再来住，你要想一种简单、容易、不花本钱而行之可久的办法去吸引顾客。这样你的旅馆才有前途。"

希尔顿听后，苦苦思量母亲严肃的忠告：究竟什么"法宝"才具备母亲所指示的"一要简单，二要容易做，三要不花本钱财，四要行之可久"呢？终于希尔顿想出来了："这个法宝就是微笑。只有微笑具备这四大条件，也只有微笑能发挥如此大的影响！"于是希尔顿根据这一法宝订出了他经营旅馆的三大信条：辛勤、信心、眼光。他要求员工照此信条实践。他也要求员工，无论如何辛劳都必须对旅客保持微笑。他确信：微笑将有助于希尔顿旅馆世界性的发展。

事实上，希尔顿旅馆能从美国 20 世纪 30 年代的经济萧条中幸存下来，且领先进入繁荣时代，便证明了希尔顿判断的正确性。希尔顿在接下来的经营中也一直强调着他微笑服务的这一法宝。

每当希尔顿为旅馆充实一批现代化设备时，他就要来到旅馆，召集全体员工开会。"现在我们的旅馆已新添了第一流设备，你们觉得还必须配合一些什么第一流的东西使客人更喜欢它呢？"员工回答之后，希尔顿会微笑地摇着头说："请你们想一想，如果旅馆里只有第一流的设备而没有第一流服务员的微笑，那些旅客会认为我们供应了他们全部最喜欢的东西吗？缺少服务员的微笑，正好比花园里失去了春天的太阳和春风。如果我是顾客，我宁愿住进那虽然只有残旧地毯，却处处见到微笑的旅馆，而不愿走进只有一流设备而不见微笑的地方……"

现在，希尔顿的资产已从 5000 美元发展到数十亿美元。希尔顿旅馆已经吞并了曾经号称为"旅馆大王"的纽约华尔道夫的奥斯托利亚旅馆，买下了号称为"旅馆之后"的纽约普拉萨旅馆。与此同时，他的名言："你今天对客人微笑了没有？"也在这些旅馆深处震荡开来。

微笑是希尔顿旅馆最宝贵的无形资产，也是它制胜的魅力所在。希尔顿的成功，就是从微笑服务开始的。不难看出，在生活中只有"微笑"的量是不够的，还要努力提高"微笑"的质，创造出属于我们现代人的高品位的"微笑服务"与"微笑文化"。

在真诚的微笑中，人们可以更多地感悟到生活中的真、善、美，也可以更深刻地体会到微笑者的人格魅力。人们都期待着更多的微笑，那么，我们怎样才能保持住自己的微笑呢？

第一，让那些能够给你带来轻松愉快的事情围绕着你。

第二，你要相信自己的微笑是世界上最美的微笑。

第三，尽量消除或减少一些负面消息对你的影响。了解世界上所发生的一些新闻是重要的，但不必要每天都是如此。

第四，在办公室里的显眼位置上，摆放假日里令你难忘的照片。因为照片可以使你从日常紧张的工作中得到片刻的休息。

第五，每天，在你的周围，去努力寻找那些幽默和欢乐的事情。

第六，最为重要的一点就是要记住，微笑不是仅仅为了别人，更是为了自己。

走遍世界，微笑是通用的护照；走遍全球，阳光雨露般的微笑是你畅行无阻的通行证。一旦你学会了阳光灿烂般的微笑，你就会发现，你的生活从此会变得更加轻松，而人们也喜欢享受你那阳光灿烂般的微笑。

你对生活笑，生活就不会对你哭

生活犹如一面明镜，你对它笑，它就不会对你哭。

在生活中，我们每一个人快乐与否，不是取决于自己财富的多少、自己的美貌程度或是自己的地位如何等外在因素，而是取决于自己的心态这一内在因素。

人们常说"好心态才有好人生"就是这个意思。一个人无论他多有钱，多美貌或地位有多高，如果他对生活哭丧着脸，那么生活也不会给他好脸色。

苏菲拥有一切。她有一个完美的家庭，住豪华公寓，从来不用为钱发愁。而且，她年轻、聪慧、漂亮。路易是她的朋友，路易觉得和苏菲一起外出是一件乐事。在餐厅里，路易会看到邻桌的男士频频向她注目，邻桌的女士为她而相互窃窃私语。有她的陪伴，路易感觉很棒。她让路易由衷地认为做男人真好。

不过，当所有闲聊终止的时候，这样一刻出现了：苏菲开始向路易讲述她悲惨的生活，她为减肥而跳的狐步舞，她为保持体形而做的努力，以至于得了厌食症。路易简直不敢相信自己的耳朵！这位美丽的女士真实地、深切地认为自己胖而且丑，不值得任何人去爱。路易对她说，她也许弄错了。事实上，这世界上一半的人为了能拥有她那样的容貌，她那样的好运气和生活，宁愿付出任何代价。不，不，苏菲悲哀地挥着手说，她以前也听过类似的话。她知道这话只是出于礼貌，只是一种于事无补的慰藉。而路易越是试图证实她是一位幸运的女孩，她越是表示反对。苏菲对她生活的总结就是"糟透了"。

生活赐予我们的越多，我们就越觉得所有的一切都是理所当然。然后，我们对生活的期望值也就越高。想象一下苏菲生而拥有一切，金钱、容貌、智慧……但就因为身材这一小问题使她对生活的看法大变。而她应当知道：生活并不完美，而且生活从来也不必完美！只要想一想生活是多么风云变幻，我们就应该明白了。许多人都听过"超人"克里斯托夫·瑞维斯的故事。他曾经又高又帅、又健壮、又知名、又富有。可是，一次，他不慎从马上跌落下来，摔断了脖子。从此，他就高位截瘫了。现在，他已经离开了这个世界。不过，瑞维斯和苏菲的不同在于：他感谢上帝让他保留了一条生命，使他可以去做一些真正有意义的事——为残疾人事业做努力。而苏菲则是为她腹部增加或减少了几毫米厚的脂肪或喜或悲着。两人之间的这个不同的产生说到底还是自己的心态问题。

卡耐基曾讲过这样一个故事：

塞尔玛陪伴丈夫驻扎在一个沙漠的陆军基地里，她丈夫奉命到沙漠去学习，她一人留在陆军的小铁皮房子里。天气热得受不了，即便在仙人掌的阴影下也是华氏125度。那儿没有人与她聊天，只有墨西哥人和印第安人，而他们不会说英语。塞尔玛太难过了，就写信给父母，说要丢开一切回家去。而她父亲的回信只有两行，但这两行信却完全改变了她的生活：

两个人从牢中的铁窗望出去，

一个看到泥土，一个却看到星星。

塞尔玛一再地读这封信，觉得大受启发。她决定要在沙漠中找到"星星"。

于是，塞尔玛开始和当地人交朋友，他们的反应热情而友善。塞尔玛对他们的纺织、陶器表示兴趣，他们就把最喜欢的、舍不得卖给观光游客的纺织品和陶器送给了她。塞尔玛研究那些引人入迷的仙人掌和各种沙漠植物，还学习有关土拨鼠的知识。她观看沙漠日落，甚至寻找到了海螺壳，要知道这些海螺壳是几万年前当这沙漠还是海洋时留下来的……最后，那原来难以忍受的环境变成了令塞尔玛兴奋、流连忘返的奇景。

那么，到底是什么使塞尔玛对生活的看法有了这么大的转变？

其实，沙漠没有改变，印第安人也没有改变，只是塞尔玛的心态改变了。一念之差，使她把原先认为恶劣的遭遇变为一生中最有意义的冒险。她为发现的新世界兴奋不已，并为此写了一本书，并将书以《快乐的城堡》为名出版了。我们可以说，她终于看到了自己的"星星"。

生活是属于自己的，我们为何不对之一笑？要知道，生活从来都是真实的、诚恳的，所以，我们不妨用自己的笑脸来换回生活的笑脸。

世上没有绝对不幸的人，只有不肯快乐的心

世上没有绝对幸福的人，只有不肯快乐的心。你必须掌控好自己的心舵，下达命令，来支配自己的命运。

一群年轻人到处寻找快乐，却遇到许多烦恼，于是他们向苏格拉底请教："快乐到底在哪里？"

苏格拉底说："你们还是先帮我造一条船吧！"这群年轻人开始不太理解，既然是来请教，苏格拉底的话又不好不听，或许造好了船就会得到苏格拉底正面

的回答。

就这样，他们暂时把寻找快乐的事儿放到一边，找来造船的工具，用了七七四十九天，造出了一条独木船。

船下水的那天，他们把苏格拉底请上船，一边合力摇桨，一边高声唱歌。

这时，苏格拉底问他们："孩子们，你们快乐吗？"年轻人齐声回答："快乐极了！"

于是，苏格拉底告诉他们："快乐是一种体验、一种感受，它就存在于我们的生活和工作之中，不必刻意去寻找；同时，我们的快乐是由自己创造的，别人的赐予是对我们付出的回报。其实，快乐时时刻刻都伴随着我们，只是我们不曾注意罢了。"

人生在世不如意事常八九，这是一条客观规律，不可能以人的意志为转移。倘若把不如意的事情看成是自己构想的一篇小说，或是一场戏剧，自己就是那部作品中的一个主角，心情就会变好许多。一味地沉入不如意的忧愁中，只能使不如意变得更不如意。"去留无意，看庭前花开花落；宠辱不惊，望天际云卷云舒。"既然悲观于事无补，那我们何不用乐观的态度来对待人生呢？

用乐观的态度面对人生，可看到"青草池边处处花"，"百鸟枝头唱春山"；用悲观的态度面对人生，举目皆是"黄梅时节家家雨"，低眉即听"风过芭蕉雨滴残"。譬如打开窗户看夜空，有的人看到的是星光璀璨，夜空明媚；有的人看到的是黑暗一片。一个心态正常的人可在茫茫的夜空中读出星光的灿烂，增强自己对生活的信心；一个心态不正常的人则让黑暗埋葬了自己且越葬越深。

悲观使人生的路愈走愈窄，乐观使人生的路愈走愈宽。选择乐观的态度对待人生是一种机智。悲观在寻常的日子里随处可以找到，而乐观则需要努力，需要智慧，才能使自己保持一种人生处处充满生机的心境。在诸多无奈的人生里，仰望夜空看到的是闪烁的星斗；俯视大地，大地是绿了又黄，黄了又绿的美景……这种乐观是坚忍不拔的毅力支撑起来的一种风景。

在迪河河畔，住着一个磨坊主，据说他是英格兰最快活的人。这一带的人都喜欢谈论他。终于，烦恼的国王想见他一面。

"我要去找这个奇异的磨坊主谈谈，也许他能告诉我怎样才能快乐。"国王刚到磨坊，磨坊主就对他说："我不羡慕任何人，因为我要多快乐就有多快乐。"

国王说："我十分羡慕你，我的朋友，只要我能像你那样无忧无虑，我愿意和你换个位置。"

磨坊主笑了，对国王说："我肯定不和您调换位置，陛下。"

"是什么使你在这个满是灰尘的磨坊里如此快乐呢？而我，身为国王，却每天忧心忡忡，烦闷苦恼？"

磨坊主笑着说："我不知道你为什么忧郁，但是我能简单地告诉你，我为什么快乐。我爱我的妻子和孩子，我爱我的朋友们，他们也爱我。我自食其力，不欠任何人的钱。我为什么不应该快乐呢？而且，这条迪河，使我的水磨运转，水磨每天把谷物磨成面粉，养育我的妻子、孩子和我。"

"不要再说了。"国王说，"我羡慕你，你这顶落满粉尘的帽子比我这顶王冠更有价值。你的磨坊给你带来的快乐要比我的王国给我带来的还多。如果人们都像你这样，这个世界该是多么美好！"

每个人都有这样一种体验：心情舒畅，喝一杯清茶，也觉得神清气爽，非常愉快；有时山珍海味，但一怀愁绪，毫无快乐可言。所以，我们说，快乐绝不是某些人的专利，而是人所共有的一种心态，一种精神的体验。任何人只要脱离了每天为吃穿犯愁的困境，生活中总是有着无限乐趣和蓬勃生机的。过得快乐与否，就看你是否善于发现人生的美好，是否有一颗快乐的心。

拥有一颗快乐的心，对任何人来说都非常重要。小孩子拥有一颗快乐的心，就能积极进取，天天向上，健康成长；年轻人拥有一颗快乐的心，就能克服困难，勇往直前，事业有成；老年人拥有一颗快乐的心，就能看淡人间烟火，健康长寿，颐养晚年。

一个人，只要拥有一颗快乐的心，在生活中就能克服困难，就能坦然面对逆境，就不会轻言失败，人生就会出现许多快乐。

快乐的人，往往是一些永远乐观且充满希望的人们。他们无论遇到什么情况，脸上总是带着微笑，心平气和地接受人生的变故和挫折。这就是乐观的生活态度。乐观对人就像是太阳对植物一样重要，乐观就是人心中的太阳。

一群因地震被埋在废墟下的人们，各人的心态决定了他们是否能在困境中顽强地生存下去。那些将困境视为绝境的人因为意志崩溃而导致身体能量系统不能有效地工作，身体各个机能逐渐丧失。在缺少水和食物的情况下，这将是把他们推向死亡的死神之手。而那些意志坚强，坚信光明终究到来的人，体内会制造出永不枯竭的生命能量，帮助他们渡过难关。

这就是乐观给人们提供的力量，它大到足以支撑整个生命。雨果说："比海洋更广阔的是天空，比天空更广阔的心灵。"要使你的心灵保持宁静与和谐，不被一些琐事所笼罩，就要用智慧之泉来灌溉。

拥有一颗快乐的心关键是要有一个乐观豁达、积极向上的心态。困难面前，从容不迫，把困难视为机遇，把困难作为挑战，坚信困难是暂时的，并快乐地去积极应战；面对逆境，不灰心丧气，把逆境看作是自己人生中最重要的一段经历，把逆境作为磨炼自己意志的重要场所，坚信逆境是暂时的，并快乐地去应对一切；面对失败，不心灰意冷，把失败看作是还没有成功，把失败作为自己人生的考验，坚信失败是暂时的，并快乐地去奋力拼搏。

快乐不快乐，完全取决于你

想改变整个世界，很难；而改变自己的思维，则较为容易。换个角度，人生海阔天空。快乐也是如此，完全取决于你的态度。

很久很久以前，人类还赤着双脚走路。

有一位国王到某个乡村巡视，路面的碎石头刺得他的脚又痛又麻。

于是，他下了一道命令，要将国内的所有道路都铺上一层牛皮。他认为这样能让所有人走路时不再痛苦。

但即使杀尽国内所有的牛，也根本做不到。

一位聪明的仆人向国王建议："陛下啊！为什么您要杀那么多头牛，花那么多钱呢？您何不只用两小片牛皮包住您的脚呢？"

国王听了，茅塞顿开，于是立刻收回成命，改用这个建议。

据说，这就是皮鞋的由来。

尽管是一国之王，但想改变整个世界，很难；而改变自己的思维，则较为容易。换个角度，人生海阔天空。

有两个旅游观光团到日本伊豆半岛旅游，路面很糟糕，到处坑坑洼洼，都是洞。

其中一位导游连声抱歉，说路面简直像麻子一样。

而另一个导游却诗意盎然地对游客说："各位，我们现在走的这条道路，正是赫赫有名的伊豆迷人酒窝大道。"

游客们不由地发出善意会心的微笑。

虽是同样的情况，然而不同的意念，就会产生不同的态度。思想是何等奇妙的事，如何去想，决定权在你。

事情就是这么简单，同样的问题，从不同的角度去看，就会有截然相反的效果。

同样，从不同的角度看人生，就会有不同的结果和心情。明白了这个道理，你的人生怎能不快乐？

在现实生活中，我们往往习惯于以自己既定的思维方式推出结论。其实，很多事情，换个角度，也许结果就会不同。只有敢于冲破传统行为的束缚，我们才可以创造新的生活，带来新的视野。

不小心将手提包丢了，损失了一个月的工资。不要埋怨自己，你应该想，幸好没把买房子的钱放在提包里面。

你回到家，家里乱七八糟的，你不应该责怪家人。你一边收拾东西一边想，整天坐办公室，难得有这样锻炼身体的机会啊！家人看到收拾好的房屋后，是不是也对你赞赏有加，家庭也变得和美融洽了？

如果你换个角度去看生活，是不是生活也变得非常快乐了呢？

第十二章

没有翅膀，所以努力奔跑

你只需努力，剩下的交给时光

没有人注定不幸，你绝对不比其他人更不幸。不要因为没有鞋子而哭泣，看看那些没有脚的人吧！绝对不要把自己想象成最不幸的人，否则，你就真正成了最不幸的人。

据说，世界上只有两种动物能达到金字塔顶：一种是老鹰，还有一种就是蜗牛。

老鹰和蜗牛，它们是如此的不同：鹰矫健凶狠，蜗牛弱小迟钝。鹰性情残忍，捕食猎物甚至吃掉同类从不迟疑。蜗牛善良，从不伤害任何生命。鹰有一对飞翔的翅膀，而蜗牛背着一个厚重的壳。它们从出生就注定了一个在天空翱翔，一个在地上爬行，是完全不同的动物，唯一相同的是它们都能到达金字塔顶。

鹰能到达金字塔顶，归功于它有一双善飞的翅膀。也因为这双翅膀，鹰成为最凶猛、生命力最强的动物之一。与鹰不同，蜗牛能到达金字塔顶，主观上是靠它永不停息的执着精神。虽然爬行极其缓慢，但是每天坚持不懈，蜗牛总能登上金字塔顶。

我们中间的大多数人都是蜗牛，只有一小部分能拥有优秀的先天条件，成为鹰。但是先天的不足，并不能成为自暴自弃的理由。因为，没有人注定命中不幸。要知道，在攀登的过程中，蜗牛的壳和鹰的翅膀，起的是同样的作用。可惜，生活中，大多数人只羡慕鹰的翅膀，很少在意蜗牛的壳。所以，我们处于社会下层时，无须心情浮躁，更不应该抱怨颓废，而应该静下心来，学习蜗牛，每天进步一点点，总有一天，你也能登上成功的"金字塔"。

高尔基早年生活十分艰难，3 岁丧父，母亲早早改嫁。在外祖父家，他遭受了很大的折磨。外祖父是一个贪婪、残暴的老头儿。他把对女婿的仇恨统统发泄到高尔基身上，动不动就责骂毒打他。更可恶的是，他那两个舅舅经常变着法儿侮辱这个幼小的外甥，使高尔基在心灵上过早地领略了人间的丑恶。只有慈爱的外祖母是高尔基唯一的保护人，她真诚地爱着这个可怜的小外孙，每当他遭到毒打时，外祖母总是搂着他一起流泪。

高尔基在《童年》中叙述了他苦难的童年生活。在 19 岁那年，高尔基突然得到一个消息：他最为慈爱的、唯一的亲人外祖母，在乞讨时跌断了双腿，因无钱医治，伤口长满了蛆虫，最后惨死在荒郊野外。

外祖母是高尔基在人世间唯一的安慰。这位老人劳苦一辈子，受尽了屈辱和不幸，最后竟这样惨死。这个噩耗几乎把高尔基击懵了。他不由地放声痛哭，几天茶饭不进。每当夜晚，他独自坐在教堂的广场上呜咽流泪，为不幸的外祖母祈祷。1887 年 12 月 12 日，高尔基觉得活在人间已没有什么意义。这个悲伤到极点的青年，从市场上买了一支旧手枪，对着自己的胸膛开了一枪。但是，他还是被医生救活了。后来，他终于战胜了各种各样的灾难，成为世界著名的大文豪。

你要明白，没有人命定不幸。你的困难、挫折、失败，其他人同样可能遇到，而其他人遇到的更大的困难、挫折、失败，你却没有遇到，你绝对不比其他人更不幸。要知道，没有什么困难能够打垮你，唯一能够打垮你的就是你自己，就是你把自己看作是最不幸的。

许多人常常把自己看作是最不幸的、最苦的，实际上许多人比你的苦难还要大，还要苦，大小苦难都是生活所必须经历的。苦难再大也不能丧失生活的信心、勇气。与许多伟大的人物所遭受的苦难相比，我们个人所遭到的困难又算得了什么。名人之所以成为名人，大都是由于他们在人生的道路上能够承受住一般人所无法承受的种种磨难。他们面对事业上的不顺、情场上的失意、身体上的疾病、家庭生活中的困苦与不幸，以及各种心怀恶意的小人的诽谤与陷害，没有沮丧，没有退缩，而是咬紧牙关，擦净那饱受创伤的心所流出的殷红的鲜血和悲愤的泪水，奋力抗争，不懈地拼搏，用自己惊人的毅力和不屈的奋斗精神，为人类的文明和社会的进步做出了卓越的贡献，从而成为闻名世界的名人。

人生需要的不是抱怨、自怜，而是扎扎实实、艰苦地奋斗。人是为幸福而活着的，为了幸福，苦难是完全可以接受的。

人生的苦难与幸福是分不开的。人类的幸福是人类通过长期不懈的努力而逐步得到的，这其中要经历各种苦难，这正像人们常讲的，幸福是由血汗造就的。有些人太单纯、太简单了，他们只要幸福而不要苦难。切记，拒绝苦难的人，就不可能拥有幸福。

把工作当作幸福和快乐的源泉

你要是在生活中找不到快乐，就绝不可能在任何地方找到它。寻找生活中的乐趣，可以将你的心思从忧虑上移开，让你的生活变得更加简单和舒适，甚至可以给你带来意外的惊喜。即使不这样，也可以把疲劳减至最少，并帮你享受自己的闲暇时光。

有位英国记者到南美的一个部落采访。这天是个集市日，当地土著人都拿着自己的物产到集市上交易。这位英国记者看见一个老太太在卖柠檬，5 美分一个。

老太太的生意显然并不好，一上午也没卖出去几个。这位记者动了恻隐之心，打算把老太太的柠檬全部买下来，以便使她能"高高兴兴地早些回家"。

当他把自己的想法告诉老太太的时候，她的话却使记者大吃一惊："都卖给你？那我下午卖什么？"

人生最大的价值，就是体会生活的乐趣。爱迪生说："在我的一生中，从未感觉是在工作，一切都是对我的安慰……"然而，在职场中，像卖柠檬的老太太那样，对自己所从事的事业充满热情的人并不是太多，他们看不到生活的乐趣，只看到了生活中痛苦的一面。早上一醒来，头脑里想的第一件事就是：痛苦的一天又开始了……磨磨蹭蹭地挪到公司以后，无精打采地开始一天的工作，好不容易熬到下班，立刻又高兴起来，和朋友花天酒地之时总不忘诉说自己的工作有多乏味，有多无聊。如此周而复始，心情又怎会好起来呢？

工作是一个人幸福和快乐的源泉。卡尔文·库基说过："真正的快乐不是无忧无虑，不只是享受。这样的快乐是短暂的。缺少一份充满魅力的工作，你就无法领略到真正的快乐和幸福。"然而，现实中能领略到工作中的幸福和快乐的人却寥寥无几。

工作是一个人价值的体现，应该是一种幸福的差事，我们有什么理由把它当做苦役呢？有些人抱怨工作本身太枯燥，然而，问题往往不是出在工作上，而是出在我们自己身上。如果你能够积极地对待自己的工作，并努力从工作中发掘出自身的价值，你就会像上文中的老太太一样，发现工作是一件非做不可的乐事，而不是一种惹人烦恼的苦役。

有本叫作《栽种希望，培育幸福的人》的书，书中有个法国人，他独自生活在法国东南部一块荒凉的土地上。他的生活很简单：每天都出去种树。

一年又一年，他不辞辛劳，就这样一粒粒地播种、栽树。

树开始长成森林，保存住了土壤里的水分，于是其他的植物也能够生长了，鸟儿们可以在这里筑巢了，小溪可以流淌了，这里又成了适合人类居住的绿洲。

临终前，他用自己的辛勤劳作，完全改变和恢复了他生活的地区的自然环境。原来逃离那里的人，又重新搬了回来，幸福地生活在这片土地上。

这是一个关于工作的意义和快乐的故事：每天努力工作，为自己也为他人栽种希望，培育幸福。我们从事的工作可能简单而普通，但可以为我们带来无尽的快乐和价值感。

曾经在美国费城的大楼上立起第一根避雷针、有着"第二个普罗米修斯"之称的富兰克林，说过这样一句话："我读书多，骑马少，做别人的事多，做自己的事少。最终的时刻终将来临，到那时我但愿听到这样的话'他活着对大家有益'，而不是'他死时很富有'。"

当你竭尽全力，上帝自会主持公道

不论你的出身如何，不论别人是否看得起你，首先你就要自己看得起自己。只有相信自己的价值，才能保持奋发向上的劲头。要知道，上帝没有偏见，从不会轻看卑微，你所做的一切他都看在眼里。

人类有一样东西是不能选择的，那就是每个人的出身。在现实生活中，我们常常遇到这样一群人：他们以自己穷困的出身来判定自己未来的生活道路；他们因自己角色的卑微而用微弱的声音与世界对话；他们总是因暂时的生活窘迫而放弃了儿时的绮丽梦想；他们还因为自己的其貌不扬而低下了充满智慧的头颅。

难道一个人出身卑微注定就会永远卑微下去吗？难道命运不是掌握在自己手中吗？实际上，即便一个人的身份卑微，上帝也不会轻看他，上帝偏爱的不是身份高贵的人，而是努力奋斗的人！所以，如果你出身卑微，那么努力奋斗吧，上帝一定会垂青你！

韩国贫民总统卢武铉1946年出生于韩国金海市郊的一个小村庄。卢武铉的父母都是农民，靠种植庄稼和桃子为生。他的故乡十分偏远贫穷，连村里人都说"即使乌鸦飞来这里，也会因没有食物而哭着飞回去"。

卢武铉曾经说过："在韩国政坛，如果你没有钱，或者没有势力，很难当上总统候选人，更别提获胜了，然而我，这两样都没有。"有人说，卢武铉的政治经历与美国前总统林肯十分相似，对此，卢武铉也有同感。林肯是美国200多年历史上为数不多的贫民总统，他上任伊始就遇到美国南北冲突；而韩国的这位贫民总统卢武铉，则遇上了朝鲜核危机。

1968年，卢武铉进入韩国陆军服兵役，34个月后退役返乡。卢武铉知道自己学识不够，也知道家中没有钱供他读书，于是他开始自学法律。勤奋刻苦的他于1975年4月通过韩国第17届司法考试，由此开始了自己的律师生涯。

在卢武铉的律师生涯中，他始终为社会的公正而奋斗。1981年，卢武铉勇敢地站出来，为12名被政府指控为"私藏禁书"的大学生辩护。因为此事，卢武铉有了些名气，被一些媒体称为"人权律师"。6年后，卢武铉又因支持"非法罢工"而遭逮捕，并且被剥夺了6个月的律师权。但牢狱之苦激起了卢武铉通过从政实现自己政治抱负的信念。

1988年，卢武铉步入政坛，当选为国会议员。自1992年起，卢武铉3次放弃了自己在汉城的优势选区，赴釜山进行议员和市长的竞选，结果接连3次饮恨釜山。一批选民被卢武铉的精神感动，自发成立了一个叫"爱卢会"的组织。该组织在民间迅速扩展，以至韩国上下掀起了一股支持卢武铉的热潮，被舆论称为"卢旋风"。凭借这股"卢旋风"，卢武铉顺利当选了议员和市长，之后又登上了总统宝座。

所以，一个人不能选择自己的出身，但可以选择自己的道路。只要踏上正确的人生之路，并能义无反顾地勇往直前，就一定能创建一番辉煌的业绩。

多年前的一个傍晚，一位叫皮埃尔的青年移民，站在河边发呆。这天是他30岁生日。但他不知道自己是否还有活下去的必要。

因为皮埃尔从小在福利院里长大，长相丑陋，身材也非常矮小，讲话又带着浓厚的法国乡下口音，因此他一直很瞧不起自己，认为自己是一个既丑又笨的乡巴佬，连最普通的工作都不敢去应聘，他没有家，也没有工作。

就在皮埃尔徘徊于生死之间的时候，与他一起在福利院长大的好朋友亨利兴冲冲地跑过来对他说："皮埃尔，告诉你一个好消息！"

皮埃尔一脸悲戚地说："好消息从来就不属于我。"

"你听我说，我刚刚从收音机里听到一则消息，拿破仑曾经丢失了一个孙子。播音员描述的相貌特征，与你丝毫不差！"

"真的吗，我竟然是拿破仑的孙子？"皮埃尔一下子精神大振。想到自己的爷爷曾经以矮小的身材指挥着千军万马，用带着科西嘉口音的法语发出威严的军令，他顿时感到自己矮小的身材同样充满力量，讲话时的法国口音也带着几分威严和高贵。

第二天一大早，皮埃尔便满怀自信地来到一家大公司应聘。结果，他竟然一应即聘。

10年后，已成为这家大公司总裁的皮埃尔，查证了自己并非拿破仑的孙子，但这早已不重要了。

所以，每一个人都应该相信上帝是公平的，只是有时上帝会和人类开个小小的玩笑，会把那些聪慧的宠儿放在卑微贫困的人群中间，就像我们常把贵重的物品藏在家中最不起眼的地方一样。如此让他们远离金钱和权势，让他们从一出生就在黑暗的穴洞中徘徊，看不到光明，以此来作为对他们的考验。

上帝一定会青睐那些从黑暗中走出来的人——他们有着坚强的生存意识、果敢的斗志、不屈的傲骨和出众的天赋。他们必将会在某个有价值的领域脱颖而出。请相信命运的公正吧！一个人只要知道自己将到哪里去，那么全世界都会给他让路。

谁都知道要努力，但是真正努力的人少之又少

懒惰是一种精神腐蚀剂。因为懒惰，人们不愿意爬过一个小山岗；因为懒惰，人们不愿意去战胜那些完全可以战胜的困难。

记得有位哲人说过："懒惰，像生锈一样，比操劳更能消耗身体——经常用的钥匙总是闪闪发亮的。"懒惰，不但让你一事无成，还会贻害无穷。

谁都知道，深海里氧气稀薄，但为了生存，很多动物不得不根据深海里的环境来进化自己：它们尽量减少活动或者干脆不动，长期蛰伏在一处，以减少身体对氧气的需求。所以，尽管深海里环境恶劣，还是有不少动物顽强地生了下来。在美国的一家海湾水族馆研究所，由克雷格·麦克莱恩领导的一项研究发现，生活在深海里的动物渐渐减少的原因，居然不是因为氧气的减少，而是因为氧气的增多。

在南加州海域，就因为移植了大量含氧海藻，而导致许多深海动物消失。人们以为含氧海藻能够改善深海动物的生存环境，没想到反而害了那些动物。因为含氧海藻是一种能够制造氧气的深海植物，是普通海藻造氧量的 100 倍。

照理来说，增加了氧气的深海对鱼类应该是一件有益的事，可是因为千百年来，那些长期蛰伏于一处不动的深海动物已经适应了缺氧的环境，突然有新鲜的氧气注入，便容易氧气中毒。不会氧气中毒的方法只有一个，那就是迅速改变原有的生活习惯，改静止为动态。只有不停地游动，才能够加速呼吸，让过量的氧气排出体外，这样，过量的氧气不但对它们构成不了威胁，反而会让它们更加具有活力。

所以，生活在深海中的动物很快便会分为两种：一种因为无法改变自己原有的"懒散"的生活习性而变得无所适从，甚至被"淘汰"了；而另一种则一改往日的静止而快速行动起来，因为适应了大量氧气注入的新环境而变得"如鱼得水"。

克雷格·麦克莱恩最后得出结论：不是氧气害了那些深海动物，而是它们自

己的懒惰习性。

对从事任何种类工作的人而言，懒惰都是一种堕落的、具有毁灭性的东西。懒惰、懈怠从来没有在世界历史上留下好名声，也永远不会留下好名声。只有多行动，依靠自己的辛勤劳动，才能创造美好未来。

20世纪初叶，一个华人泥水匠在美国洛杉矶北部一条铁路附近建了一座很漂亮的塔。他在那里打工时认识了一个比他小20岁的黑人姑娘。他天天买甜饼给她吃，后来二人渐渐有了感情，黑人姑娘就嫁给了他。那块空荡荡的荒地就是他为她而买下的，住房像一个工棚，很简陋，但后院却很大。黑人妻子坚持要在后院修建一个游泳池，起初他依了她，但后来他还是不顾她的阻拦把游泳池拆了，要改建成一座塔。修塔的时候，他也说不上有什么目的。他发动自己的孩子和周围的儿童去捡碎酒瓶和破瓷片，然后他再粘贴在塔上。妻子认为建塔没有什么用，他不听，妻子就带着孩子们走了。他一个人每天一点一点地建，总共花了34年的时间，终于把塔建成了。

但最后他却走了，把房子、院子和塔都交给了邻居的老头儿看管。当地警长要拆毁这个塔，说它不安全，倒下来会砸伤人。可一位大学教授呼吁全社会保护那座塔，并请来了力学专家鉴定塔的安全性能。专家用10000磅的拉力也没有拉倒塔，证明塔是坚固的。于是塔被作为重点文物保护下来。那位大学教授也因保护那座塔而声名远播。

世界上有很多的事情最初是看不出它的端倪的。就说那个华人泥水匠建的塔，他随意而建，毫无目的，于是，当他日积月累地建成了，就成了一种建筑艺术珍品，就成了珍贵的文化遗产。那位支持他的大学教授对那座塔进行过多年研究，并在三藩市找到了已78岁的建塔老人。大学教授把他请上讲台，要他给大学生做一次学术报告，讲讲当年建塔的原始冲动。他说："我当初建塔就像咳嗽一样忍不住。"大学生们笑了，教授补充说："这是老先生的幽默，而我们应该领会到他所表达的一个真理，那就是艺术家都有最原始的创作冲动。"

大凡灵感都像咳嗽一样忍不住，会产生一种原始的冲动，而将那种原始的冲动付诸实施，就会成就一件艺术珍品或者某种发明创造。当然，原始的冲动也是厚积薄发的，它来源于勤思与实践。一个懒惰的人，灵感是不会光顾他的。

懒惰是一种精神腐蚀剂。因为懒惰，人们不愿意爬过一个小山岗；因为懒惰，人们不愿意去战胜那些完全可以战胜的困难。因此，那些生性懒惰的人不可能在社会生活中成为一个成功者，他们永远是失败者。成功只会光顾那些辛勤劳动的人们。

如果不得不跪在地上，那我们就用双膝奔跑

成长其实就是不断战胜挫折的一个过程。经历过挫折的生命，便是那绚丽无比的彩虹。

城里的儿子回农村老家，发现自家玉米地里玉米长得很矮，地已干旱，可周围其他地里的苗子已长得很高。当儿子买了化肥、挑起粪桶准备浇地时，却被父亲阻止了。父亲说，这叫控苗。玉米才发芽的时候，要旱上一段时间，让它深扎根，以后才能长得旺，才能抵御大风大雨。过了个把月，一个狂风骤雨的日子，儿子果然看到除了自家地里的玉米安然无恙外，别人都在地里扶刮倒了的玉米。

种玉米的故事，似乎亦告诉我们同样的人生道理：年轻时苦一点，受一点挫折，没关系，它只会让人多一点阅历，长一点见识，并因此而坚强起来，因此而获取成功。

在生活中，挫折是不可避免的。但是，只要我们正确地看待挫折，敢于面对挫折，在挫折面前无所谓惧，克服自身的缺点，在困难面前不低头，那么，顽强的精神力量就可以征服一切。不是吗？曾任美国总统的林肯一生中就遭遇过无数次失败和打击，然而他英勇卓绝，败而不馁，不正是因为这惊人的顽强毅力才使他走上光辉大道吗？

不经历风雨，怎能见彩虹。的确，人生需要挫折。当挫折向你微笑，你就会明白：挫折孕育着成功。

有一位穷困潦倒的年轻人，身上全部的钱加起来也不够买一件像样的西服。但他仍全心全意地坚持着自己心中的梦想——他想做演员，当电影明星。

好莱坞当时共有500家电影公司，他根据自己仔细划定的路线与排列好的名单顺序，带着为自己量身定做的剧本一一前去拜访。但第一遍拜访下来，500家电影公司没有一家愿意聘用他。

面对无情的拒绝，他没有灰心，从最后一家电影公司出来之后不久，他就又从第一家开始了他的第二轮拜访与自我推荐。

第二轮拜访也以失败而告终。第三轮的拜访结果仍与第二轮相同。

但这位年轻人没有放弃，不久后又咬牙开始了他的第四轮拜访。当拜访第350家电影公司时，这里的老板竟破天荒地答应让他留下剧本先看一看。他欣喜若狂。

几天后，他获得通知，请他前去详细商谈。就在这次商谈中，这家公司决定投资开拍这部电影，并请他担任自己所写剧本中的男主角。

不久这部电影问世了，名叫《洛奇》。这个年轻人就是好莱坞著名演员史泰龙。

面对1850次的拒绝，所需要的勇气是我们难以想象的。但正是这种勇敢，这种不轻言放弃的精神，这种对自己理想的执着追求，让故事中的年轻人的梦想得到了实现。在我们实现梦想的路途中，也会不可避免地遭遇到种种挫折，让我们用执着为自己导航，坚定地树起乘风破浪的风帆，坚信终有一天成功的海岸线会在我们眼里出现。

挫折是一座大山，想看到大海就得爬过它；挫折是一片沙漠，想见到绿洲就得走出它；挫折还是一道海峡，想见到大陆就得游过它。

挫折是可怕的，但却是人生，是成长不可缺少的基石。

挫折是会给人带来伤害，但它还给我们带来了成长的经验。被开水烫过的小孩子是绝不会再将稚嫩的小手伸进开水里的。即使他再顽皮，他也会记得开水带来的伤痛。被刀子割破了手指的小孩子是绝不会再肆无忌惮地拿着刀子玩耍的，因为他知道刀子很危险。孩子们经历了挫折，但他们换来了成长的经验。这不正是我们所说的"坏事变好事"吗？

有位名人说过："勇者视挫折为走向成功的阶梯，弱者视之为绊脚石。"上天之所以要制造这么多的挫折，就是为了让你在挫折中成长。当你战胜种种挫折，蓦然回首时，你就会惊喜地发现，你成熟了。

你必须很努力，才能看起来毫不费力

勤奋能塑造卓越的伟人，也能创造最好的自己。大凡有作为的人，无一不与勤奋有着深厚的缘分。

古人说得好："一勤天下无难事。"勤奋能塑造卓越的伟人，也能创造最好的自己。爱因斯坦曾经说过："在天才和勤奋之间，我毫不迟疑地选择勤奋，她几乎是世界上一切成就的催化剂。"高尔基还有这么一句话："天才出于勤奋。"卡莱尔更激励我们说："天才就是无止境刻苦勤奋的能力。"

大凡有作为的人，无一不与勤奋有着深厚的缘分。古今中外著名的思想家、科学家、艺术家，他们无不是勤奋耕作走向成功的典型。

1601 年的一个傍晚，丹麦天文学家第谷·布拉赫卧在床上，生命已经垂危。他的学生德国天文学家开普勒坐在一张矮凳上，倾听着老师临终的话："我一生以观察星辰为工作，我的目标是 1000 颗星，现在我只观察到 750 颗星。我把我的一切底稿都交给你，你把我的观察结果出版出来……你不会让我失望吧？"

开普勒静静地坐着，点了点头，眼泪从脸颊上流下来。

为了不辜负老师的嘱托，开普勒开始勤奋工作。但是他的继承引起了布拉赫亲戚们的妒嫉，不久，他们合伙把作为遗产的底稿全部收了回去。无情的挫折没能使开普勒屈服，他日夜牢记着老师的托付"我的目标是 1000 颗星"。开普勒顽强地进行实地观测，每天只睡几个小时，吃住都在望远镜边，开始了枯燥单调的天文工作。751，752，753……20 多年过去了，终于在 1627 年，开普勒实现了老师的遗愿。

天才出自于勤奋，伟大来自于平凡的努力，没有人能随随便便成功。没有细致耐心的勤奋工作，也不会有大的成就。

所谓勤，就是要人们善于珍惜时间，勤于学习，勤于思考，勤于探索，勤于实践，勤于总结。看古今中外，凡有建树者，在其历史的每一页上，无不都用辛勤的汗水写着一个闪光的大字——"勤"。

德国伟大诗人、小说家和戏剧家歌德，前后花了 58 年的时间，搜集了大量的材料，写出了对世界文学和思想界产生很大影响的诗剧《浮士德》；

马克思写《资本论》，辛勤劳动，艰苦奋斗了40年，阅读了数量惊人的书籍和刊物，其中做过笔记的就有1500种以上；

我国著名的数学家陈景润，在攀登数学高峰的道路上，翻阅了国内外相关的上千本资料，通宵达旦地看书学习，取得了震惊世界的成就。

记得有人说过："天才之所以能成为天才，只不过是因为他们比一般人更专注更勤奋罢了。"的确，没有人能只依靠天分成功。上天只能给人天分，只有勤奋才能将天分变为天才。

曾国藩是中国历史上最有影响力的人物之一，然而他小时候的天赋却不高。有一天在家读书，他把一篇文章反反复复地朗读了不知道多少遍，还是没有背下来。这时候他家来了一个贼，潜伏在他的屋檐下，希望等曾国藩睡觉之后捞点好处。

可是等啊等，就是不见他睡觉，而只见他一直翻来覆去地读那篇文章。贼人大怒，跳出来说："这种水平读什么书？"然后将那文章背诵一遍，扬长而去！

贼人是很聪明，至少比曾先生要聪明，但是他只能成为贼，而曾先生却成为近代史上的风云人物。其中奥妙何在？无非一个'勤'字。"勤能补拙是良训，一分辛苦一分才。"

可见，任何一项成就的取得，都是与勤奋分不开的，古今中外，概莫能外。伟大的成功和辛勤的劳动是成正比的，有一分劳动就有一分收获，日积月累，从少到多，奇迹就可以创造出来。

无论多么美好的东西，人们只有付出相应的劳动和汗水，才能懂得这美好的东西是多么的来之不易，因而愈加珍惜它。这样，人们才能从这种"拥有"中享受到快乐和幸福。

如果能试着按下面的方法去做，你就能变得勤奋，你的努力也会更加有效：

（1）要做一些自己喜欢的事情；学会自己做决定，哪怕是已定的事情也要学着自己决定一下；从小事开始，先做一些有把握成功的事情；把激发自己热情的事情记录下来；珍惜生命；鼓励自己，和热情的人在一起。

（2）会休息的人才会工作。充分休息，自我放松，培养愉快的心情。在积极的心态下行动，才能事半功倍。

（3）做一个详细具体的计划，让自己的工作有计划、有规律，然后努力把眼前的事情做好。

（4）只顾忙碌而不注重效率也不行，所以要做好时间管理，让自己的努力更有效率。

（5）绝不拖延，只有这样，才能养成今日事今日毕的好习惯。长此以往，便可拥有可贵的品质——勤奋。

青春的使命不是"竞争"，而是"成长"

生活中很多东西是难以把握的，但是成长是可以把握的。也许我们再努力也成为不了刘翔，但我们仍然能享受奔跑。可能会有人妨碍你的成功，却没人能阻止你的成长。换句话说，这一辈子你可以不成功，但是不能不成长。

人生旅途中，似乎不总是那么一帆风顺、如愿如期，总有或多或少的困难与挫折，家家有本难念的经嘛！既然上天给了我们一次锻炼与考验的机会，那我们又何必那么吝啬，畏首畏尾，退避三舍呢？与其在那儿蜷缩手脚、闷闷不乐，倒不如在逆境中顽强拼搏，激流勇进。或许我们能改变现状，毕竟是"山重水复疑无路，柳暗花明又一村"，天无绝人之路。当老天为你关闭这扇窗，必定也为你打开了另一扇窗，只是你缺少睿智的眼睛。

一位父亲很为他的孩子苦恼。因为他的儿子已经十五六岁了，可是一点男子气概都没有。于是，父亲去拜访一位禅师，请他训练自己的孩子。

禅师说："你把孩子留在我这边，3个月以后，我一定可以把他训练成真正的男人。不过，这3个月里面，你不可以来看他。"父亲同意了。

3个月后，父亲来接孩子。禅师安排孩子和一个空手道教练进行一场比赛，以展示这3个月的训练成果。

教练一出手，孩子便应声倒地。他站起来继续迎接挑战，但马上又被打倒，他就又站起来……就这样来来回回一共16次。

禅师问父亲："你觉得你孩子的表现够不够男子气概？"

父亲说："我简直羞愧死了！想不到我送他来这里受训3个月，看到的结果是他这么不经打，被人一打就倒。"

禅师说："我很遗憾你只看到表面的胜负。你有没有看到你儿子那种倒下去立刻又站起来的勇气和毅力呢？这才是真正的男子气概啊！"

不断地倒下，再不断地爬起，正是在这种磕磕碰碰中我们成长了。故事中男子汉的气概并不是表现在我们跌倒的次数比别人少，而是在于，每次跌倒后，我们都有爬起来再次面对困难的勇气和不达目的誓不罢休的毅力。

每个人都在成长，这种成长是一个不断发展的动态过程。也许你在某种场合和时期达到了一种平衡，而平衡是短暂的，可能瞬间即逝，不断被打破。成长是无止境的，生活中很多东西是难以把握的，但是成长是可以把握的，这是对自己的承诺。也许我们再努力也成为不了刘翔，但我们仍然能享受奔跑。可能会有人妨碍你的成功，却没人能阻止你的成长。换句话说，这一辈子你可以不成功，但是不能不成长。

抑郁症、躁郁症正威胁着现代人，仍有许多人无法坦然面对。但有谁想得到，曾两度夺得香港电影金像奖最佳导演的尔冬升原来也曾受抑郁症的折磨。不过，他就是从那时开始才学会成长，从而一步步走向成熟，拍出了《旺角黑夜》这样成功的电影。

面对激烈的竞争、种种挑战和痛苦，我们唯一能做的就是迅速充实自己，成长起来，只有这样，才不会被困难和挑战击倒。

在逆境中学会成长，姑且看成是上天对我们"特别"的关怀，对我们的怜悯与施舍，我们也应做出成绩，做出榜样。在逆境中提升人格的力量，磨砺性格的力量，增强信念的力量，最后交织融合，升华自己生命的力量。

逆境不但不会把人打倒与压垮，反而能让人的潜能最大限度地迸发出来，创造出乎预料的奇迹。"文王拘而演《周易》；仲尼厄而作《春秋》；屈原放逐，乃赋《离骚》；左丘失明，厥有《国语》；孙子膑脚，兵法修列；不韦迁蜀，世传《吕览》；韩非囚秦，《说难》、《孤愤》；《诗》三百篇，大抵圣贤发愤之所作也。"张海迪、霍金……他们都是在困难挫折面前，顽强奋发，自力更生，最终战胜磨难，实现了个人的价值。是啊！不经历风雨怎能见彩虹，"不经一番寒彻骨，哪得梅花扑鼻香"。逆境在某种程度上能造就我们的成功。

允许自己犯错，学会在逆境中成长，我们的羽翼会更加丰满，便能飞向天涯海角；我们的心胸会更加宽广，便能容纳百川，吸收万千；我们的双臂会更加结实与厚重，便能承载千山万水、艰浪险滩。

真正的强者，不是没有眼泪的人，而是含着眼泪奔跑的人

人生常常浸泡在痛与苦中。一次次心痛，一道道伤痕，一遍遍泪水，洗不去人生的尘埃，抹杀不了命运中的艰辛。何必跟自己过不去，放平自己的心，搁浅自己的梦，把希望打折，把生命烘干，学会在艰难的日子里苦中寻乐！

托尔斯泰在他的散文名篇《我的忏悔》中曾经讲了这样一个寓言故事：

一个男人被一只老虎追赶而掉下悬崖，庆幸的是他在跌落的过程中抓住了一棵生长在悬崖边的小灌木。

此时，他才发现，头顶上，那只老虎正虎视眈眈，低头一看，悬崖底下还有一只老虎，更糟的是，两只老鼠正忙着啃咬悬着他生命的小灌木的根须。

绝望中，他突然发现附近生长着一簇野草莓，伸手可及。于是，他摘下野草莓，塞进嘴里，自语道："多甜啊！"

生命进程中，当痛苦、绝望、不幸和危难向你逼近的时候，你是否也能顾及享受一下野草莓的味道？人生一世，能够快快乐乐开开心心过一生，相信这是每个人心中的一个梦。

然而，尼采却说："人生就是一场苦难。"的确，谁都无法让我们"心想事成，无忧无虑"地过一辈子，唯有"把黄连当哨吹——苦中作乐"，才能战胜忧愁，享受快乐。

戴维是饭店经理，他的心情总是很好。当有人问他近况如何时，他回答："我快乐无比。"

如果哪位同事心情不好，他就会告诉对方怎么去看事物好的一面。他说："每

天早上，我一醒来就对自己说，戴维，你今天有两种选择，你可以选择心情愉快，也可以选择心情不好，我选择心情愉快。每次有坏事发生，我可以选择成为一个受害者，也可以选择去面对各种处境。归根结底，是你自己选择如何面对人生。"

有一天，戴维被三个持枪的歹徒拦住了。歹徒朝他开枪。

幸运的是发现较早，戴维被送进急诊室。经过18个小时的抢救和几个星期的精心治疗，戴维出院了，只是仍有小部分弹片留在他体内。

6个月后，戴维的一位朋友见到他。朋友问他近况如何，他说："我快乐无比。想不想看看我的伤疤？"朋友看了伤疤，然后问他当时想了些什么。戴维答道："当我躺在地上时，我对自己说有两个选择：一是死，一是活。我选择活。医护人员都很好，他们告诉我，我会活的。但在他们把我推进急诊室后，我从他们的眼神中读到了'他是个死人'。我知道我需要采取一些行动。""那么，你采取了什么行动？"朋友问。

戴维说："有个护士大声问我对什么东西过敏。我马上答道：'有的。'这时所有的医生、护士都停下来等我说下去。我深深吸了一口气，然后大声吼道：'子弹！'在一片大笑声中，我又说道：'请把我当活人来医，而不是死人。'"戴维就这样活下来了。

英国作家萨克雷有句名言："生活是一面镜子，你对它笑，它就对你笑；你对它哭，它也对你哭。"如果你把自己看成弱者、失败者，你将郁郁寡欢；如果你将自己看成强者，你将快乐无比。你可以快乐，只要你希望自己快乐。

古人讲："不知生，焉知死？"不知苦痛，怎能体会到快乐？痛苦就像一枚青青的橄榄，品尝后才知其甘甜。品尝橄榄容易，品尝生活中的痛苦，这需要勇气！

再大的风浪我们也要远航

如果你拥有一颗积极向上、勇于攀登的心，就能够在逆境中找到快乐。即使再大的风浪，我们也能扬帆远航。

17世纪法国启蒙哲学家卢梭曾经说过："一个真正了解幸福的人，无论什么样的打击都无法使他潦倒。"美国小说家马克·吐温也曾说过："人生在世，必须善处逆境，万不可浪费时间，作无益的烦恼，最好还是平心静气地去办事，想出补救的办法来。辛勤的蜜蜂，永远没有时间悲哀。杰出的人们，会在逆境中磨砺意志，卧薪尝胆，厉兵秣马，展现非凡的人生风采。"

在现实生活中，假如你没有被逆境所吓倒，反而以乐观的态度，把它们想象成理所当然的，那么，你就极有可能把逆境变成了顺境的前奏。

为了做到这点，光是有钱、有荣誉、有个漂亮妻子，还是不够的——这些福分都是无常的，而且也很容易习惯。为了不断地感到幸福，甚至在苦恼和愁闷的时候也感到幸福，那就需要：善于满足现状，很高兴地感到"事情原来可能更糟"。要做到这点其实并不难。

要是火柴在你的衣袋里燃起来了，那你应当高兴，而且感谢上苍："多亏你的衣袋不是火药库。"

要是你的手指头扎了一根刺，那你应当高兴："挺好，多亏这根刺不是扎在眼睛里！"

要是有穷亲戚上门来找你，那你不要脸色发白，而要喜气洋洋地叫道："挺好，幸亏来的不是警察！"

如果你不是住在边远的地方，那你一想到命运总算没有把你送到边远的地方去，你岂不觉着幸福？

如果你的妻子或者小姨练钢琴，那你不要发脾气，而要感激这份福气："你是在听音乐，而不是听狼嗥或者猫的音乐会。"

你该高兴，因为你不是劳累的马，不是微小的旋毛虫，不是供人宰割的猪，不是愚蠢的驴，不是笼子里关的熊，不是人见人厌的臭虫……你要高兴，因为眼下你没有坐在被告席上，更没有看见债主在你面前。

要是你被送到警察局去了，那就该乐得跳起来，因为多亏没有把你送到地狱的大火里去。

要是你有一颗牙痛起来，那你就该高兴：幸亏不是满口的牙痛起来。

要是你的妻子对你变了心，那就该高兴，多亏她背叛的是你，不是国家。

要是你挨了一顿木棍子的打，那就该蹦蹦跳跳，叫道："我多么运气，人家总算没有拿带刺的棒子打我！"

依此类推。只要按这种乐观的方法去做，你的生活就会变得欢乐无穷了。

而在困境中，除了乐观之外，我们还须得有征服困难的坚强意志。没有这种意志的人们常常浸泡在痛苦中。一道道伤痕，一次次心痛，一遍遍泪水，让他们自怨自怜悲叹不已，丧失了做人的斗志

幸福来源于我们自己，不幸是命运强加给我们的。战胜命运，就是我们的幸福，没有战胜命运，就是我们的不幸。许多逆境通常是好的开始。有人在逆境中成长，也有人在逆境中跌倒，这其中的差别，就在于我们如何看待。硬是在地上赖着，爬不起来的人，注定只能继续哭泣，而能立刻站起来的人却能成就更好的自己。幸福是甘美的，如同一杯美酒，越陈越醉人，也越容易被人喝干。

而且，逆境会让人变得更深刻，顺境却容易让人变得浅薄。霍兰德说："在黑暗的土地上生长着最娇艳的花朵，那些最伟岸挺拔的树林总是在最陡峭的岩石中扎根，昂首向天。"人生中，并不是每一次不幸都是灾难，早年的逆境通常是一种幸运。与困难作斗争不仅磨炼了我们的意志，也为日后更为激烈的竞争准备了丰富的经验。

有的时候，顺境会变成一个陷阱，因为身处顺境的人很容易为眼前的景致所迷惑而失去危机意识，历史上人生一帆风顺而最后身遭其祸的人举不胜举，在这里，成功反而成为失败之母。在逆境中，有的人自杀，有的人疯狂，也有的人化作不死鸟，涅槃后而重生，从他身上发出的光照亮了世间各个角落。

无论多大的苦难，多大的风浪，也无法磨掉我们的斗志，无法抹杀我们与命运搏斗做出的努力。只有在逆境中我们才能真正了解快乐与幸福是什么！只有在逆境中我们才能真正正视自我！只有在逆境中我们才能真正获得快乐与幸福！一个热爱生活的人，必定善于面对生活中的逆境。或许，对于那些经历了许多风风雨雨的人来说，可以深刻体味出其中的滋味——在风浪中起航，更能体验到快乐！

你需要奔跑的最重要理由，就是为了自己的幸福

有些人打牌，总想着等到合适的时候再出好牌，但却发现与事实屡屡不符，等到别人都出完手中的牌了，才发现自己的好牌都攥在手里，没派上用场。

一位成功学大师这样评价行动和知识：行动才是力量，知识只是潜在的能量；不积极行动，知识将毫无用处。要克服任何障碍，都离不开行动，也只有行动才

能够让梦想照进现实。

从前，有两个朋友，相伴一起去遥远的地方寻找人生的幸福和快乐，一路上风餐露宿，在即将到达目标的时候，遇到了一条风急浪高的大河，而河的彼岸就是幸福和快乐的天堂。关于如何渡过这条河，两个人产生了不同的意见，一个建议采伐附近的树木造一条木船渡过河去；另一个则认为无论哪种办法都不可能渡得了这条河，与其自寻烦恼和死路，不如等这条河流干了，再轻轻松松地过去。

于是，建议造船的人每天砍伐树木，辛苦而积极地制造船只，并顺带着学会游泳，而另一个则每天躺下休息睡觉，然后到河边观察河水流干了没有。直到有一天，已经造好船的朋友准备扬帆的时候，另一个朋友还在讥笑他的愚蠢。

不过，造船的朋友并不生气，临走前只对他的朋友说了一句话："去做一件事不一定都成功，但不去做则一定没有机会成功！"

能想到等到河水流干了再过河，这确实是一个"伟大"的创意，可惜的是，这仅仅是个注定永远失败的"伟大"创意而已。

这条大河终究没有干枯掉，而那位造船的朋友经过一番风浪也最终到达了彼岸。

只有行动才会产生结果，行动是成功的保证。任何伟大的目标、伟大的计划，最终必然要落实到行动上。不肯行动的人只是在做白日梦，这种人不是懒汉就是懦夫，他们终将一事无成。

古希腊格言讲得好："要种树，最好的时间是 10 年前，其次是现在。"同样，要成为赢家，最好的时间是 3 年前，其次是现在。

要成为人生牌局的赢家，就应该尽早地迈出自己的第一步。

20 世纪 70 年代的一天，史蒂芬·乔布斯和史蒂芬·沃兹尼亚克卖掉了一辆老掉牙的大众牌汽车，得到了 1500 美元。对于史蒂芬·乔布斯和史蒂芬·沃兹尼亚克这两个正准备开一家公司的人来说，这点钱甚至无法支付办公室的租金，而且他们所要面对的竞争对手是国际商业机器公司 (IBM)——一个财大气粗的巨无霸。租不起办公室，他们就在一个车库里安营扎寨。然而正是在这样一个条件极差的车库里，苹果电脑诞生了，一个电脑业的巨子迈出了第一步。也正是这个从车库诞生的苹果电脑，成功地从 IBM 手里抢走了荣耀和财富。如果当初这两位青年因为怕遇到很多的困难而不动手行动的话，那么恐怕就没有今天的苹果电脑了吧。

而惠普电脑的诞生与苹果电脑的诞生如出一辙。1938 年，两位斯坦福大学的毕业生惠尔特和普克德，在寻找工作的过程中他们尝尽了求助他人谋生的艰辛，同时他们还看到了许多人因为找不到工作而陷入困境的惨状，于是他们决定摆脱受雇于人的想法，合伙开创自己的事业。两个一无所有的穷光蛋，总共才凑了538 美元，他们有的只是想法和决心。但是，他们并没有停止或等待，在加州的一间车库里，他们办起了一家公司——惠普公司。经过艰苦创业，惠普公司现在是全球最重要的电子元器件、配套设备供应商之一，总资产达 300 多亿美元。

可能每个人都会有很多的想法，有不少的想法甚至可以说是绝妙的。但是假若这些想法不去付诸实践，那它们永远也只是空想而已。不论你自己想得有多美，重要的是去做！没有人会嘲笑一个学步的婴儿，尽管他的步子趔趄、姿势难看，有时还会摔倒。

我们之所以难以将想法付诸实践，是因为当我们每一次准备搏一搏时，总有一些意外事件使我们停止，例如资金不够、经济不景气、新婴儿的诞生、对目前工作的一时留恋等种种限制以及许许多多数不完的借口，这些都成为我们拖拖拉拉的理由。我们总是想等着一切都十全十美的时候再行动，但事实总会和愿望不太相符，于是我们的计划不会有开始动手的那一天，只是变成了空想。

面对人生的众多机遇，我们看见了，也心动了，但是自己却没有付诸行动，眼看着机会从自己的身边溜走，到头来只能恨自己没有胆量。

安妮是一个可爱的小姑娘，可她有一个坏习惯，那就是她每做一件事，总爱让计划停留在口头上，而不是马上行动。

和安妮住在同一个村子里的詹姆森先生有一家水果店，里面出售本地产的草莓之类的水果。一天，詹姆森先生对安妮说："你想挣点钱吗？"

"当然想。"她回答，"我一直想买一双新鞋，可家里买不起。"

"好的，安妮。"詹姆森先生说，"隔壁卡尔森太太家的牧场里有很多长势很好的黑草莓，他们允许所有人去摘。你摘了以后把它们都卖给我，1 升我给你 13

美分。"

安妮听到可以挣钱，非常高兴。于是她迅速跑回家，拿上一个篮子，准备马上就去摘草莓。但这时她不由自主地想到，要先算一下采 5 升草莓可以挣多少钱。于是她拿出一支笔和一块小木板计算起来，计算的结果是 65 美分。

"要是能采 12 升呢？那我又能赚多少呢？"

"上帝呀！"她得出答案，"我能得到 1 美元 56 美分呢！"

安妮接着算下去，要是她采了 50、100、200 升詹姆森先生会给她多少钱。算来算去，已经到了中午吃饭的时间，她只得下午再去采草莓了。

安妮吃过午饭后，急急忙忙地拿起篮子向牧场赶去。而许多男孩子在午饭前就赶到了那儿，他们快把好的草莓都摘光了。可怜的小安妮最终只采到了 1 升草莓。

回家途中，安妮想起了老师常说的话："办事得尽早着手，干完后再去想。因为一个实干者胜过 100 个空想家。"

成功在于计划，更在于行动。目标再大，如果不去落实，也永远只能是空想。所以当你心动的时候，就应当尽快地将它付诸行动，这样才能够更好地把握住机遇。

在一次行动力研习会上，培训师说："现在我请各位一起来做一个游戏，大家必须用心投入，并且采取行动。"他从钱包里掏出一张面值 100 元的人民币，他说："现在有谁愿意拿 50 元来换这张 100 元的人民币？"他说了几次，都没有人行动，最后终于有一个人走向讲台，但他仍然用一种怀疑的眼光看着培训师和那一张人民币，不敢行动。那位培训师提醒说："要配合，要参与，要行动。"那个人才采取行动，换回了那 100 元，那位勇敢的参与者立刻赚了 50 元。最后，培训师说："凡事马上行动，立刻行动，你的人生才会不一样。"

现实生活中，我们往往在心动的时候会考虑到很多因素，会想这能实现吗？会想到诸多的困难阻扰，会想到自己力量的薄弱等。但是为什么不去试试呢？很多时候，我们缺少的是将心动变成行动的胆量。

人生就是这样，再美好的梦想，离开了行动就会变成空想；再完美的计划，离开了行动也会失去意义。我们要实现自己的理想，就应当注重行动，在行动中实现自己的梦想。

古语说得好："千里之行，始于足下。"你可能曾经看过某些人在接近人生旅程的尽头，回顾一生时说："如果我能有不同的做法……如果我能在机会降临时好好地利用……"这些未能得到满足的生命，只是充塞着数不清的"如果……"他们的生命在真正起步之前就已经结束了。

只有行动才能让计划成为现实，这是千年不变的真理。如果你想改变你的现状，那就赶快行动吧！

第十三章

你是最好的自己

你是独一无二的，要告诉世界"我很重要"

多年以来，在我们的教育中，个人总是被否定的那一个：面对集体，我不重要，为了集体的利益，我应该把自己个人的利益放在一边；面对他人，我不重要，为了他人能获得开心，只能牺牲我自己的开心；面对我自己，我也不重要，这个世界上，少了我就如同少了一只蚂蚁，没有分量的我，又有什么重要？但是，作为独一无二的"我"，真的不重要吗？不，绝不是这样，"我"很重要。

当我们对自己说出"我很重要"这句话的时候，"我"的心灵一下子充盈了。是的，"我"很重要。

"我"是由无数星辰日月草木山川的精华汇聚而成的。如果计算一下我们一生吃进去多少谷物，饮下了多少清水，才凝聚成这么一具无与伦比的躯体，我们一定会为那数字的庞大而惊讶。世界付出了这么多才塑造了这么一个"我"，难道"我"不重要吗？

你所做的事，别人不一定做得来。而且，你之所以为你，必定是有一些相当特殊的地方——我们姑且称之为特质吧！而这些特质又是别人无法模仿的。

既然别人无法完全模仿你，也不一定做得来你能做得了的事，试想，他们怎么可能给你更好的意见？他们又怎能取代你的位置，来替你做些什么呢？所以，这时你不相信自己，又有谁可以相信？

况且，每个来到这个世上的人，都是上帝赐给人类的恩宠。上帝造人时即已赋予了每个人与众不同的特质，所以每个人都会以独特的方式来与他人互动，进而感动别人。要是你不相信的话，不妨想想：有谁的基因会和你完全相同？有谁的个性会和你一毫不差？

由此，我们相信：你有权活在这世上，而你存在于这世上的目的，是别人无法取代的。

不过，有时候别人（或者是整个大环境）会怀疑我们的价值，时间一长，连我们都会对自己的重要性感到怀疑。请你千万千万不要让这类事情发生在你身上，否则你会一辈子都无法抬起头来。

记住！你有权力去相信自己很重要。

"我很重要。没有人能替代我，就像我不能替代别人。我很重要。"

生活就是这样的，无论是有意还是无意，我们都要发挥出对自己的信心。不要总是拿自己的短处去对比人家的长处，却忽视了自己也有人所不及的地方。自卑是心灵的腐蚀剂，自信却是心灵的发电机。所以我们无论身处何境，都不要让自卑的冰雪侵占心灵，而应燃烧自信的火炬，始终相信自己是最优秀的，这样才能调动生命的潜能，去创造无限美好的生活。

也许我们的地位卑微，也许我们的身份渺小，但这丝毫不意味着我们不重要。重要并不是伟大的同义词，它是心灵对生命的允诺。人们常常从成就事业的角度，断定自己是否重要。但这并不应该成为标准，只要我们在时刻努力着，为光明在奋斗着，我们就是无比重要地存在着，不可替代地存在着。

让我们昂起头，对着我们这颗美丽的星球上无数的生灵，响亮地宣布：我很重要。

面对这么重要的自己，我们有什么理由不去爱自己呢！

张扬个性，"秀"出自己才有机会

俗话说："酒香不怕巷子深。"这话只适合过去，如今是酒香也怕巷子深。一个人无论才能如何出众，如果不善于把握，那他就得不到伯乐的青睐。所以人的才能需要自我表现，而且自我表现时必须主动、大胆。如果你自己不去主动地表现，或者不敢大胆地表现自己，你的才能就永远不会被别人知道。

在电影《飘》中扮演女主角郝斯佳的费雯丽，在出演该片前只是一位名不见经传的小角色。她之所以能够因此而一举成名，就是因为大胆地抓住了自我表现的良好机遇。

当《飘》已经开拍时，女主角的人选还没有最后确定。毕业于英国皇家戏剧学院的费雯丽，当即决定争取出演郝斯佳这一十分诱人的角色。

可是，此时的费雯丽还默默无闻，没有什么名气。怎样才能让导演知道"我就是郝斯佳的最佳人选"呢？这个问题成为她思考解决的一大关键。

经过一番深思熟虑后，费雯丽决定毛遂自荐，方法是自我表现。一天晚上，刚拍完《飘》的外景，制片人大卫又愁眉不展了。突然，他看见一男一女走上楼梯，男的他认识，那女的是谁呢？只见她一手扶着男主角的扮演者，一手按住帽子，居然自己把自己扮演成了郝斯佳的形象。

大卫正在纳闷儿时，突然听见男主角大喊一声："喂！请看郝斯佳！"大卫一下子惊住了："天呀！真是踏破铁鞋无觅处，得来全不费功夫。这不就是活脱脱的郝斯佳吗？！"

费雯丽被选中了。

毋庸置疑，你的表现得到认可之时，就是机遇来临之日。请你务必记住一点：知道和了解你才能的人越多，为你提供的机遇也就会越多。

当然，很多人或许不会像费雯丽那样仅靠一次表现就一举获得成功。所以，我们必须有耐心和恒心，多表现自己几次。在一个人面前表现不行，就在更多的人面前表现；在一个地方表现无效，就在其他地方进行表现。当你表现多了，被发现、被赏识的可能性就会大大增加。

汉代名士东方朔，诙谐多智。他刚入长安时，向汉武帝上书，竟用了三千片木牍，公车令派两个人去抬，才勉强能抬起来。汉武帝用了两个月才把它读完。这在当时也堪称是"吉尼斯世界之最"了。在奏章中，东方朔自许甚高，称："臣年二十二，长九尺三寸，目若悬珠，齿如编贝，勇若孟贲，捷若庆忌，廉若鲍叔，信若尾生。若此，可以为天子大臣矣。"皇帝果然为此打动，但转念一想，又觉言过其实，始终未予重用。

东方朔并不死心，另辟蹊径。当时，与东方朔并列为郎的侍臣中，有不少是侏儒。东方朔就吓唬他们，说皇帝嫌他们没用，要全部杀死他们。侏儒们吓坏了，诉于皇帝，皇帝便诏问东方朔为何要吓唬他们。东方朔说："那些侏儒长得不过三尺，俸禄是一口袋米，二百四十个铜钱。我东方朔身长九尺有余，俸禄也是一口袋米，二百四十个铜钱。侏儒饱得要死，我却饿得要死。陛下要觉得我有用，请在待遇上有所差别；如果不想用我，可罢免我，那我也用不着在长安城要饭吃了。"皇帝听了大笑，因此让他待诏金马门（即古代宫署的大门），比以前亲近了许多。

有时候，沉默谦逊确实是一种"此时无声胜有声"的制胜利器，但无论如何你也不要处处把它当作金科玉律来信奉。在种种竞争中，你要将沉默、踏实、肯干、谦逊的美德和善于"秀"自己结合起来，才能更好地让别人赏识你。

走自己的路，让别人说去吧

哲人们常把人生比作路，是路，就注定有崎岖不平。

1929 年，美国芝加哥发生了一件震动全国教育界的大事。

几年前，一个年轻人半工半读地从耶鲁大学毕业。曾做过作家、伐木工人、家庭教师和卖成衣的售货员。现在，只经过了八年，他就被任命为全美国第四大名校——芝加哥大学的校长，他就是罗勃·郝金斯。他只有 30 岁，真叫人难以置信。

人们对他的批评就像山崩落石一样一齐打在这位"神童"的头上，说他这样，说他那样——太年轻了，经验不够——说他的教育观念很不成熟，甚至各大报纸也参加了攻击。

在罗勃·郝金斯就任的那一天，有一个朋友对他的父亲说："今天早上，我看见报上的社论攻击你的儿子，真把我吓坏了。"

"不错，"郝金斯的父亲回答说，"话说得很凶。可是请记住，从来没有人会踢一只死狗。"

曾有一个美国人，被人骂作"伪君子""骗子""比谋杀犯好不了多少"……

你猜是谁？一幅刊在报纸上的漫画把他画成伏在断头台上，一把大刀正要切下他的脑袋，街上的人群都在嘘他。他是谁？他是乔治·华盛顿。

耶鲁大学的前校长德怀特曾说："如果此人当选美国总统，我们的国家将会合法卖淫，行为可鄙，是非不分，不再敬天爱人。"听起来这似乎是在骂希特勒吧？可是他谩骂的对象竟是杰弗逊总统，就是撰写《独立宣言》、被赞美为民主先驱的杰弗逊总统。

可见，没有谁的路永远是一马平川的。为他人所左右而失去自己方向的人，他将无法抵达属于自己的幸福所在。

真正成功的人生，不在于成就的大小，而在于是否努力地去实现自我，喊出属于自己的声音，走出属于自己的道路。

一名中文系的学生苦心撰写了一篇小说，请作家批评。因为作家正患眼疾，学生便将作品读给作家。读到最后一个字，学生停顿下来。作家问道："结束了吗？"听语气似乎意犹未尽，渴望下文。这一追问，煽起学生的激情，立刻灵感喷发，马上接续道："没有啊，下部分更精彩。"他以自己都难以置信的构思叙述下去。

到达一个段落，作家又似乎难以割舍地问："结束了吗？"

小说一定摄魂勾魄，叫人欲罢不能！学生更兴奋，更激昂，更富于创作激情。他不可遏止地一而再再而三地接续、接续……最后，电话铃声骤然响起，打断了学生的思绪。

电话找作家，急事。作家匆匆准备出门。"那么，没读完的小说呢？""其实你的小说早该收笔，在我第一次询问你是否结束的时候，就应该结束。何必画蛇添足、狗尾续貂？该停则止，看来，你还没把握情节脉络，尤其是，缺少决断。决断是当作家的根本，否则绵延逶迤，拖泥带水，如何打动读者？"

学生追悔莫及，自认性格过于受外界左右，作品难以把握，恐不是当作家的料。

很久以后，这名年轻人遇到另一位作家，羞愧地谈及往事，谁知作家惊呼："你的反应如此迅捷、思维如此敏锐、编造故事的能力如此强盛，这些正是成为作家的天赋呀！假如正确运用，作品一定脱颖而出。"

"横看成岭侧成峰，远近高低各不同。"凡事绝难有统一定论，谁的"意见"都可以参考，但永不可代替自己的"主见"，不要被他人的论断束缚了自己前进的步伐。追随你的热情、你的心灵，它将带你实现梦想。

遇事没有主见的人，就像墙头草，东风东倒，西风西倒，没有自己的原则和立场，不知道自己能干什么，会干什么，自然与成功无缘。

走自己的路，让别人去说吧。

像世界超模一样走路

他是英国一位年轻的建筑设计师，很幸运地被邀请参加了温泽市政府大厅的设计。他运用工程力学的知识，根据自己的经验，很巧妙地设计了只用一根柱子支撑大厅天顶的方案。一年后，市政府请权威人士进行验收时，对他设计的一根支柱提出了异议。他们认为，用一根柱子支撑天花板太危险了，要求他再多加几根柱子。

年轻的设计师十分自信，他说："只要用一根柱子便足以保证大厅的稳固。"他详细地通过计算和列举相关实例加以说明，拒绝了工程验收专家们的建议。

他的固执惹恼了市政官员，年轻的设计师险些因此被送上法庭。

在万不得已的情况下，他只好在大厅四周增加了4根柱子。不过，这四根柱子全部都没有接触天花板，其间相隔了无法察觉的两毫米。

时光如梭，岁月更迭，一晃就是300年。

300年的时间里，市政官员换了一批又一批，市政府大厅坚固如初。直到20世纪后期，市政府准备修缮大厅的天顶时，才发现了这个秘密。

消息传出，世界各国的建筑师和游客慕名前来，观赏这几根神奇的柱子，并把这个市政大厅称作"嘲笑无知的建筑"。最为人们称奇的是这位建筑师当年刻在中央圆柱顶端的一行字：

自信和真理只需要一根支柱。

这位年轻的设计师就是克里斯托·莱伊恩，一个很陌生的名字。今天，能够找到有关他的资料实在微乎其微了，但在仅存的一点儿资料中，记录了他当时说过的一句话："我很自信。至少100年后，当你们面对这根柱子时，只能哑口无言，甚至瞠目结舌。我要说明的是，你们看到的不是什么奇迹，而是我对自信的一点儿坚持。"

　　总是一味地轻视自己，不敢相信自己的想法和决策。这种情绪一旦占据心头，就会腐蚀一个人的斗志，犹豫、忧郁、烦恼、焦虑也便纷至沓来。生命，有时候是一种恶性循环，你越是不敢相信自己，很多事情越是做不好。陷入这样的旋涡里，你将从此丢了快乐，丢了幸福。

　　其实，世界上每一个事物、每一个人都有其优势，都有其存在的价值。二十几岁的女性朋友们，自卑是一种没有必要的自我没落，具有自卑心理的人，总是过多地看重自己不利和消极的一面，而看不到有利、积极的一面，缺乏客观全面地分析事物的能力和信心。这就要求我们努力提高自己透过现象抓本质的能力，客观地分析对自己有利和不利的因素，尤其要看到自己的长处和潜力，不要妄自菲薄。

保持特质才能赢得蓝天

　　有些人，在智商方面可能并没有什么超常的地方，但借助上帝之手，他们总有某个特质是超出常人的。这种时候，只有使这些能让自己成就大事的特质得到充分的发挥，人才有可能成长。

　　每个人在给自己定位或者确定方向的时候，总会受到外界这样或者那样的影响，其中包括父母长辈的期望。在这种情况之下，一个人就容易受外在事物的影响，不遵从自身特质的指引，走上一条受他人影响、甚至由别人指定的道路。这对于任何人而言都是一种悲哀。每个人遇到这种情况时，都应该坚持，坚持自己的特质。

　　这里有诺贝尔物理学奖获得者杰拉德斯·图夫特的一段话，他的成长经历在杰出人士这一群体中就很具有代表性。

　　当杰拉德斯·图夫特还是一个 8 岁的小男孩时，一位老师问他："你长大之后想成为怎样的人？"他回答："我想成为一个无所不知的人，想探索自然界所有的奥秘。"图夫特的父亲是一位工程师，因此想让他也成为一名工程师，但是他没有听从。"因为我的父亲关注的事情是别人已经发明的东西，我很想有自己的发现，做出自己的发明。我想了解这个世界运作的道理。"正是有着这样的渴求，当其他孩子正在玩耍或者在电视机前荒废时光的时候，小小的图夫特就在灯前彻夜读书了。"我对于一知半解从来不满足，我想知道事物的所有真相。"他很认真地说。

图夫特告诫我们要保持自我。"最重要的是一定要决定你要走什么样的道路。你可以成为一名科学家，可以去做医生，但是一定要选择你的道路。世界上没有完全相同的两个人，这就是人类能够取得各种各样成就的原因。所以没有必要来强迫一个人去做他不感兴趣的工作。如果你对科学感兴趣，你要尽量找一些好的老师，这点非常重要。

即使是这样，你也不一定就会获得诺贝尔奖，这些事情是可遇而不可求的，你不能过于注重结果，你不要期望一定能取得什么样的成就。如果你真正地投入到一个领域当中，倘若那不是你想要得到的，那么你也不能从中发现真正的乐趣。"这话深刻地揭示了保持自己的特长，让自己前行的道路能够顺应自己固有的特质延伸，对于杰出人士的成长，可谓是至关重要。

德塞纳维尔，在别人眼里是干什么都不行的庸才。但是，他总觉自己有点儿与众不同的地方。有一天，他脑子里飘起一段曲调，他便将它大概哼了出来，并用录音机录了下来，请人写成乐谱，名为《阿德丽娜叙事曲》。阿德丽娜正是他的大女儿。曲子谱好后，就在罗曼维尔市找了一个游艺场的钢琴演奏员为之录音。这个演奏员没啥名气，穷酸得很。德塞纳维尔给他取了个艺名，叫理查德·克莱德曼……这一演奏不要紧，在音乐界引起了轰动，唱片在全世界一下子卖了2600万张，德塞纳维尔轻而易举地发了财。他说："我不会玩任何乐器，也不识乐谱，更不懂和声。不过我喜欢瞎哼哼，哼出些简单的、大众爱听的调儿。"

德塞纳维尔只作曲，不写歌，他的曲子已有数百首，并且流行全球。20年来，德塞纳维尔靠收取巨额版税，腰缠万贯。

成功人士都是这样，保持特质，最后他们得到了一片蓝天。

自己的人生无须浪费在别人的标准中

童话里的红舞鞋，漂亮、妖艳而充满诱惑，一旦穿上，便再也脱不下来。我们疯狂地转动舞步，一刻也停不下来，尽管内心充满疲惫和厌倦，脸上还得挂出幸福的微笑。当我们在众人的喝彩声中终于以一个优美的姿势为人生画上句号时，才发觉这一路的风光和掌声，带来的竟然只是说不出的空虚和疲惫。

人生来时双手空空，却要让其双拳紧握；而等到人死去时，却要让其双手摊开，偏不让其带走财富和名声……明白了这个道理，人就会对许多东西看淡。幸福的生活完全取决于自己内心的简约而不在于你拥有多少外在的财富。

18世纪法国有个哲学家叫戴维斯。有一天，朋友送他一件质地精良、做工考究、图案高雅的酒红色睡袍，戴维斯非常喜欢。可他穿着华贵的睡袍在家里踱来踱去，越踱越觉得家具不是破旧不堪，就是风格不对，地毯的针脚也粗得吓人。慢慢地，旧物件挨个儿更新，书房终于跟上了睡袍的档次。戴维斯穿着睡袍坐在帝王气十足的书房里，可他却觉得很不舒服，因为"自己居然被一件睡袍胁迫了"。

戴维斯被一件睡袍胁迫了，生活中的大多数人则是被过多的物质和外在的成功胁迫着。很多情况下，我们受内心深处支配欲和征服欲的驱使，自尊和虚荣不断膨胀，着了魔一般去同别人攀比，谁买了一双名牌皮鞋，谁添置了一套高档音响，谁交了一位漂亮女友，这些都会触动我们敏感的神经。一番折腾下来，尽管钱赚了不少，也终于博得"别人"羡慕的眼光，但除了在公众场合拥有一两点流光溢彩的光鲜和热闹以外，我们过得其实并没有别人想象得那么好。

男人爱车，女人爱别人说自己的好。一定意义上来说，人都是爱好虚荣的，不管自己究竟幸福不幸福，常常为了让别人觉得很幸福就很满足，人往往忽视了自己内心真正想要的是什么，而是常常被外在的事情所左右。别人的生活实际上与你无关，不论别人幸福与否都与你无关，不要将自己的幸福建立在与别人比较的基础之上，或者建立在了别人的眼光中。幸福不是别人说出来的，而是自己感受的，人活着不是为别人，更多的是为自己而活。

《左邻右舍》中提到这样一个故事：

说是男主人公的老婆看到邻居小马家卖了旧房子在闹市区买了新房，就眼红了，非要也在闹市选房子，并且偏偏要和小马住同一栋楼，而且要一定选比小马家房子大的那套。当邻居问起的时候，她会很自豪地说："不大，一百多平方米，只比304室小马家大那么一点！"气得小马老婆灰头土脸的。过了几天，小马的老婆开始逼小马和她一起减肥，说是减肥之后，他们家的房子实际面积一定不会比男主人公家的小。男主人公又开始担心自己的老婆知道后会不会让他们一起减肥！

这个故事自己看起来虽然很好笑，但是却时常在我们的生活中发生。人将自己的生活沉浸在了一个不断与人比较的困境中，被自己生活之外的东西所左右，岂不是很可悲？

一个人活在别人的标准和眼光之中是一种痛苦，更是一种悲哀。人生本就短暂，真正属于自己的快乐更是不多，为什么不能为了自己而完完全全、真真实实地活一次？为什么不能让自己脱离总是建立在别人基础上的参照系？如果我们把追求外在的成功或者"过得比别人好"作为人生的终极目标，就会陷入物质欲望为我们设下的圈套而不能自拔。

不要拿过去犯下的错误处罚自己

当刘翔从北京奥运会赛场上退下来的时候，他说，下一次我一定会做得很好；当程菲因为一个动作而出现失误的时候，她说，下一次我会吸取教训。尽管因为没有注意到自己的伤而导致不能坚持到最后，但是刘翔没有一直活在悔恨之中，而是鼓足了勇气面对未来的路；尽管练习了多次的动作没能发挥到最好，但是程菲也没有抓住自己过去所犯的错误不放，而是在总结了经验之后，期待另一次精彩的绽放。

可是，在生活中，有太多的人喜欢抓住自己的错误不放：没能抓住发展的机遇，就一直怨恨自己的不具慧眼；因为粗心而算错了数据，就一直抱怨自己没长大脑；做错了事情伤害到了别人，会为没有及时的道歉而自责很久……

人生一世，花开一季，谁都想让此生了无遗憾，谁都想让自己所做的每一件事都永远正确，从而达到自己预期的目的。可这只能是一种美好的幻想。人不可能不做错事，不可能不走弯路。做了错事，走了弯路之后，有谴责自己的情绪是很正常的，这是一种自我反省，是自我解剖与改正的前奏曲，正因为有了这种"积极的谴责"，我们才会在以后的人生之路上走得更好、更稳。但是，如果你抓住后悔不放，或羞愧万分，一蹶不振；或自惭形秽，自暴自弃，那么你的这种做法就是愚人之举了。

卓根·朱达是哥本哈根大学的学生。有一年暑假，他去做导游，因为他总是乐于帮助游客，因此几个芝加哥来的游客就邀请他去华盛顿观光。

卓根抵达华盛顿以后就住进"威乐饭店"，他在那里的账单已经预付过了。

当他准备就寝时，才发现由于自己的粗心大意，放在口袋里的皮夹不翼而飞。他立刻跑到柜台那里。

"我们会尽量想办法。"经理说。

第二天早上，仍然找不到。因为一时的粗心马虎，让自己孤零零一个人待在异国他乡，应该怎么办呢？他越想越是生气，越想越是懊恼，于是想到了很多办法来惩罚自己。

这样折腾了一夜之后，他突然对自己说："不行，我不能再这样一直沉浸在悔恨当中了。我要好好看看华盛顿。说不定我以后没有机会再来了，但是现在仍有宝贵的一天待在这里。好在今天晚上还有飞机到芝加哥去，一定有时间解决护照和钱的问题。"

于是他立刻动身，徒步参观了白宫和国会山，并且参观了几个博物馆，还爬到华盛顿纪念馆的顶端。

等他回到丹麦以后，这趟美国之旅最使他怀念的却是在华盛顿漫步的那一天——因为如果他一直抓住过去的错误不放，那么这宝贵的一天就会白白溜走。

放下过去的错误，向前看，才能有更多的收获。我们一生当中会犯很多错误，如果每一次都抓住错误不放，那么我们的人生恐怕只能在懊悔中度过。很多事情，既然已经没有办法挽回，就没有必要再去惋惜悔恨了。与其在痛苦中挣扎浪费时间，还不如重新找到一个目标，再一次奋发努力。

把"我不可能"彻底埋葬

在自然界中，有一种十分有趣的动物，叫作大黄蜂。曾经有许多生物学家、物理学家、社会行为学家联合起来研究这种生物。根据生物学的观点，所有会飞的动物，必然是体态轻盈、翅膀十分宽大的，而大黄蜂这种生物，却正好反其道而行之。大黄蜂的身躯十分笨重，而翅膀却出奇短小。依照生物学的理论来说，大黄蜂是绝对飞不起来的；而物理学家的论调则是，以大黄蜂的身体与翅膀的比例，根据流体力学的观点，同样是绝对没有飞行的可能。简单地说，大黄蜂这种生物，是根本不可能飞得起来的。

可是，在大自然中，只要是正常的大黄蜂，却没有一只是不能飞行的，甚至于它飞行的速度，并不比其他飞行动物慢。这种现象，仿佛是大自然和科学家们开了一个很大的玩笑。最后，社会行为学家找到了这个问题的答案。很简单，那就是——大黄蜂根本不懂"生物学"与"流体力学"。每一只大黄蜂在它成熟之后，就很清楚地知道，它一定要飞起来去觅食，否则必定会活活饿死！这正是大黄蜂之所以能够飞得那么好的奥秘。

由此可见，这世上没有绝对的"不可能"，只要敢于拼搏，一切皆有可能。

谈到"不可能"这个词，我们来看一看著名成功学大师卡耐基年轻时用的一个奇特的方法。

卡耐基年轻的时候想成为一名作家。要达到这个目的，他知道自己必须精于遣词造句，字典将是他的工具。但由于家里穷，接受的教育并不完整，因此"善意的朋友"就告诉他，说他的雄心是"不可能"实现的。

后来，卡耐基存钱买了一本最好的、最完全的、最漂亮的字典，他所需要的字都在这本字典里，而他对自己的要求是要完全了解和掌握这些字。他做了一件奇特的事，他找到"impossible（不可能）"这个词，用小剪刀把它剪下来，然后丢掉。于是他有了一本没有"不可能"的字典。以后他把整个事业建立在这个前提上，那就是对一个要成长，而且要超过别人的人来说，没有任何事情是不可能的。

当然，并不是建议你从你的字典中把"不可能"这个字剪掉，而是建议你要从你的脑海中把这个观念铲除掉。谈话中不提它，想法中排除它，态度中去掉它、抛弃它，不再为它提供理由，不再为它寻找借口。把这个字和这个观念永远地抛开，而用光明灿烂的"可能"来代替它。

翻一翻你的人生词典，里面还有"不可能"吗？可能很多时候，在我们鼓起雄心壮志准备大干一场时，有人好心地告诉我们："算了吧，你想得未免也太天真、太不可思议了，那是不可能的事情。"接着我们也开始怀疑自己："我的想法是不是太不符合实际了，那是根本不可能达到的目标。"

假如回到500年前，如果有人对你说，你坐上一个银灰色的东西就可以飞上天；你拿出一个黑色的小盒子就能够跟远在千里之外的朋友说话；打开一个"方柜子"就能看到世界各地发生的事情……你也同样会告诉他"不可能"。但是，今天飞机、手机、电视甚至宇宙飞船都已变成现实了。正如那句老话所说的："没有做不到，只有想不到。"奇迹在任何时候都可能发生。

纵观历史上成就伟业的人，往往并非那些幸运之神的宠儿，而是那些将"不可能"和"我做不到"这样的字眼从他们的字典以及脑海中连根拔去的人。富尔顿仅有一只简单的桨轮，但他发明了蒸汽轮船；在一家药店的阁楼上，迈克尔·法拉第只有一堆破烂的瓶瓶罐罐，但他发现了电磁感应；在美国南方的一个地下室中，惠特尼只有几件工具，但他发明了锯齿轧花机；豪·伊莱亚斯只有简陋的针与梭，但他发明了缝纫机；贫穷的贝尔教授用最简单的仪器进行实验，但他发明了电话。

美国著名钢铁大王安德鲁·卡内基在描述他心目中的优秀员工时说："我们所急需的人才，不是那些有着多么高贵的血统或者多么高学历的人，而是那些有着钢铁般的坚定意志，勇于向工作中的'不可能'挑战的人。"

这是多么掷地有声、发人深省的一句话啊！

每一位在生活中，在职场上拼搏并希望获得成功的人，都应该把这句话铭刻在自己的记忆深处！敢于向"不可能"发出挑战，一切皆有可能！

相信自己能飞翔，才能拥有翅膀

有一位诗人说得好："使世界活跃的不是真理，而是信心！"信心是一种机动性的力量。不过这种力量不是普通的力量，而是一种在我们内心活跃着的力量。

正如我们的身体是凭着食物所产生的热能构筑起来的一样，我们的生命之所以活跃、有意义、有用，并不是凭自己的力量，而是因为我们从另外一个来源获得了力量。

一位心理学者曾在一所著名的大学挑选了一些运动员做实验。他要这些运动员做一些别人无法做到的运动，还告诉他们，由于他们是国内最好的运动员，因此他们能够做到。

这些运动员分为两组，第一组到达体育馆后，虽然尽力去做，但还是做不到。第二组到达体育馆后，研究人员告诉他们，第一组已经失败了，并对他们说："你们这一组与前一组不同，我们研制了一种新药，会使你们达到超人的水准。"结果，第二组运动员吃了药丸后，果然完成了那些困难练习。事后，研究人员才告诉他们，刚才吃的药丸，其实是没有任何药物成分的粉末做的。如果你相信自己能做到，你就一定能做到。第二组运动员之所以能完成这些困难的练习，是因为他们相信自己一定能够做到。这就是积极的心理暗示所产生的效果。

信心是人类最伟大的力量之一。只要一点点信心，就可以企及原本所不能完成的事。当然，这并不是说只要自信，就每次都能得到自己想要的东西。远远不是这么简单，总会有风险在里面。但是，有自信的人至少是自己做出选择，而不是听任别人为自己做主（或者是强行为别人做主）。只要他表现良好，说出了自己的感觉，那他就会对自己有信心，提升自尊意识，鼓励自己在人际交往中更加坦率和诚信。

第十四章

拆掉思维里的墙：原来我还可以这样活

井底之蛙，永远看不到辽阔的大海

故步自封和过度的自我满足让人的世界变得越来越小。而有些人宁可在暂时的安逸中沉湎，也不愿提高自身的能力和核心竞争力以适应环境变化。这种做法和文中的两只青蛙所做出的反应，几乎同出一辙。

有一只青蛙生活在井里，那里有充足的水源。它对自己的生活很满意，每天都在欢快地歌唱。

有一天，一只鸟儿飞到这里，便停下来在井边歇歇脚。青蛙主动打招呼说："喂，你好，你从哪里来啊？"

鸟儿回答说："我从很远很远的地方来，而且还要到很远很远的地方去，所以感觉很劳累。"

青蛙很吃惊地问："天空不就是那么大点吗？你怎么说是很遥远呢？"

鸟儿说："你一生都在井里，看到的只是井口大的一片天空，怎么能够知道外面的世界呢？"

青蛙听完这番话后，惊讶地看着鸟儿，一脸茫然和失落的样子。

这是一个我们早已熟知的故事，或许你会感到好笑，但在现实生活中，仍可以见到许许多多的"井底之蛙"陶醉在自我的狭小领域中。这种自以为是的自足自得，只会导致眼光的短浅和心胸的狭隘。信息的落后和自我张狂会让自己和现实离得越来越远。特别是在竞争日趋激烈的今天，故步自封和过度的自我满足只会让你的世界越来越小，并时刻有被淘汰的危险。因此，每个人都应该走出"小我"，积极地提升自身的能力，开阔自己的视野，这样才能在汹涌的时代大潮中立于不败之地。

下面，我们再讲一个有关于青蛙的故事。

在 19 世纪末，美国康奈尔大学做过一次有名的青蛙实验。他们把一只青蛙冷不防丢进煮沸的油锅里，在那千钧一发的生死关头，青蛙用尽全力，一下就跃出了那势必使它葬身的滚烫的油锅，跳到锅外的地面上，安全逃生。

半小时后，他们使用同样的锅，在锅里放满冷水，然后又把那只死里逃生的青蛙放到锅里，接着用炭火慢慢烘烤锅底。青蛙悠然地在水中享受"温暖"，等它感觉到承受不住水的温度，必须奋力逃命时，却发现为时已晚，欲跃无力。青蛙全身瘫痪，终于葬身在热锅里。

在生活中，我们随处可以看到，许多人安于现状，不思进取，在浑浑噩噩中度日，害怕面对不断变化的环境，更不愿增强自己的本领，去发挥自身的优势以适应变化。最终在安逸中消磨了所有的生命能量。

不少人会有这样的体验，虽然每天准时上班，每天按计划完成该做的事，但总觉得生活得呆板，缺乏活力。似乎该做的事都已经做了，生活中再也找不到还能去做选择和努力的地方。曾经就有这样一个人们一致公认的成功人士，竟爬上楼顶，从上面跳了下去。

问题出在哪里？从表面上看，他是因为反复循着同样的生活方式，没有新鲜的感受，没有新的创意，产生了厌倦和疲劳，身心感到耗竭。

再往更深的层次看，也许是目标定得不够高，成功后就再看不到更高的奋斗目标了；也许有着不切实际的预期，这样，无论他的学业、事业多么的成功，都无法达到预期的要求；也许是认识不到自己工作的成就和价值；也许是把自己的目标定得太窄，于是生活变得刻板，没有生气。

美国的本杰明·富兰克林是举世闻名的政治家、外交家、科学家和作家。他的多方面才能令人惊叹：他 4 次当选宾夕法尼亚州的州长；他制订出《新闻传播法》；他发明了口琴、摇椅、路灯、避雷针、两块镜片的眼镜、颗粒肥料；他设计了富兰克林式的火炉和夏天穿的白色亚麻服装；他最先组织消防厅；他首先组织道路清扫部；他是政治漫画的创始人；他是出租文库的创始人；他是美国最早的警句家；他是美国第一流的新闻工作者，也是印刷工人；他创设了近代的邮信制度；他想出了广告用插图；他创立了议员的近代选举法；他的自传是世界上所有自传中最受欢迎的自传之一，仅在英国和美国就重印了数百版，现在仍被广泛阅读……

诚然，像富兰克林这样敢于尝试，并在各方面都显示出卓越才能的人是少见的。可是，这也足以说明：只要愿意，人无所不能。作为普通人，虽然我们不可能在各方面都有所建树，但如果我们敢于求新求变，试着涉足更广阔的领域，即使不能成名立万，也会使生活变得更加丰富多彩。长期单调乏味的生活常常会使最有耐性的人也觉得忍无可忍，读到这里，你完全应该相信：你还可以做好很多事情。

人生无处不套牢，思路决定出路

"套牢"是股市上的一个术语，却也很好地表现出了人生中的一种尴尬处境。就像一个禅学故事中所讲的，一只贪食的鸟儿拼命地往网孔中钻，可任凭它怎样用力，脖子被勒得窒息，也够不着近在咫尺的虫子。当人们拼着性命往套中钻时，却怎么也得不到自己所渴望得到的。也许，这种削尖脑袋往套中钻的动机和想法本身就是一个圈套，或者说是一堵围困人生的墙吧。

在股市猛地热了起来的时候，有个词的使用频率突然增高，这便是——套牢。许多人被股市赚钱的光环所诱惑而奋不顾身地跳了进去，谁知股价非但不涨反而直线下跌，这就是被套牢了。凡是玩股票的人，没有一个喜欢自己被套牢的。可是大凡玩股票的人，没有一个幸免于此。

股市真可谓是人生大课堂。收市之后，你如果将眼光放得远一点，会忽然发现，人生真是无处不套牢。生而为人，出生前就被子宫套牢了。后来，上学了被学校套牢，工作了被单位套牢，结婚了被家庭套牢，死了被骨灰盒套牢。

说起来，有些套子是自己钻的。股票是自己要买的，婚是自己要结的，国是自己要出的，孩子是自己要生的。假如买不到股票，人是会抱怨的；假如生不出儿子，人是会沮丧的；假如出不了国，人是会恼火的。有朋友终于拿到了绿卡，却立即愁眉苦脸起来，说是原本穷学生一个，万事没有关系，而现在要以一个美国人的标准来要求自己，车是什么档次的车，房子是什么档次的房子，衣服是什么衣服，工作是什么工作……凡此种种，不一而足，原来绿卡也是个圈套。这么一说，做人就难了。得到了朝思暮想的东西还要犯愁，甚至更愁，人生真是很无奈。

仔细想想，人又不能没有一点东西将自己套牢。过于自由，心里就空落落的，魂不守舍，食不甘味，这种那种的孤独就要来咬人。人不是被这个套牢，就是被那个套牢，一套接着一套，彻底的孤鬼儿一个是不可想象的。有种说法是不错的：凡是活人必然是套中之人。

而人要套自己是最无可救药的。有一个人热爱炒股，小有进账。然而他总是拨起算盘算自己理论上应该赚多少，而实际上少赚了多少，这样算来算去反而更不快乐。友人劝他何苦和自己过不去，留得"生命"在，还怕没钱赚？他觉得这话是对的，但心里忍不住还是惦记那飞走的铜钱。唉！不知道是人套钱，还是钱套人，天下的傻瓜们啊！

人生不应该有太多的牵累与负荷。现在拥有的，我们应该珍惜；已经失去的，也没必要再为之哭泣。抬头向前看，会有更美好的生活在等着你。只要还有一颗乐观向上的心，人生就会一路充满阳光。

尤利乌斯是一个画家，而且是一个很不错的画家。他画快乐的世界，因为他自己就是一个快乐的人。不过没人买他的画，因此他想起来会有点伤感，但只是一会儿。

"玩玩足球彩票吧！"他的朋友们劝他，"只花2马克便可赢很多钱！"

于是尤利乌斯花2马克买了一张彩票，并真的中了彩！他赚了50万马克。

"你瞧！"他的朋友都对他说，"你多走运啊！现在你还经常画画吗？"

"我现在就只画支票上的数字！"尤利乌斯笑道。

尤利乌斯买了一幢别墅并对它进行了一番装饰。他很有品位，买了许多好东西：维也纳橱柜、佛罗伦萨小桌、迈森瓷器，还有古老的威尼斯吊灯。

尤利乌斯很满足地坐下来，点燃一支香烟静静地享受他的幸福。突然，他感到好孤单，便想去看看朋友。如同在原来那个石头做的画室里一样，他把烟往地上一扔，然后就出去了。

燃烧着的香烟躺在地上，躺在华丽的地毯上……一个小时以后，别墅变成一片火的海洋，它完全烧没了。

朋友们很快就知道了这个消息，他们都来安慰尤利乌斯。

"尤利乌斯，真是不幸呀！"他们说。

"怎么不幸了？"他问。

"损失呀！尤利乌斯，你现在什么都没有了。"

"什么呀？不过是损失了2个马克。"

走出囚禁思维的栅栏

有时，我们固有的思维就是囚禁自己的"栅栏"，要还创造力以自由，首先要做的便是突破常规思维。

世界上没有两片完全相同的树叶，同样，世界上也没有两个完全相同的人。每个人自身的独特性，造成其别具一格的思维方式，每个人都可以走出一条与众不同的发展道路来。但保持个性的同时，也应追求突破创新，否则，你将陷入自身的思路的"圈套"当中。

每个人都会有"自身携带的栅栏"，若能及时地从中走出来，实在是一种可贵的警悟。独一无二的创新精神，勇于进取，绝不自损、自贬，在学习生活中勇于独立思考，在日常生活中善于注入创意，在职业生活中精于自主创新，正是能够从自我囚禁的"栅栏"里走出来的鲜明标志。形成创造力自囚的"栅栏"，通常有其内在的原因，是由于思维的知觉性障碍、判断力障碍以及常规思维的惯性障碍所导致的。知觉是接受信息的通道，知觉的领域狭窄，通道自然受阻，创造力也就无从激发。这条通道要保持通畅，才能使信息流丰盈、多样，使新信息、新知识的获得成为可能，使得信息检索能力得到锻炼，不断增长其敏锐的接收能力、详略适度的筛选能力和信息精化的提炼能力，这是形成创新心态的重要前提。判断性障碍大多产生于心理偏见和观念偏离。要使判断恢复客观，首先需要矫正心理视觉，使之采取开放的态度，注意事物自身的特性而不囿于固有的见解或观念。这在新事物迅猛增殖、新知识快速增加的当今时代，尤其值得重视。

要从自囚的"栅栏"走出来，还创造力以自由，首先就要还思维状态以自由，突破常规思维。在此基础上，对日常生活保持开放的、积极的心态，对创新世界的人与事，持平视的、平等的姿态，对创造活动，持成败皆为收获、过程才最重要的精神状态，这样，我们将有望形成十分有利于创新生涯的心理品质，并且及时克服内在消极因素。

成功的人往往是一些不那么"安分守己"的人，他们绝对不会因取得一些小小的成绩而沾沾自喜，获得一点小成功就停下继续前行的脚步。因此，只有突破旧我，才能获得又一次的蜕变，人生才会呈现更好的局面。

一位雕塑家有一个 12 岁的儿子。儿子要爸爸给他做几件玩具，雕塑家只是慈祥地笑笑，说："你自己不能动手试试吗？"

为了制好自己的玩具，孩子开始注意父亲的工作，常常站在大台边观看父亲运用各种工具，然后模仿着运用于玩具制作。父亲也从来不向他讲解什么，放任自流。

一年后，孩子初步掌握了一些制作方法，玩具造得颇像个样子。这样，父亲偶尔会指点一二。但孩子脾气倔，从来不将父亲的话当回事，我行我素，自得其乐。父亲也不生气。

又一年，孩子的技艺显著提高，可以随心所欲地摆弄出各种人和动物形状。孩子常常将自己的"杰作"展示给别人看，引来诸多夸赞。但雕塑家总是淡淡地笑，并不在乎。

有一天，孩子存放在工作室的玩具全部不翼而飞，父亲说："昨夜可能有小偷来过。"孩子没办法，只得重新制作。

半年后，工作室再次被盗。又半年，工作室又失窃了。孩子有些怀疑是父亲在捣鬼：为什么从不见父亲为失窃而吃惊、防范呢？

一天夜晚，儿子夜里没睡着，见工作室灯亮着，便溜到窗边窥视，只见父亲背着手，在雕塑作品前踱步、观看。好一会儿，父亲仿佛做出某种决定，一转身，拾起斧子，将自己大部分作品打得稀巴烂！接着，父亲将这些碎土块堆到一起，放上水重新混合成泥巴。孩子疑惑地站在窗外。这时，他又看见父亲走到他的那批小玩具前！父亲拿起每件玩具端详片刻，然后，将儿子所有的自制玩具扔到泥堆里搅和起来！当父亲回头的时候，儿子已站在他身后，瞪着愤怒的眼睛。父亲有些羞愧，吞吞吐吐道："我，是，哦，是因为，只有砸烂较差的，我们才能创造更好的。"

10 年之后，父亲和儿子的作品多次同获国内外大奖。

父亲不愧是位雕塑家，他不但深谙雕塑艺术品的精髓，更懂得如何雕塑儿子的"灵魂"。每一个渴望成功的人都必须谨记：只有不断突破自我，超越以往，你才能开创出更美好、更辉煌的人生来。

甩掉"金科玉律"的束缚

很多所谓的金科玉律，只是些陈见和偏见罢了。谁信奉它，谁就会受制于它。

我们从小就会被教导不能做这，不能做那，久而久之就形成了一种固定的观念。这些观念成为了我们行走社会的"金科玉律"，它们让我们少受挫折的同时，也常常阻碍着我们去开拓新的人生格局。这些观念禁锢着我们的大脑，侵蚀着我们的潜能。因此，要改变命运，我们就得先从改变观念开始。

大家都记得这句金科玉律："想要别人怎样对待你，就先怎样对待别人。"这可能是一句大家从小就学到，且会拿来教导孩子的至理名言。

遗憾的是，若把这句名言应用到组织问题上，问题可就大了。

这句金科玉律的假定是，你喜欢的对待方式会跟其他人喜欢的对待方式一样。这就是"先怎样对待别人"的立论。把这种观点应用在解决组织问题时，就等于是说在协调冲突、决策和搜集信息上，你会跟大家的看法一致。

很多人把这句名言当成个人生活的策略。我们也这样处理周遭发生的事。但把这句名言当成策略，很可能会陷入本位主义的泥潭。因为这句名言假定，自己的看法就是他人的看法。因此，自己所想的，就是适当、正确的。如果你就是在这种"金科玉律"教导下长大的，难免会养成这种思考逻辑。不过，如果你以不同的观点思考，就能开启许多前所未有的成功之门。

我们被自己对世界的偏见所蒙蔽，看不到个人见解的可笑和荒谬。这种狭隘的观念，直接影响了我们在处理变革引发的差异时，采取的决策和行动。

如果你认为所有看待事情的观点是绝不相同的，那在处理变革差异的冲突及协商决策时，会相当危险。尤其在一意孤行地盲从自己的观点，不考虑他人时，情况便会更危险。

要真正有效处理变革所引起的差异，就得具备求同存异的能力，适时从别人的观点和立场来看事情。要这么做就必须把先前的金科玉律改变一下，换成新版的："以别人想被对待的方式对待他们。"其实，只要观念上稍微调整一下，变革的成效就有天壤之别。

在我们生活的世界中，存在着各种各样的"应该"、"必须"等条条框框，它们编织了一个很大的误区，将现实生活中的人们网罗其中，而我们很多人往往习以为常、不假思索地照"章"行事。

我们每个人都生活在一个社会群体中，因此，我们不可能是一个完全孤立的个体，我们的思想和行为可能时时受到世俗的约束与制约。对于这些规则和方针，你也许不以为然，但同时又无法摆脱束缚，无法确定自己应该遵循哪些适用的规则和方针。

任何事物都不是绝对的。任何规则或法律都不能保证在各种场合均能适用，或取得最佳效果。相比之下，具体情况具体分析的原则应成为我们生活和行事的准则。然而，你可能会发现，违反一条不适用的规定或打破一种荒谬的传统却很困难，甚至不可能。顺应社会潮流有时的确不失为一种生存的手段，然而如果走向极端，这也会成为一种神经过敏症。在某些情况下，按条条框框办事甚至会使你情绪低落、忧心忡忡。

林肯曾经说过："我从来不为自己确定永远适用的政策。我只是在每一具体时刻争取做最合乎情理的事情。"他没有使自己成为某项具体政策的奴隶，即使对于普遍性政策，他也并不强求在各种情况下都加以实施。

如果一种规定或规矩妨碍着人们的精神健康，阻碍着人们去积极生活，它就是不健康的。如果你知道这种规矩是消极而令人讨厌的，而你又一直遵守规矩，那你就陷入了人生的另一种误区——你放弃了自我选择的自由，让外界因素控制了自己。生活中有两种类型的人，即外界控制型与内在控制型。认真分析一下自己属于哪种类型，这将有助于你进一步审视自己生活中的大量误区性条条框框。

杰克是一位公司员工，他经常与妻子在家争吵，以至于发生婚姻危机。后来，他找到一位心理咨询专家，听了杰克的诉说后，专家给他提出了一条建议："不要总是试图向你妻子表明她错了，你不妨只同她讨论而不去辩明谁对谁错。只要你不再强求她接受你的意见，你也就不必自寻烦恼，不必为证实自己是正确的而无休止地争吵了。"后来，杰克试着做了，果然很奏效。一旦遇到相反的观点和看法，他不再与妻子争论不休，要么与之讨论，要么回避不谈。一段时间以后，夫妻关系明显得到了改善。

其实，各种是非观念都代表着一种"应该"框框。这些条条框框会妨碍你，当你的条条框框与他人发生冲突时，尤其如此。在我们的生活中不乏一些优柔寡断之人，他们无论大事还是小事都难以做出决定。究其原因，人们之所以优柔寡断，是因为他们总希望做出正确的选择，他们以为通过推迟选择便可以避免犯错误，从而避免忧虑。有一位患者去求助心理医生，当医生问他是否很难做出决定时，他回答道："嗯……这很难说。"

你或许觉得自己在很多事情上也难以做出决定，甚至在小事上也是如此。这是习惯于以是非标准衡量事物的直接后果。如果当你要做出某些决定时，能抛开一些僵化的是非观念，而不顾忌什么是是非非，你将轻而易举地做出自己的决定。如果你在报考大学时竭力要做出正确的选择，则很可能不知所措，即使做出决定后，也还会担心自己的选择可能是错误的。因此，你可以这样改变自己的思维方法："所谓最好、最合适的大学是不存在的，每一所大学都有其利与弊。"这种选择谈不上对与错，仅仅是各有不同而已。

衡量是否更适合生活的标准并不在于能否做出正确的选择。你在做出选择之后，控制情感的能力则更为明确地反映出自我抑制能力，因为一种所谓正确的标准包含着我们前面谈到的"条条框框"，而你应当努力打破这些条条框框。这里提出的新的思维方法将在两个方面对你有所帮助：一方面，你将完全摆脱那些毫无意义的"应该"标准；另一方面，在消除了是非观念误区之后，你便能够更加果断地做出各种决定。

生活是不断变化的，观念也要不断地更新。无数的事实告诉我们，成功的喜悦总是属于那些思路常新、不落俗套的人。因此，想别人所不敢想，做别人所不敢做，往往会为我们创造意想不到的机遇。

你的生命有什么可能

创新并不是什么高深的学问，它确有方法可循，简单的改变往往就能收获到巨大的成功。

一个没有创新能力的人是可悲的人，一个没有创新意识的人是缺少希望的人。一个人若想改变当前的境遇，必须不断创新。只有锐意创新，成功才会降临到你头上。

日本有一家高脑力公司。公司上层发现员工一个个萎靡不振，面色憔悴。经咨询多方专家后，他们采纳了一个最简单而别致的治疗方法——在公司后院中用圆滑光润的 800 个小石子铺成一条石子小道。每天上午和下午分别抽出 15 分钟时间，让员工脱掉鞋在石子小道上随意行走散步。起初，员工们觉得很好笑，更有许多人觉得在众人面前赤足很难为情。但时间一久，人们便发现了它的好处。原来这是极具医学原理的物理疗法，起到了一种按摩的作用。

一个年轻人看了这则故事，便开始着手他火红的生意。他请专业人士指点，选取了一种略带弹性的塑胶垫，将其截成长方形，然后带着它回到老家。老家的小河滩上全是光洁漂亮的小石子。在石料厂将这些拣选好的小石子一分为二，一粒粒稀疏有致地粘满胶垫。干透后，他先上去反复试验感觉，反复修改了好几次后，确定了样品，然后就在家乡批量生产。后来，他又把它们分为好几个规格，产品一生产出来，他便尽快将产品鉴定书等手续一应办齐，然后在一周之内就把能代销的商店全部上了货。将产品送进商店只完成了销售工作的一半，另一半则是要把这些产品送进顾客手里。随后的半个月内，他每天都派人去做免费推介员。商店的代销稳定后，他又开拓了一项上门服务：为大型公司在后院中铺设石子小道；为幼儿园、小学在操场边铺设石子乐园；为家庭铺装室内石子过道、石子浴室地板、石子健身阳台等。一块本不起眼的地方，一经装饰便成了一块小小的乐园。

紧接着，他将单一的石子变换为多种多样的材料，如七彩的塑料、珍贵的玉石，以满足不同人士的需要。

800 粒小石子就此铺就了一个人的成功之路。

不要担心自己没有创新能力，慧能和尚说："下下人有上上智。"创新能力与其他能力一样，是可以通过教育、训练而激发出来并在实践中不断得到提高的。它是人类共有的可开发的财富，是取之不尽、用之不竭的"能源"，并非为哪个人、哪个民族、哪个国家所专有。

因此，人人都能创新。

你现在需要做的就是不断激发自己的创新能力，多一些想法，多一些创造。那么成功迟早会来临。

培育创新能力要克服创新障碍，更要懂得方法。该如何培育创新能力呢？下面的 4 个步骤将给你提供帮助。

1. 全面深入地探讨创新环境

创新不是在真空中产生，而是来自艰苦的工作、学习和实践。如果你正为一项工作绞尽脑汁，想在这个具体的问题上有所建树，那么，你需要全身心地投入到这项工作中，对其关键的问题和环节做深入的了解，对这项工作进行批判的思考，通过与他人讨论来搜集各种各样的观点，思考你自己在这个领域的经验。总之，要全面深入地探讨创新环境，为创新准备"土壤"。

2. 让脑力资源处于最佳状态

在对创新环境有了全面的认识之后，就可以把你的精力投入到手头的工作上来了。要为你的工作专门腾出一些时间，这样你就能不受干扰，专注于你的工作了。当人们专注于创新的这个阶段时，他们一般就完全意识不到发生在他们周围的事，也没有了时间的概念。当你的思维处于这种最理想的状态时，你就会竭尽全力地做好你的工作，挖掘以前尚未开发的脑力资源—— 一种深入的、"大脑处于最佳工作状态"的创新思路。

让脑力资源处于最佳状态，对于"思想做好准备"是很必要的，我们可以通过以下几种方式来做到让脑力资源处于最佳状态：

（1）调节。当我们进入教堂，我们就会使自己适应这里的气氛，表现出专注和认真，你可以用同样的方式来调节你在学习环境中的注意力，在选择学习环境时，要考虑到它是否有利于你专心。

（2）心理习惯。每个人都具有大量的习惯性的行为，有的行为是积极的，有的则是消极的，大多数则居于两者之间。学习需要全身心地集中和投入，这意味着你要改掉影响全身心投入的坏习惯，如同时总想做好几件事，或用有限的时间去完成很重要的任务。同时，要使脑力资源处于最佳状态，还包括要养成新的心理习惯：找一个合适的地方，调配足够的时间，以及进行认真的和有创意的思考。这些新的习惯可能需要你付出更大的努力，耗费更大的心血，但是，这些行为很快就会成为你自然的和本能的一部分。

（3）冥想。大脑充斥着思想、感情、记忆、计划——所有这一切都在竞争，想引起你的注意。在你整日沉浸于来自方方面面的刺激，需要从身心上做出反应时，这种大脑"吵架"的现象更为严重。为了专注于从事创新，你需要净化和清理你的大脑。做到这一点的一个有效的方法就是做冥想练习。

3. 运用技巧促使新思维产生

创新的思考要求你的大脑松弛下来，在不同的事情之间寻找联系，从而产生不同寻常的可能性。为了把自己调整到创新的状态上来，你必须从你熟悉的思考模式，以及对某事的固定成见中摆脱出来。为了用新的观点看问题，你必须能打破看问题的习惯方式。为了避免习惯的束缚，你可以用以下几种技巧来活跃你的思维。

（1）群策攻关法。群策攻关法是艾利克斯·奥斯伯恩于1963年提出的一种方法：与他人一起工作从而产生独特的思想，并创造性地解决问题。在一个典型的群策攻关期间，一般是一组人在一起工作，在一个特定的时间内提出尽可能多的思想。提出了思想和观点以后，并不对它们进行判断和评价，因为这样做会抑制思想自由地流动，阻碍人们提出建议。批判的评价可推迟到后一个阶段。应鼓励人们在创造性地思考时，善于借鉴他人的观点，因为创造性的观点往往是多种思想交互作用的结果。你也可以通过运用你思想无意识的流动，以及你大脑自然的联想力，来迸发出你自己的思想火花。

（2）创造"大脑图"。"大脑图"是一个具有多种用途的工具，它既可用来提出观点，也可用来表示不同观点之间的多种联系。你可以这样来开始你的"大脑图"：在一张纸的中间写下你主要的专题，然后记录下所有你能够与这个专题有联系的观点，并用连线把它们连起来。让你的大脑自由地运转，跟随这种建立联系的活动。你应该尽可能快地思考，不要担心次序或结构，让其自然地呈现出结构，要反映出你的大脑自然地建立联系和组织信息的方式。一旦完成了这个过程，你能够很容易地在新的信息和你不断加深理解的基础上，修改其结构或组织。

4. 留出充裕的酝酿时间

把精力专注于你的工作任务之后，创新的下一个阶段就是停止你的工作，为创新思想留出酝酿时间。虽然你的大脑已经停止了积极的活动，但是，你的大脑仍在继续运转——处理信息，使信息条理化，最终产生创新的思想和办法。这个过程就是大家都知道的“酝酿成熟”的阶段，它反映了创新思维的诞生过程。当你在从事你的工作时，你从事创新的大脑仍在运转着，直到豁然开朗的那一刻，酝酿成熟的思想最终会喷薄而出，出现在你大脑意识层的表面上。最常见的情况是这样的，当参加一些与某项工作完全无关的活动时，这个豁然开朗的时刻常常会来临。

创新并不神秘，但它的力量却异常的强大和神奇。为了在现代竞争中占据一席之地，不断地创新是唯一的出路。

换一个角度，换一片天地

很多情况下，制造痛苦的并非事件本身，而是我们自己。

有一位哲人曾经说过：“我们的痛苦不是问题的本身带来的，而是我们对这些问题的看法而产生的。”这句话很经典，它引导我们学会解脱，而解脱的最好方式是面对不同的情况，用不同的思路去多角度地分析问题。因为事物都是多面性的，视角不同，所得的结果就不同。

有时候，人只要稍微改变一下思路，人生的前景、工作的效率就会大为改观。

当人们遇到挫折的时候，往往会这样鼓励自己：“坚持就是胜利。”有时候，这会让我们陷入一种误区：一意孤行，不撞南墙不回头。因此，当我们的努力迟迟得不到结果的时候，就要学会放弃，要学会改变一下思路。其实细想一下，适时地放弃不也是人生的一种大智慧吗？改变一下方向又有什么难的呢？

一位中国商人在谈到卖豆子时，显示出了一种了不起的激情和智慧。

他说：如果豆子卖得动，直接赚钱好了。如果豆子滞销，分三种办法处理：

第一，将豆干沤成豆瓣，卖豆瓣。

如果豆瓣卖不动，腌了，卖豆豉；如果豆豉还卖不动，加水发酵，改卖酱油。

第二，将豆子做成豆腐，卖豆腐。

如果豆腐不小心做硬了，改卖豆腐干；如果豆腐不小心做稀了，改卖豆腐花；如果实在太稀了，改卖豆浆。如果豆腐卖不动，放几天，改卖臭豆腐；如果还卖不动，让它长毛彻底腐烂后，改卖腐乳。

第三，让豆子发芽，改卖豆芽。

如果豆芽还滞销，再让它长大点，改卖豆苗；如果豆苗还卖不动，再让它长大点，干脆当盆栽卖，命名为"豆蔻年华"，到城市里的各间大中小学门口摆摊和到白领公寓区开产品发布会，记住这次卖的是文化而非食品。如果还卖不动，建议拿到适当的闹市区进行一次行为艺术创作，题目是"豆蔻年华的枯萎"。记住以旁观者身份给各个报社写个报道，如成功可用豆子的代价迅速成为行为艺术家，并完成另一种意义上的资本回收，同时还可以拿点报道稿费。如果行为艺术没人看，报道稿费也拿不到，赶紧找块地，把豆苗种下去，灌溉施肥，3个月后，收成豆子，再拿去卖。

如上所述，循环一次。经过若干次循环，即使没赚到钱，豆子的囤积相信不成问题，那时候，想卖豆子就卖豆子，想做豆腐就做豆腐！

换个思路，换个角度，变通一下，总会有新的方向和市场。一条路走到黑只会是头破血流，不妨绕道而行，自己的状况也会取得突破。

对于每个人来说，思维定式使头脑忽略了定式之外的事物和观念。而根据社会学、心理学和脑科学的研究成果来看，思维定式似乎是难以避免的。不过经实验证明，人类通过科学的训练还是能够从一定程度上削弱思维定式的强度的，那么，这种训练方法是什么呢？答案是：尽可能多地增加头脑中的思维视角，拓展思维的空间。

美国创造学家奥斯本是"头脑风暴法"的发明人。为了促进人们大胆进行创造性想象、提出更多的创造性设想，奥斯本提出著名的思想原则，以激励人们形成"激烈涌现、自由奔放"的创造性风格。

1. 自由畅想原则

指思维不受限制，已有的知识、规则、常识等种种限定都要打破，使思维自由驰骋。破除常规，使心灵保持自由的状态，对于创造性想象是至关重要的。

例如，从事机械行业的人习惯于用车床切割金属。在车床上直接切割部件的是车刀，它当然要比被切割的金属坚硬。那么，切割世界上已知最硬的东西该怎么办呢？显然无法制出更硬的车刀，于是，善于进行自由畅想的技师发明了电焊切割技术。

2. 延迟评判原则

指在创造性设想阶段，避免任何打断创造性构思过程的判断和评价。日本一家企业的管理者在给下属布置任务时指出：只要是有关业务的合理性建议，一律欢迎，不管多么可笑，想说就说出来。但他强调，绝不允许批评别人的建议。虽然开始大家有些拘谨，但后来气氛越来越活跃。结果，征集到了 100 多条合理性建议，企业的发展因此出现了大幅度的飞跃。

3. 数量保障质量原则

指在有限的时间内，提出一定的数量要求，会给设想的人造成心理上的适当压力，往往会减少因为评判、害怕而造成的分心，提出更多的创造性设想。在实践中，奥斯本发现，创造性设想提得越多，有价值的、独特的创造性设想也越多，创造性设想的数量与创造性设想的质量之间是有联系的。数量保障质量原则就是利用了这一规律。

4. 综合完善原则

指对于提出的大量的不完善的创造性设想，要进行综合和进一步加工完善的工作，以使创造性设想更加完善和能够实施。

奥斯本的四项原则，虽然是用于小组创造活动的，但是，这四条原则保障创造性设想过程能够顺利进行，因此，对于个人进行创造性思维启发是巨大的。

要解决一切困难是一个美丽的梦想，但任何一个困难都是可以解决的。一个问题就是一个矛盾的存在，只要在矛盾之中，尝试着拓展思路去看问题，寻找到一个合适的矛盾节点，就可以迎来一个柳暗花明的新局面。

别让"约拿情结"毁了你

"约拿情结"的典故出自《圣经》，却高度概括了人的一种状态。人渴望成功又害怕面对成功，内心一直在积极与消极的两端徘徊。其实，这种心理迷茫状态来源于内心深处的恐惧感，而这种深层的恐惧心理，也成了人生最严重的致命伤。

约拿是《圣经》中的人物。据说上帝要约拿到尼尼微城去传话，这本是一种崇高的使命和荣誉，也是约拿平素所向往的。但一旦理想成为现实，他又感到一种畏惧，觉得自己不行，想回避即将到来的成功，想推却突然降临的荣誉。这种在成功面前的畏惧心理，心理学家们称之为"约拿情结"。

约拿情结是一种普遍的心理现象。我们想取得成功，但成功以后，又总是伴随着一种心理迷茫。我们既自信，又自卑，我们既对杰出人物感到敬仰，又总是心怀一种敌意。我们敬佩最终取得成功的人，而对成功者，又怀有一种不安、焦虑、慌乱和嫉妒。我们既害怕自己最低的可能性，又害怕自己最高的可能性。

说到底，"约拿情结"是一种内心深层次的恐惧感。这种恐惧感往往会破坏一个人的正常能力。

恐惧使创新精神陷于麻木；恐惧毁灭自信，导致优柔寡断；恐惧使我们动摇，不敢做任何事情；恐惧还使我们怀疑和犹豫。恐惧是能力上的一个大漏洞，而事实上，有许多人把他们一半以上的宝贵精力浪费在毫无益处的恐惧和焦虑上面了。

恐惧虽然阻碍着人们力量的发挥和生活质量的提高，但它并非不可战胜。只要人们能够积极地行动起来，在行动中有意识地纠正自己的恐惧心理，那它就不会再成为我们的威胁。

勇敢的思想和坚定的信念是治疗恐惧的天然药物，勇敢和信心能够中和恐惧，如同在酸溶液里加一点碱，就可以破坏酸的腐蚀力一样。

对此，我们不妨多加了解一下。

有一个文艺作家对创作抱着极大的野心，期望自己成为大文豪。美梦未成真前，他说："因为心存恐惧，我眼看一天过去了，一星期、一年也过去了，仍然不敢轻易下笔。"

另有一位作家说："我很注意如何使我的心力有技巧、有效率地发挥。在没有一点灵感时，也要坐在书桌前奋笔疾书，像机器一样不停地动笔。不管写出的句子如何杂乱无章，只要手在动就好了，因为手到能带动心到，从而慢慢地将文思引出来。"

初学游泳的人，站在高高的水池边要往下跳时，都会心生恐惧。如果壮大胆子，勇敢地跳下去，恐惧感就会慢慢消失，反复练习后，恐惧心理就不复存在了。

倘若很神经质地怀着完美主义的想法，进步的速度会受到限制。如果一个人恐惧时总是这样想："等到没有恐惧心理时再来跳水吧，我得先把害怕退缩的心态赶走才可以。"这样做的结果往往是把精神全浪费在消除恐惧感上了。

这样做的人一定会失败，为什么呢？人类心生恐惧是自然现象，只有亲身行动才能将恐惧之心消除。不实际体验，只是坐待恐惧之心离你远去，自然是徒劳无功的事。

在不安、恐惧的心态下仍勇于作为，是克服神经紧张的处方，它能使人在行动之中，获得活泼与生气，渐渐忘却恐惧心理。只要不畏缩，有了初步行动，就能带动第二、第三次的出发，如此一来，心理与行动都会渐渐走上正确的轨道。

人生不设限，唤醒心中的巨人

人的悲哀不在于他们不去努力，而在于他们总爱给自己设定许多的条条框框，这种条框无意之间限制了他们想象的空间，以及创造的潜能和奋进的范围。看似一天到晚在忙碌，实际上自己已经套上了可怕的"金箍罩"，最终注定碌碌无为。

科学家曾做过一个有趣的实验：

他们把跳蚤放在桌上，一拍桌子，跳蚤立即跳起，跳起高度均在其身高的100倍以上，堪称世界上跳得最高的动物。然后他们在跳蚤头上罩一个玻璃罩，再让它跳。第一次跳蚤就碰到了玻璃罩，连续多次碰壁后，跳蚤改变了起跳高度以适应环境，每次跳跃高度总保持在罩顶以下。接下来，科学家逐渐改变玻璃罩的高度，这使跳蚤都在碰壁后主动改变跳跃的高度。最后，玻璃罩接近桌面，这时跳蚤已无法再跳了。于是，科学家把玻璃罩打开，再拍桌子，跳蚤仍然不会跳，变成"爬蚤"了。

跳蚤变成"爬蚤"，并非是它已丧失了跳跃的能力，而是一次次的受挫使它学乖了，习惯了，麻木了。最可悲之处在于，实际上玻璃罩已经不存在了，它却连"再试一次"的念头都没有了。玻璃罩已经罩在了它的潜意识里，罩在了它的心灵上。行动的欲望和潜能被自己扼杀了！科学家把这种现象叫作"自我设限"。

"自我设限"是人生的最大障碍，如果想突破它，我们就必须不怕碰壁。这时我们就用得着"饥渴精神"了。如果那只跳蚤永远想着"外面有美味可以填饱肚子"，那它就永远都不会放弃跳跃，除非生命终结。

无独有偶。自然科学家法布尔也曾利用毛毛虫做过一次很不寻常的试验。这些毛毛虫总是盲目地跟着前面的毛毛虫走，所以它们又叫"游行毛毛虫"。法布尔很小心地安排，使它们围着花瓶的边缘走成一个圆圈。花瓶的旁边则放了一些松针，这是毛毛虫喜欢的食物。毛毛虫开始绕着花瓶走，它们一圈又一圈地走，一连7天7夜，一直围着花瓶团团转。最后，终于因饥饿与筋疲力尽而死去。在不到6寸远的地方就有很丰富的食物，而它们却饥饿而死，因为它们把活动与成就弄混了。

许多人像毛毛虫一样，放弃主宰自己的生命和命运，按别人的意愿过日子，却不能够自主地生活。这种人最突出特点就是盲从，他们没有目标，就像一艘没有舵的船，永远漂流不定，所以只会到达失望、失败和丧气的海滩。

许多人犯了毛毛虫所犯的错误，结果只从丰富的生活中获得了很小的一部分。他们跟着大家绕圈子，根本不到别的地方去。他们遵循既定的方法与步骤，没有别的理由，因为"大家都那样做"和"大家都认为应该那样做"。其实，深究起来，这两个小实验的结果揭示了极为深刻的寓意。

敢于打破自我设定的障碍，多一点超越，少一点盲从，世界会不一样。

任何人都应该有这样一种抱负，那就是在生命中做一些独特的、带有个人特征的事情，从而使自己免于平庸和世俗，并使自己远离毫无目标、无精打采的生活。最理想的抱负就是植根于现实土壤的切实目标，在自身能力范围之内尽可能地追求卓越。

所以说，真正需要唤醒的是你自己，我们每个人都应当尽可能地挖掘自身的潜能，激发自己的雄心壮志。

很多时候，某些我们极其敬仰的人给予我们的信任和鼓励，或者是当有些人对我们表示怀疑时另一些人却毫不犹豫地对我们的才能表示肯定，都可能激发起我们的雄心，并使我们在一瞬间看到无穷的机会。或许在当时我们并没有对此给予太多的关注，但是，它很可能成为我们职业生涯中的一个转折点。

在生活中，无数的人在阅读一本激励人心的书或一篇感人至深的励志美文时，突然感到灵光一闪，蓦地发现了一个崭新的自我。如果没有这样的一些书或文章，他们可能会永远对自身的真实能力懵懂无知。任何能够使我们真正认识自己，能够唤醒我们的全部潜能的东西都是无价之宝。

问题在于，我们中的绝大多数人从来没有被唤醒过，或者是直到生命的晚年才真正认识自身的能力，但是为时已晚，再也不可能有大的作为了。因此，在我们年轻时就应当对自身的潜能有一个清醒的认识，唯其如此，我们才可能有效地发掘生命的潜力，从而最大程度地实现自我的价值。

大多数人在撒手人寰时，还有相当大的一部分潜能根本就没有被开发。他们只使用了自身能力中很小的一部分，而其他更珍贵的财富却白白地闲置在那儿，原封未动。

因此，最大化地开发一个人的潜能，已成为每个人一生要面对的重要命题。那么如何才能做到让潜能淋漓尽致地开发出来呢？其实，潜能开发的途径有许多，但从成功学的角度而言，主要有 4 个方面，即"诱、逼、练、学"。

"诱"就是引导

寻求更大领域、更高层次的发展，是人生命意识中的根本需求。"这山望着那山高"、"喜新厌旧"是人的本性。因此，具有主体自觉意识的自我，有理性的自我，是绝不愿意停留在任何一种狭小的、有限的状态之中的，而是总想不断开拓以取得更大的发展，从而更好地生存的。这种炽热的、旺盛的发展需要，是渴望成功的表现，是潜能蓄势待发的前兆。只要对这种发展意识给予有益的暗示、引导、规划和培育，就能很好地激发并释放潜能。

"逼"就是逼迫

人是一个复杂的矛盾体，既有求发展的需要，又有安于现状、得过且过的惰性。能够卧薪尝胆、自我警醒的人少之又少，更多的人需要的是鞭策和当头棒喝式的促动，而"逼"就是"最自然"的好办法。人们常说的"压力就是动力"，就是这个意思。

因此，被逼不是"无奈"，被逼是福。

要么你是被"看得起"委以重托，要么是有好运气，否则别人不会"逼"到你的头上来。

被逼，心态就会改变；被逼，就会有明确的目标；被逼，就会分清轻重缓急，抓紧时间；被逼，就会马上行动。不寻求突破，不创新，就休想跨过这道坎。于是潜能在一逼之下因迅速集聚而爆发，如同核聚变。

逼自己，就是战胜自己，必须比过去的自己更好；逼自己，就是超越竞争，必须比别人更好。别人想不到的，我要想到；别人不敢想的，我敢想；别人不敢做的，我来做；别人认为做不到的，我一定要做到。潜能的力量是巨大的！

人的潜能也遵循着"马太效应"，越开发，越使用，就越多越强。

生命力是从压力中体现出来的。生命力就是创新能力，就是创造力，就是人的潜能，也就是竞争力。

"练"就是练习

此处特指专家为开发人的潜能而专门设计的练习、题目、测验、训练，如脑筋急转弯、一分钟推理等，多做有益。另外还包括"潜意识理论与暗示技术""自我形象理论与观想技术""成功原则和光明技术""情商理论与放松入静技术"等。

"学"就是学习

学习绝对是增加潜能基本储量及促使潜能发挥的最佳方法。知识丰富必然联想丰富，而智力水平则取决于神经元之间信息联接的广度和信息量。

如果没有得到奇迹，就成为一个奇迹

正是我们今天的思考和努力，预知和把握着未来的蓝图。一切皆有可能，只要敢于冲破思想的樊篱。

昨天的努力，今天的奋斗，都是为了赢得明天的辉煌。明天是未知的，是不可猜测的，但我们却可以利用超前思维预知和把握未来。综观无数成功案例，杰出人士就是靠超前思维拨开了现实的层层迷雾，突破了发展道路上的重重障碍，最终看到了胜利的曙光。

思想超前，用中国一句古话来形容就是未雨绸缪，以长远的眼光，对未来早做谋划。思想超前的人，能够洞悉种种隐匿未现的机遇，从而早做准备，果断出击，实现"无中生有"的目标。

要走无中生有的路，就要运用超前思维以"见人所未见""为人所未为"。套用鲁迅名言："无路处本来就是创新的路。"要走无中生有的路，就要有魄力、有决心、有方法，搭别人的车走自己的路，或借用别人的路，行自己的车；要走无中生有的路，还要有很高的心理素质。

创新意味着机会，同时也意味着风险。要走无中生有的路，要想做出无米之炊，没有点胆量、气魄是万万不能的，因此，谁要想走出人所未走之路，谁要想成人所未成之功，谁就要不畏惧失败，要勇于承受风险。

威尔士是美国东北部哈特福德城的一位牙科医生，是西方世界医学领域对人体进行麻醉手术的最早试验者。在威尔士以前，西方医学界还没有找到麻醉人体之法，外科手术都是在极残酷的情况下进行的。

后来，在英国化学家戴维发现笑气（氧化亚氮）以后，1844年，美国化学家考尔顿考察了笑气对人体的作用，带着笑气到各地做旅行演讲，并做笑气"催眠"的示范表演。这天他来到美国东北部哈特福特城进行表演，不想在表演中发生了意外。那是在表演者吸入笑气之后，由于开始的兴奋作用，病人突然从半昏睡中一跃而起，神志错乱地大叫大闹着，从围栏上跳出去追逐观众。在追逐中，由于他神志错乱，动作混乱，大腿根部一下子被围栏划破了个大口子，鲜血涌泉般地流淌不止，在他走过的地上留下一道殷红的血印。围观的观众早被表演者的神经错乱所惊呆，这时又见表演者不顾伤痛向他们追来，更是惊吓不已，都惊叫着向四周奔去，表演就这样匆匆收了场。

这场表演虽结束了，但表演者在追逐观众时腿部受伤而丝毫没有疼痛的现象，却给现场的牙科医生威尔士留下了非常深刻的印象。于是他立即开始对氧化亚氮的麻醉作用进行实验研究。

1845年1月，威尔士在实验成功之后，来到波士顿一家医院公开进行无痛拔牙表演。表演开始，威尔士先让病人吸入氧化亚氮，使病人进入昏迷状态，随后便做起了拔牙手术。但不巧，由于病人吸入氧化亚氮气体不足，麻醉程度不够，威尔士的钳子夹住病人的牙齿刚刚往外一拔，便疼得那位病人"啊呀"一声大叫起来。众人见之先是一惊，随之都对威尔士投去轻蔑的眼光，指责他是个骗子，把他赶出了医院。

威尔士表演失败了，他的精神也崩溃了。他转而认为手术疼痛是"神的意志"，于是他放弃了对麻醉药物的研究。

可是他的助手摩顿与其不同，摩顿开始了自己的探索。1846年10月，摩顿在威尔士表演失败的波士顿医院当众再做麻醉手术实验。结果在众目睽睽之下，他获得了成功。

"无中生有"是需要气魄、胆识和毅力的，在"无中生有"的创新之路上，往往有失败和风险同行。成功属于能够不畏艰险，善于从失败中汲取经验并坚持到底的人。

失败往往是促进进步、产生创新的良方。一次失利并不等于最终失败，惧怕失败而不敢创新的人，就如同害怕跌倒而停步不前的人。要开辟一条"无中生有"的创新之路，首先得准备接受失败的打击，把它看作成功创新的必经之路。

打破常规，自己订立游戏规则

规则不是不能改变的。运用自己的智慧，自己订立游戏规则，你就能掌握命运的主动权。

我们生活在一个充满了规则的世界，做任何事都必须遵守规则。规则保证了世界秩序的有效运转，但另一方面它也限制了人发挥他的能力。

很多人墨守成规，虽然也能解决问题，但是往往缺乏效率与新意。而打破常规，我们以各种角度来看待问题，这样就能更容易地抓住问题的关键，并据此订立新的规则，有针对性地解决问题。这种解决问题的方式既有效率，又有新意。

在一次企业管理培训班上，培训师要求大家做一个游戏。十几个学员平均分为两队，要把放在地上的两串钥匙捡起来，从队首传到队尾。规则是必须按照顺序，并使钥匙接触到每个人的手。比赛开始并计时后，两队的第一反应都是按老师做过的示范：捡起一串，传递完毕，再传另一串。结果都用了15秒左右。

老师说："动动脑筋，时间还可以再减半。"一个队先"悟"了，把两串钥匙拴在一起同时传，这次只用了5秒钟。老师说："时间还可以再减半，你们还有潜力可挖！"怎么可能？学员们很不自信。这时场外没参加游戏的人急忙提醒道："只是要求按顺序从手上经过，不一定非得传呀！"一个队明白了，完全抛开了传递方式，开始飞快地把手扣成圆桶状，摞在一起，形成一个通道，让钥匙像自由落体一样从上落下，这样的方法既按了顺序，同时也接触了每个人的手。时间是0.5秒，随即欢呼声起。

从这个例子可以看出，遵守常规会造成思维定势，要提高效率就要寻找新方法，要获得成功就需要自己订立游戏规则。

有个小村庄，村里除了雨水没有任何水源，为了解决这个难题，村里的人决定对外签订一份送水合同，以便每天都能有人把水送到村子里。村子里有两个年轻人小李和小张非常愿意接受这份工作，于是村里把合同同时给了他们。

签订合同后，小李立刻行动起来。他每日在十里外的湖泊和村庄之间奔波，用两只大桶从湖中打水运回村庄，倒在由村民们修建的一个结实的大蓄水池中。每天清晨他都必须起得比其他村民早，以便当村民需要用水时，蓄水池中已有足够的水供他们使用。由于起早贪黑地工作，小李很快就开始赚钱了。即使这是一项相当艰苦的工作，但是小李非常高兴，因为他能不断地赚钱，并且他对能够拥有两份合同中的一份感到特别满意。

而小张呢？自从签订合同后他就消失了，几个月来，人们一直没有看见过小张。这令小李兴奋不已，由于没人与他竞争，他赚到了所有的水钱。小张干什么去了？他做了一份详细的商业计划书，并凭借这份计划书找到了4位投资者，和自己一起开了一家公司。6个月后，小张带着一个施工队和一笔投资回到了村庄。花了整整一年的时间，小张的施工队修建了一条从村庄通往湖泊的大容量的不锈钢管道。

后来，其他有类似环境的村庄也需要水。小张重新制定了他的商业计划，开始向全国甚至全世界的村庄推销他的快速、低成本、大容量并且卫生的送水系统，每送出一桶水他只赚1角钱，但是每天他能送几十万桶水。无论他是否工作，无数的村庄每天都要消费这几十万桶水，而所有的这些钱便都流入了小张的银行账户中。显然，小张不但开发了使水流向村庄的管道，而且还开发了一个使钱流向自己的钱包的管道。从此，小张幸福地生活着。而小李在他的余生里仍拼命地工作，最终还是陷入了"永久"的财务问题中。

和小李一样，在工作中，有的人会发现，自己付出的辛勤汗水并不比别人少，但效果却总比别人差。究其原因，主要是方法的问题。在工作中，我们要注意做事的方法，培养自己打破常规的思维习惯。因为要想培养聪明巧干的能力，必须从思维方式方面着手。如果一直局限于一种思维方式，即便它过去总是给你带来成功，但也许有一天它就会导致你的"滑铁卢"。

著名的心算家米尼苏·弗拉德曼从来没有失算过。

这一天他做表演时，有人上台给他出了道题："一辆载着283名旅客的火车驶进车站，有87人下车，65人上车；下一站又下去49人，上来112人；再下一站又下去37人，上来96人；再再下站又下去74人，上来69人；再再再下一站又下去17人，上来23人……"

那人刚说完，心算大师便不屑地答道："小儿科！告诉你，火车上一共还有——"

"不，"那人拦住他说，"我是请您算出火车一共停了多少站。"

米尼苏·弗拉德曼呆住了，这组简单的加减法成了他的"滑铁卢"。

而真正"滑铁卢"的失败者拿破仑也有一个故事。

拿破仑被流放到圣赫勒拿岛后，他的一位善于谋略的密友通过秘密渠道给他捎来一副用象牙和软玉制成的国际象棋。拿破仑爱不释手，从此一个人默默下起了象棋，打发着寂寞痛苦的时光。象棋被摸光滑了，他的生命也走到了尽头。

拿破仑死后，这副象棋经过多次转手拍卖。后来一个拥有者偶然发现，有一枚棋子的底部居然可以打开，里面塞有一张如何逃出圣赫勒拿岛的详细计划！

两个故事，两个遗憾。他们的失败，其实都是败在没有打破常规上。心算家思考的只是老生常谈的数字，军事家想的只是消遣，他们忽略了常规之外的东西，但这些东西偏偏就是问题的关键。由此可见，在自己的思维定势里打转，天才也走不出死胡同。

无数事实证明，伟大的创造、天才的发现，都是从打破常规开始的。只有打破常规，你才能订立自己的游戏规则，在人生的舞台上做出自己最精彩的表演。

第十五章
每个人的人生中总有一段弯路

智慧的人懂得适时放手

我们都有过这样的经历：

——亲戚送了一盒上等绿茶，舍不得喝，放了很久，却没有想到保存不当，等拿出来喝时才发现受潮发霉了，只好万般不舍地扔掉。

——朋友送了一件质地良好的风衣，却因为太喜爱而舍不得穿。等有一天愿意拿出来时，却发现自己的身体已由亭亭玉立变成臃肿，那件风衣自己竟然无法再穿上了。

——朋友出差时送了一盒当地特产的糕点，舍不得吃，待下决心将它"消灭"掉时，却发现早已过了保质期。

……

同样的道理，在我们或长或短的一生中，很多东西也是不能保存，而必须尽量享受的。只有宽心的人，懂得适时松手的人，才能真正体会到生命的快乐。

下面这个小故事就说明了这个道理。

从前有个财主，他对自己地窖里珍藏的葡萄酒非常自豪——窖里保留着一坛只有他才知道的、某种场合才能喝的陈酒。

州府的总督登门拜访。财主提醒自己："这坛酒不能仅仅为一个总督启封。"

地区主教来看他，他自忖道："不，不能开启那坛酒。他不懂这种酒的价值，酒香也飘不进他的鼻孔。"

王子来访，和他同进晚餐。但他想："区区一个王子喝这种酒过分奢侈了。"

甚至在他亲侄子结婚那天，他还对自己说："不行，接待这种客人，不能拿出这坛酒。"

一年又一年，财主死了。

下葬那天，那坛陈酒和其他酒一起被搬了出来，左邻右舍的邻居把酒统统喝光了。但谁也不知道这坛陈年老酒的久远历史。

对他们来说，所有喝进肚子里的仅仅是酒而已。

在条件允许的情况下，我们应该尽量享受生活，没有必要像苦行僧似的，总是一味地苛待自己。懂得享受生活的人，比一般人更能感觉到生活的乐趣和人生的幸福。

想想你现在的追求，是否也是放弃了手中的一切，仅仅为了那坛普普通通的酒？

有的人喜欢贪图别人的财富，有的人明知道是自己的财富却选择了舍弃。贪图别人财富的人，必将在获得的同时付出更多的代价，而主动舍弃的人，却可能得到上苍加倍的馈赠。

保持一颗平常心，波澜不惊，生死不畏，于无声处听惊雷，超脱眼前得失，不受外在情感的纷扰，喜怒哀乐，收放自如，才能体会到"采菊东篱下，悠然见南山"的自在。

著名的钢琴大师鲁宾斯坦有一次送给朋友一盒上等雪茄，朋友表示要好好珍藏这一特别的礼物。"不，不要这样，你一定要享用他们，这种雪茄如人生一样，都是不能保存的，你要尽快享受它们。没有爱和不能享受人生，就没有快乐。"钢琴大师对朋友说。

钢琴大师的话寓含深奥的人生哲理，我们每个人都有必要读懂它，记住它，运用它。放手已有的东西，才能将新的东西握到手中。

今天的放弃，是为了明天的得到

生活就是这样，很多时候鱼和熊掌不可兼得。这就要求我们要懂得放弃，因为有"舍"才会有"得"，美国大财团洛克菲勒家族用实际行动给我们诠释了这一智慧。

第二次世界大战的硝烟刚刚散尽时，以美、英、法为首的战胜国首脑们几经磋商，决定在美国纽约成立一个协调处理世界事务的联合国。一切准备就绪后，大家才发现，这个全球至高无上、最权威的世界性组织，竟没有自己的立足之地。

买一块地皮，刚刚成立的联合国机构还身无分文。让世界各国筹资，牌子刚刚挂起，就要向世界各国搞经济摊派，负面影响太大。况且刚刚经历了战争的浩劫，各国政府都财库空虚，许多国家财政赤字居高不下，在寸土寸金的纽约筹资买下一块地皮，并不是一件容易的事情。联合国对此一筹莫展。

听到这一消息后，美国著名的家族财团洛克菲勒家族经商议，果断出资870万美元，在纽约买下一块地皮，将这块地皮无条件地赠与了这个刚刚挂牌的国际性组织——联合国。同时，洛克菲勒家族亦将毗邻的这块地皮全部买下。

对洛克菲勒家族的这一出人意料之举，美国许多大财团都吃惊不已。870万美元，对于战后经济萎靡的美国和全世界，都是一笔不小的数目，而洛克菲勒家族却将它拱手赠出，并且什么条件也没有。这条消息传出后，美国许多财团主和地产商都纷纷嘲笑说："这简直是蠢人之举！"并纷纷断言："这样经营不要十年，著名的洛克菲勒家族财团，便会沦落为著名的洛克菲勒家族贫民集团！"

但出人意料的是，联合国大楼刚刚建成完工，毗邻地价便立刻飙升起来，相当于捐赠款数十倍、近百倍的巨额财富源源不断地涌进了洛克菲勒家族。这种结局，令那些曾经讥讽和嘲笑过洛克菲勒家族捐赠之举的财团和商人们目瞪口呆。

这是典型的"因舍而得"的例子。如果洛克菲勒家族没有做出"舍"的举动，勇于牺牲和放弃眼前的利益，就不可能有"得"的结果。放弃和得到永远是辩证统一的。然而，现实中许多人却执着于"得"，常常忘记了"舍"。要知道，什么都想得到的人，最终可能会为物所累，导致一无所获。

生活就是如此，如果你不可能什么都得到的时候，那么就应该学会舍弃，生活有时候会迫使你交出权力，不得不放走机会和恩惠。然而我们要知道，舍弃并不意味着失去，因为只有舍弃才会有另一种获得。

与其抱残守缺，不如断然放弃

我们常听到人们如此哀叹："要是……就好了！"这是一种明显的内疚、悔恨情绪，而我们每个人都会不时地发出这种哀叹。

悔恨不仅是对往事的关注，也是由于过去某件事产生的现时惰性。如果你由于自己过去的某种行为而到现在都无法积极生活，那便成了一种消极的悔恨了。吸取教训是一种健康有益的做法，也是我们每个人不断取得进步与发展的重要方法。悔恨则是一种不健康的心理，它会白白浪费自己目前的精力。实际上，仅靠悔恨是无法解决任何问题的。

爱默生经常以愉快的方式来结束每一天。他告诫人们："时光一去不返，每天都应尽力做完该做的事。疏忽和荒唐事在所难免，要尽快忘掉它们。明天将是新的一天，应当重新开始，振作精神，不要使过去的错误成为未来的包袱。"

要成为一个快乐的人，重要的一点是学会将过去的错误、罪恶、过失通通忘记，努力向着未来的目标前进。

印度圣雄甘地在行驶的火车上，不小心把刚买的新鞋弄掉了一只，周围的人都为他惋惜。不料甘地立即把另一只鞋从窗口扔了出去，让人大吃一惊。甘地解释道："这一只鞋无论多么昂贵，对我来说也没有用了，如果有谁捡到一双鞋，说不定还能穿呢！"

显然，甘地的行为已有了价值判断：与其抱残守缺，不如断然放弃。我们都有过失去某种重要的东西的经历，且大都在心里留下了阴影。究其原因，就是我们并没有调整心态去面对失去，没有从心理上承认失去，总是沉湎于对已经不存在的东西的怀念。事实上，与其为失去的东西懊恼，不如正视现实，换一个角度想问题：也许你失去的，正是他人应该得到的。

卡耐基先生有一次曾造访希西监狱，他对狱中的囚犯看起来竟然很快乐感到惊讶。监狱长罗兹告诉卡耐基：犯人刚入狱时都认命地服刑，尽可能快乐地生活。有一位花匠囚犯在监狱里一边种着蔬菜、花草，还一边轻哼着歌呢！他哼唱的歌词是：

事实已经注定，事实已沿着一定的路线前进，

痛苦、悲伤并不能改变既定的情势，

也不能删减其中任何一段情节，

当然，眼泪也无补于事，它无法使你创造奇迹。

那么，让我们停止流无用的眼泪吧！

既然谁也无力使时光倒转，不如抬头往前看。

令人后悔的事情，在生活中经常出现。许多事情做了后悔，不做也后悔；许多人遇到了后悔，错过了更后悔；许多话说出来后悔，不说出来也后悔……人生没有回头路，也没有后悔药。过去的已经过去，你再无法重新设计。一味地后悔，会让你错过未来的美好时光，给未来的生活增添阴影。

只要你心无挂碍，什么都看得开、放得下，何愁没有快乐的春莺在啼鸣，何愁没有快乐的泉溪在歌唱，何愁没有快乐的白云在飘荡，何愁没有快乐的鲜花在绽放！所以，放下就是快乐，不被过去所纠缠，这才是豁达的人生。

错过花朵，你将收获雨滴

生活中有一种痛苦叫错过。人生中一些极美、极珍贵的东西，常常与我们失之交臂，这时，我们总会因为错过美好而感到遗憾和痛苦。其实喜欢一样东西不一定非要得到它，俗话说："得不到的东西永远是最好的。"当你为一份美好而心醉时，远远地欣赏它或许是最明智的选择，错过它或许还会给你带来意想不到的收获。

美国哈佛大学要在中国招一名学生，这名学生的所有费用由美国政府全额提供。初试结束了，有30名学生成为候选人。

考试结束后的第10天，是面试的日子。30名学生及其家长云集锦江饭店等待面试。当主考官劳伦斯·金出现在饭店的大厅时，一下子被大家围了起来，他们用流利的英语向他问候，有的甚至还迫不及待地向他做自我介绍。这时，只有一名学生，由于起身晚了一步，没来得及围上去，等他想接近主考官时，主考官的周围已经是水泄不通了，根本没有插空而入的可能。

于是他错过了接近主考官的大好机会，他觉得自己也许已经错过了机会，于是有些懊丧起来。正在这时，他看见一个异国女人有些落寞地站在大厅一角，目光茫然地望着窗外，他想：身在异国的她是不是遇到了什么麻烦，不知自己能不能帮上忙？于是他走过去，彬彬有礼地和她打招呼，然后向她做了自我介绍，最后他问道："夫人，您有什么需要我帮助的吗？"接下来两个人聊得非常投机。

后来这名学生被劳伦斯·金选中了，在30名候选人中，他的成绩并不是最好的，而且面试之前他错过了跟主考官套近乎、加深自己在主考官心目中印象的最佳机会，但是他却"无心插柳柳成荫"。原来，那位异国女子正是劳伦斯·金的夫人。

这件事曾经引起很多人的震动：原来错过了美丽，收获的并不一定是遗憾，有时甚至可能是圆满。

许多的心情，可能只有经历过之后才会懂得，如感情，痛过了之后才会懂得如何保护自己，傻过了之后才会懂得适时的坚持与放弃。在得到与失去的过程中，我们慢慢地认识自己，其实生活并不需要这些无谓的执着，没有什么真的不能割舍的，学会放弃，生活会更容易！

因此，在你感觉到人生处于最困顿的时刻，也不要为错过而惋惜。失去的折磨会带给你意想不到的收获。花朵虽美，但毕竟有凋谢的一天，请不要再对花长叹了。因为可能在接下来的时间里，你将收获雨滴的温馨和细雨绵绵的浪漫。

勇于选择，果断放弃

生活中，左右为难的情形会时常出现：比如面对两份同时具有诱惑力的工作，两个同时具有诱惑力的追求者。为了得到其中"一半"，你必须放弃另外"一半"。若过多地权衡，患得患失，到头来将两手空空，一无所得。我们不必为此感到悲伤，能抓住人生"一半"的美好已经是很不容易的事情。

两个朋友一同去参观动物园。动物园非常大，他们的时间有限，不可能参观到所有动物。他们便约定：不走回头路，每到一处路口，选择其中一个方向前进。

第一个路口出现在眼前时，路标上写着一侧通往狮子园，一侧通往老虎山。他们琢磨了一下，选择了狮子园，因为狮子是"草原之王"。又到一处路口，分别通向熊猫馆和孔雀馆，他们选择了熊猫馆，熊猫是"国宝"……

他们一边走，一边选择。每选择一次，就放弃一次，遗憾一次。

因为时间不等人，如不这样做他们遗憾将更多。只有迅速做出选择，才能减少遗憾，得到更多的收获。

面对选择和取舍时，必须要有理性、睿智和远见卓识，不可鼠目寸光，不可急功近利，更不可本末倒置，因小失大。选择不是一锤子的买卖，不能因为一粒芝麻丢了西瓜；不能因为留恋一棵小树而失去整片的森林。

很多时候，我们总是想选择这个的时候，却害怕错过那个，于是拿起来又放下，到最后一刻还在犹豫，这个会有这样的缺点，那个会有那样的不足，所以总迟迟下不了决心，或者选择之后，又来回地更改，在这样患得患失间耽搁了不少时间，浪费了不少精力。世界上没有一个十全十美的东西让你选择，每一样东西都会有它自身的弱点，所以，当你选择之后就大胆地往前走，而不是一步三回头，这在很大程度上影响了前进的进程。

而那些事业有成之士，总会在抉择之后一直走下去。

鲁迅在拯救人的灵魂和人的身体之间选择，成为一代文豪；迈克尔·乔丹放弃了棒球运动员的梦想，成为世界篮坛上最耀眼的"飞人"球星；帕瓦罗蒂放弃了教师职业，成为名扬世界的歌坛巨星……

有些选项看似诱人，但如果不适合自己，那就要果断舍弃。做出什么样的选择，要视自身条件和具体情况而定，要有主见，不能人云亦云。

人生的大多数时候，无论我们怎样审慎地选择，终归都不会是尽善尽美，总会留有缺憾，但缺憾本身也是一种美。

社会大舞台上，每个人都是自己生活和生存方式的编导兼演员。只有学会正确地进行选择，果敢地做出舍弃，才能演绎出精彩的人生喜剧。

不舍弃鲜花的绚丽，就得不到果实的香甜

社会发展的速度很快，诱惑随之增多，很多人在诱惑面前停下了自己的脚步。面对层出不穷的诱惑，很多人忘记了自己的方向，在旋涡中纠缠不止、平庸一生。

其实，人生的"口袋"只能装载一定的重量，人的前进行程就是一个不断舍弃的过程。没有舍弃，你就有可能被沉重的包袱滞留在前进的途中。

拉斐尔11岁那年，一有机会便去湖心岛钓鱼。在鲈鱼钓猎开禁前的一天傍晚，他和妈妈早早来钓鱼。装好诱饵后，他将渔线一次次甩向湖心，湖水在落日余晖下泛起一圈圈的涟漪。

忽然，钓竿的另一头沉重起来。他知道一定有大家伙上钩，急忙收起渔线。终于，拉斐尔小心翼翼地把一条竭力挣扎的鱼拉出水面。好大的鱼啊！它是一条鲈鱼。

月光下，鱼鳃一吐一纳地翕动着。妈妈打亮小电筒看看表，已是晚上10点——但距允许钓猎鲈鱼的时间还差两个小时。

"你得把它放回去，儿子。"母亲说。

"妈妈！"孩子哭了。

"还会有别的鱼的。"母亲安慰他。

"再没有这么大的鱼了。"孩子伤感不已。

他环视了四周，已看不到一个鱼艇或钓鱼的人，但他从母亲坚决的脸上知道无可更改。暗夜中，那条鲈鱼抖动着笨重的身躯慢慢游向湖水深处，渐渐消失了。

这是很多年前的事了，后来拉斐尔成为纽约市著名的建筑师了。他确实没再钓到那么大的鱼，但他却为此终身感谢母亲。因为他通过自己的诚实、勤奋、守法，猎取到生活中的大鱼——事业上成绩斐然。

自然界是美丽的，人生也是绚丽的。在几十年的漫漫旅途中，有山有水，有风有雨，有舍弃"绚丽"和"温馨"的烦恼，也有获得"香甜"和"明艳"喜悦，

人生就是在舍弃和获得的交替中得到升华，从而到达高新的境界。从这个意义上来说，获得很美好，舍弃也很美丽。

人是有思维会说话的"万物之灵"，懂得生活中舍弃与获得的道理。必要的舍弃是为了更好地获得。

有人说，人生之难胜过逆水行舟，此话不假。人生在世界上，不如意的事情占十之八九，获得和舍弃的矛盾时刻困扰着我们。明白了舍弃之道和获得之法，并运用于生活，我们就能从无尽的繁难中解脱出来，在人生的道路上进退自如，豁达大度。

要有计划地抛弃阻碍发展的一切

《荒漠甘泉》中说："我们一生最得意的纪念，最宝贵的经历，最可夸的生理，最有效的侍奉，常会被后来的软弱、失败、跌倒、灰心、冷淡、退缩等吞噬。"许多成大事业的人，往往结局都是如此。想起来也觉得可怕。虽然是事实，但并非无法避免。戈登说："要避免这种悲剧，只有一个稳妥的方法，那就是时时与神有新鲜的接触。"

有信仰的人，会把希望寄托于神。可是不管是有神论者和无神论者，都可能会遇到这样的难题，就是曾经的记忆禁锢了自己的思想，以前积累的经验没有帮助我们进步，反而限制了我们朝着更好的方向发展。

古希腊的一位哲人在风烛残年之际，知道自己时日不多了，就想考验和点化一下他那位平时看来很不错的助手。他把助手叫到床前，说："我的蜡所剩不多了，得找另一根蜡接着点下去，你明白我的意思吗？"

"明白，"那位助手赶忙说，"您想让您的思想很好地传承下去……"

"可是，"哲人慢悠悠地说，"我需要一位最优秀的传承者，他不但要有相当的智慧，还必须有充分的信心和非凡的勇气……你帮我寻找一位好吗？"

"我一定竭尽全力。"

哲人笑了笑。

那位忠诚而勤奋的助手，不辞辛劳地通过各种渠道开始四处寻找。可他领来一位又一位，都被哲人一一婉言谢绝。一次，当那位助手再次无功而返时，病入膏肓的哲人硬撑着坐起来，说："真是辛苦你了，不过，你找来的那些人，其实都不如……"

"我一定加倍努力，"助手恳切地说，"找遍五湖四海，也要把最优秀的人选挖掘出来。"哲人笑笑，不再说话。

半年之后，哲人眼看就要告别人世，最优秀的人选还是没有眉目。助手非常惭愧："我真对不起您，令您失望了！"

"失望的是我，对不起的却是你自己，"哲人很失意地闭上眼睛，停顿了许久，才又不无哀怨地说，"本来，最优秀的就是你自己，只是你被自己蒙蔽了，不敢相信自己，才把自己给忽略、给丢失了……其实，每个人都是最优秀的，差别就在于如何认识自己、如何发掘和重用自己……"一代哲人就这样永远地离开了他曾经深切关注着的世界。

在生活中，有很多人会跟那位助手犯相同的错误。我们都习惯于用过去的事情来评定自己，比如过去曾把一件事情做得很好，那么再次遇到同样的事情，就以为凭借原来的经验也可以做得很好；过去没尝试过的东西或者曾经失败的事物，面对的时候就觉得自己不行……过去的思维总是限制着我们重新认识自己，所以那些老经验并不一定总是有利于我们以后的发展。有利的，我们要发扬；不利的，我们就要大胆地摒弃。如果实在分不清什么是有益的，那么我们就应该及时把自己清零，每天都用一个崭新的自己与生活对接。

悬崖深谷处，撒手得重生

悬崖深谷得重生看似一种悖论，实际上却蕴涵着深刻的道理。"悬崖撒手"是一种姿态，美丽而轻盈。放手之后，心灵将获得一片自由飞翔的广袤天空，在瞬间释放与舒展。

行走于人世间，沟沟坎坎不可避免，事情的发展不会总是按照我们的主观想象进行，有时候，万事如意不过是一个美好的心愿罢了。一个人只有把一切受物理、环境影响的东西都放掉，才能够逍遥自在，万里行游而心中不留一念。

有个书生和未婚妻约好在某年某月某日结婚。但到了那一天，未婚妻却嫁给了别人，书生为此备受打击，一病不起。

这时，一位过路的僧人得知这个事情，就决定点化一下他。僧人来到他的床前，从怀中摸出一面镜子叫书生看。书生看到茫茫大海，一名遇害的女子一丝不挂地躺在海滩上。

路过一人，看了一眼，摇摇头走了。

又路过一人，将衣服脱下，给女尸盖上，走了。

再路过一人，过去挖个坑，小心翼翼地把尸体埋了。

书生正疑惑间，画面切换。书生看到自己的未婚妻，洞房花烛，被她的丈夫掀起了盖头。书生不明就里，就问僧人。

僧人解释说："那具海滩上的女尸就是你未婚妻的前世。你是第二个路过的人，曾给过她一件衣服。她今生和你相恋，只为还你一个情。但她最终要报答一生一世的人，是最后那个把她掩埋的人，那个人就是她现在的丈夫。"

书生听后，豁然开朗，病情也渐渐地好了。

书生之所以会病倒，是因为他不能承受这样的打击，也无法坦然地放下曾经的感情，但是前世的"因"造就今生的"果"，前世只有以衣遮身的恩情，今生也就只有短暂相恋的回报。书生放下了，也就解脱了，病自然也就好了。

适时地放开不仅是治病的良药，有时甚至还会成为救命的法宝。

从前，有一个人出门办事，他跋山涉水，好不辛苦。一次经过险峻的悬崖，一不小心掉到了深谷里去。此人眼看生命危在旦夕，双手在空中攀抓，刚好抓住崖壁上枯树的老枝，总算保住了性命，但是人悬荡在半空中，上下不得，正在进退维谷、不知如何是好的时候，忽然看到慈悲的佛陀，站立在悬崖上慈祥地看着自己，此人如见救星一般，赶快求佛陀说："佛陀！求求您大发慈悲，救我吧！"

"我救你可以，但是你要听我的话，我才有办法救你上来。"佛陀慈祥地说。

"佛陀！到了这种地步，我怎敢不听你的话呢？随你说什么？我全都听你的。"

"好吧！那么请你把攀住树枝的手放下！"

此人一听，心想，把手一放，势必掉到万丈深坑，跌得粉身碎骨，哪里还保得住性命？因此更加抓紧树枝不放，佛陀看到此人执迷不悟，只好离去。

在英雄传奇与武侠故事中，我们常常看到这样的情景：集万千宠爱于一身的主角被逼到了悬崖边上，下面是湍急的流水，身后是凶悍的追兵，主角仰天一叹，回眸一笑，纵身一跃，与飞流激湍融为一体，令众人不由得扼腕叹息。但是，似乎所有的故事都没有摆脱这样的后续：崖壁上的一棵怪松，或崖下的一斛深潭，总会像母亲温暖的手掌一样，稳稳地将其托起，备受青睐的勇士们还往往能够在这常人到达不了的奇异之地意外发现千年宝藏或旷世秘籍。

有所舍得，才能有所收获，唯有能放下，才能真提起。放得下的人，不仅要放下自己，还要放下周遭所有的一切。放下也并非完全失去自我，而是指不再有对抗之心，也不再有舍不得，要随时随地对任何事物没有丝毫的牵挂或舍不得，能如此，才谈得上是自在，是解脱。

所谓回头是岸，岸貌似远在天涯。天涯远不远？不远。放下的时候，天涯就在面前。敢于放下，心里真正地放下，你会感到天地原来如此广阔，你会发现你的脚步是如此轻盈平稳，你的心房是如此安稳温馨。

明智的舍弃，是一个人进取的前提

两个贫苦的樵夫靠着上山捡柴糊口。有一天，他们在山里发现两大包棉花。俩人喜出望外，棉花的价格高过柴薪数倍，将这两包棉花卖掉，足可让家人一个月衣食无忧。于是俩人各自背了一包棉花，便欲赶路回家。走着走着，其中一名樵夫眼尖，看到山路边有一大捆布，走近细看，竟是上等的细麻布，足足有十多匹之多。他欣喜之余，和同伴商量，一同放下肩负的棉花，改背麻布回家。他的同伴却有不同的想法，认为自己背着棉花已走了一大段路，到了这里才丢下棉花，岂不枉费自己先前的辛苦，坚持不愿换麻布。先前发现麻布的樵夫屡劝同伴不听，只得自己竭尽所能，将麻布背起继续前行。又走了一段路后，背麻布的樵夫望见林中闪闪发光，待近前一看，地上竟然散落着数坛黄金，心想这下真的发财了，赶忙邀同伴放下肩头的麻布及棉花，改用挑柴的扁担来挑黄金。他的同伴仍是那套不愿丢下棉花以免枉费辛苦的想法，并且怀疑那些黄金不是真的，劝他不要白费力气，免得到头来一场空欢喜。发现黄金的樵夫只好自己挑了两坛黄金，和背棉花的伙伴相伴回家。

走到山下时，却奇怪地下了一场大雨，俩人在空旷处被淋了个湿透。更不幸的是，背棉花的樵夫肩上的大包棉花，吸饱了雨水，重得完全无法再背得动。那樵夫不得已，只能丢下一路辛苦舍不得放弃的棉花，空着手和挑金的同伴回家了。

只有放弃眼前利益，才能获得长远利益——要想成功，就要学会放弃。为了更好的明天，放弃眼前的小利，只有勇于舍弃的人才是智慧的人。成功者永远是一群高瞻远瞩的人。

两个不如意的年轻人，一起去拜望师父。"师父，我们在办公室被欺负，太痛苦了，求你开示，我们该不该辞掉工作？"师父闭着眼睛，半天才吐出五个字："不过一碗饭。"回到公司，一个人递上辞呈回家种田，另一个安然不动。日子真快，转眼十年过去了。回家种田的徒弟以现代方法经营，加上改良品种，居然成了农业专家；另一个留在公司的徒弟忍辱负重，努力学习，居然当了经理。

有一天，他们见面了。"奇怪，师父给我们同样'不过一碗饭'这五个字，我一听就懂了。不过一碗饭嘛，日子有什么难过？何必待在公司？所以辞职！"农业专家问另一个人："你当时为何没听师父的话呢？""我听了啊，"经理笑道，"师父说'不过一碗饭'，我想不过为了混碗饭吃，老板说什么是什么，少赌气，少计较就成了，师父不是这个意思吗？"两个人又去拜望师父，师父已经很老了，仍然闭着眼睛，半天才回答他们的疑问："不过一念间。"

明智的舍弃，是一个人进取、发展的前提。放弃是一种智慧，它不是毫无保留地向生活妥协，而是更深层面的进取。人生之路，是一条选择的路。我们时刻需要选择，选择放弃什么，坚守什么，只有学会放弃，才能真正获得。

收获的代价就是学会放弃

一个人的精力总是有限的，然而人的欲望却是没有底线的，什么都不愿意放弃的人，往往会被欲望冲昏了头脑。我们每个人都面临着很多的诱惑，不可能一切美好的事物都归自己所有。学会放弃，才能让自己过得更加轻松、自在。

有一个聪明的年轻人，很想在各个方面都比他身边的人强，他尤其想成为一名大学问家。可是，许多年过去了，他的其他方面都不错，学业却没有长进。他很苦恼，就去向一个大师求教。

大师说："我们登山吧，到山顶你就知道该如何做了。"

那山上有许多晶莹的小石头，煞是迷人。只要见到年轻人喜欢的石头，大师就让他装进袋子里背着，很快他就吃不消了。

"大师，再背，别说到山顶了，恐怕连动也不能动了。"他疑惑地望着大师。"是呀，那该怎么办呢？"大师微微一笑，"该放下，不放下背着石头咋能登山呢？"大师笑了。

年轻人一愣，忽觉心中一亮，向大师道了谢，走了。之后他一心做学问，进步飞快……

经过大师的指点，年轻人心中顿悟，如果要把所有自己喜欢的东西悉数收入囊中，一旦遇到对自己最重要的东西，才发现自己已经无法承载。可见，要想人生取得更大的成就，就要学会舍得放弃一些对自己来说并不重要的。

如今，职场的竞争日益激烈。大学毕业后的小林进入公司工作已经五年了。虽说已经是部门经理，但是由于新技术、新产品不断出现，他经常会感到自己的知识结构老化，力不从心。尤其是最近新入职的员工都已经是研究生学历了，更增加了他的危机感。所以，他也打算读在职研究生提升自己的知识层次。然而，过了半年，他发现自己总是被各种各样的事情所缠绕。工作之余，要么是有人约他出去唱歌，要么是各种各样的聚餐，再有就是出去旅游。总之，经常疲于应付这些事情，根本抽不出时间来集中精力学习。

时间一晃，又是一年过去了。小林冷静下来，认真审视了自己每天的日程安排，发现自己在无关紧要，甚至是毫无意义的事情上占用了太多的时间和精力。反倒把应该用于学习的时间给挤占了。这使小林下定决心，必须要改变现状，专心来应对学习。否则，就会一事无成。

时间是最公平的，平等地给予了每个人同样的一天同样的 24 小时。然而，在同样的时间内，每个人取得的成绩差异却很大。究其原因，对事情的取舍就是其中之一。每个人都可以尝试着把自己每天的日程表列出来，再看看每天在这些事情上所投入的时间和精力，很可能会让你大吃一惊。原来，自己竟然在一些毫无意义的事情上占用了如此多的时间。如果把这些宝贵的时间分配到重要的事情上来，我们可能会取得更好的成绩。这就给了我们一个启发，要放弃一些无关紧要的事情。这里的放弃是要有选择性、有目的性地放下一些事情，即所谓的舍得有方。

有舍才会有得。当你收获了价值更大、更为重要的成果时，你会明白收获的代价就是学会放弃。

看淡得失，也就减少了痛苦

人生之中，难免会经历这样或那样的波折。面对生活中的痛苦，如果一味地沉浸在对命运的抱怨中，那么，我们看到的只能是漫无天际的悲观和失望，可是如果保持一颗豁达的心，即使是在人生的风雪里，也只会当成是一种风景来观赏。

曼德拉因为领导反对白人种族隔离政策的运动而入狱，白人统治者把他关在荒凉的大西洋小岛罗本岛上 27 年。当时曼德拉年事已高，但白人统治者依然像对待年轻犯人一样对他进行残酷的虐待。

罗本岛上布满岩石，到处是海豹、蛇和其他动物。曼德拉被关在总集中营一个"锌皮房"，白天打石头，将采石场的大石块碎成石料。他有时要下到冰冷的海水里捞海带，有时干采石灰的活——每天早晨排队到采石场，然后被解开脚镣，在一个很大的石灰石矿场里，用尖镐和铁锹挖石灰石。因为曼德拉是要犯，看管他的看守就有三人。他们对他并不友好，总是寻找各种理由虐待他。

谁也没有想到，1991 年曼德拉出狱当选总统以后，他在就职典礼上的一个举动震惊了整个世界。

总统就职仪式开始后，曼德拉起身致辞，欢迎来宾。他依次介绍了来自世界各国的政要，然后他说，能接待这么多尊贵的客人，他深感荣幸，但他最高兴的是，当初在罗本岛监狱看守他的三名狱警也能到场。随即他邀请他们起身，并把他们介绍给大家。

曼德拉的博大胸襟和宽容精神，令那些残酷虐待了他 27 年的白人汗颜，也让所有到场的人肃然起敬。看着年迈的曼德拉缓缓站起，恭敬地向三个曾关押他的看守致敬，在场的所有来宾以至整个世界，都静下来了。

后来，曼德拉向朋友们解释说，自己年轻时性子很急，脾气暴躁，正是狱中生活使他学会了控制情绪，因此才活了下来。牢狱岁月给了他时间与激励，也使他学会了如何处理自己遭遇的痛苦。他说，感恩与宽容常常源自痛苦与磨难，必须通过极强的毅力来训练。

获释当天，他的心情非常平静："当我迈过通往自由的监狱大门时，我已经清楚，自己若不能把悲痛与怨恨留在身后，那么我其实仍在狱中。"

没错，面对生活中的磨难，如果不能以一颗豁达的心面对，那么我们只能一直生活在痛苦当中。在生活中，很多人都不能放下心中的痛苦，他们觉得是命运的薄待，让他们感受到了别人品尝不到的痛苦。所以，他们愤恨，他们抱怨，甚至于还会想到要报复。

可是，即便是我们把心中的痛苦都发泄给了另一个人，我们仍然没有办法减轻自己心中的痛苦，因为我们不曾放下。所以，与其让别人加入我们的痛苦，不如我们自己释怀，看淡得失，也就看淡了人生的是与非。

抛弃重负，让生命之舟轻扬

一个背着大包裹的忧愁者，千里迢迢跑来拜访一位德高望重的哲人，他诉苦道："先生，我是那样的孤独、痛苦和寂寞，长期的跋涉使我疲倦到极点，我的鞋子破了，荆棘割破双脚，手也受伤了，流血不止，嗓子因为长久的呼喊而喑哑……为什么我还不能找到心中的阳光？"

哲人问："你的大包裹里装的是什么？"忧愁者说："它对我可重要了。里面是我每一次跌倒时的痛苦，每一次受伤后的哭泣，每一次孤寂时的烦恼……靠了它，我才能走到您这儿来。"

于是，哲人带着忧愁者来到河边，他们坐船过了河。上岸后，哲人说："你扛了船赶路吧！""什么，扛了船赶路？"忧愁者很惊讶，"它那么沉，我扛得动吗？""是的，孩子，你扛不动它。"哲人微微一笑，说："过河时，船是有用的。但过了河，我们就要放下船赶路。否则，它会变成我们的包袱。痛苦、孤独、寂寞、灾难、眼泪，这些对人生都是有用的，它能使生命得到升华，但须臾不忘，就成了人生的包袱。放下它吧！孩子，生命不能太负重。"

忧愁者放下包袱，继续赶路，他发觉自己的步子轻松而愉悦，比以前快得多。原来，生命是可以不必如此沉重的。

人生在世，当鱼和熊掌不能兼得的时候，继续为了"兼得"而不做舍弃，这就不是智者的行为。

有只狐狸被猎人用套夹夹住了一只爪子，它毫不迟疑地咬断了那只小腿，然后逃命。放弃一条腿而保全一条性命，这是狐狸的哲学。人生亦应如此，在生活强迫我们必须付出惨痛的代价以前，主动放弃局部利益而保全整体利益是最明智的选择。智者曰："两弊相衡取其轻，两利相权取其重。"趋利避害，这也正是放弃的实质。

人生的目的不是面面俱到，不是多多益善，而是把已经掌握的东西得心应手地去运用，它跟宝剑一样，剑刃越薄越好，重量越轻越好。

一个带着过多包袱上路的人注定不会走得快，只有卸下身上的包袱才可能走得更快，我们总是让生命承载太多的负荷，这个舍不得丢掉，那个舍不得抛弃，最终被压弯腰的是我们自己。放下太多的虚荣，放下太多的功利，放下金钱的压力，为我们自己的肩膀减负。

精明者敢于放弃，聪明者乐于放弃，高明者善于放弃。人，其实天生就懂得放弃，但放弃非盲目的，而是选择性放弃，重在选择，其次在于放弃。不轻言放弃，但要放弃失落带来的痛楚，放弃屈辱留下的仇恨，放弃心中所有难言的负荷，放弃耗费精力的争吵，放弃没完没了的解释，放弃对权力的角逐，放弃对金钱的贪欲，放弃对虚名的争夺——放弃的是烦恼，摆脱的是纠缠，收获的就是快乐，拥有的就是充实。

　　放弃是为了更好地拥有。放弃是一种超脱、一种气度，更是一种升华、一种境界。

第十六章

人生没有唾手可得的晚餐

果断出手，莫对机会欲说还"羞"

令人筋疲力尽的并不是要做的事本身，而是事前事后患得患失的心态。一个失败者的最大特征就是顾虑再三，犹豫不决。

伟大的作家雨果说过："最擅长偷时间的小偷就是'迟疑'，它还会偷去你口袋中的金钱和成功。"虽然我们没有100%的把握保证每一次决定都能获得成功，但是现实的情况就是等待不如决断。所以，在机会转瞬即逝的当代社会，等待就意味着"放弃"，成功者宁愿"立即失败"，也不愿犹豫不决。SAP公司的CEO普拉特纳曾经说过这么一句话："我宁可做6个正确决定和4个错误决定，也不要犹豫等待。"

当恺撒大帝来到意大利的边境卢比孔河时，看似神圣而不可侵犯的卢比孔河使他的信心有所动摇。他想到，如果没有参议院的批准，任何一名将军都不允许侵略一个国家。此时他的选择只有两种——"要么毁灭我自己，要么毁灭我的国家"，最后他毅然做出决定，喊着："不要惧怕死亡！"带头跳入了卢比孔河。就是因为这一时刻的决定，世界历史随之而改变。

所以，获得成功的最有力的办法，是迅速做出该怎么做一件事的决定。排除一切干扰因素，而且一旦做出决定，就不要再继续犹豫不决，以免我们的决定受到影响。有的时候犹豫就意味着失去。

古希腊有一位哲学家，饱读经书，富有才情，很多女人迷恋他。一天，一个女子来敲他的门，说："让我做你的妻子吧！错过我，你将再也找不到比我更爱你的女人了！"哲学家虽然也很喜欢她，却回答说："让我考虑考虑！"

哲学家犹豫了很久，终于下定决心娶那位女子。哲学家来到女人的家中，问女人的父亲："你的女儿呢？请你告诉她，我考虑清楚了，我决定娶她为妻！"女人的父亲冷漠地回答："你来晚了 10 年，我女儿现在已经是 3 个孩子的妈了！"

哲学家听了，几乎崩溃。后来，哲学家抑郁成疾。临终，他将自己所有的著作丢入火堆，只留下一句对人生的批注——下一次，我绝不犹豫！

所以，面对选择，一定要迅速做出决断，哪怕做出错误的选择也好过犹犹豫豫。因为，机会一旦错过了，是不会再有的。

有一个小男孩，一天在外面玩耍时，发现一只不会飞的小麻雀，决定把小麻雀带回家喂养，但是想起应该先和爸爸说一声，取得他的同意。于是他想了想，决定先去找爸爸。

爸爸一听就同意了，可是等小男孩回来的时候，一只黑猫正好把地上的麻雀叼走吃了。小男孩伤心不已，暗暗下定决心：只要是自己认定的事情，决不优柔寡断。后来这位小男孩成为了电脑名人，他就是王安博士。

人生的道路上，许多机会都是转瞬即逝的。机会不会等人，如果犹豫不决，很可能会失去很多成功的机遇。

犹豫拖延的人没有必胜的信念，也不会有人信任他们。果断积极的人就不一样，他们是世界的主宰。放眼古今中外，能成大事者都是当机立断之人，他们快速做出决定，并迅速执行。

在确定圣彼得堡和莫斯科之间的铁路线时，总工程师尼古拉斯拿出了一把尺子，在起点和终点之间画了一条直线，然后用不容辩驳的语气斩钉截铁地宣布："你们必须这样铺设铁路。"于是，铁路线就这样确定了。

纵观历史，成功者比别人果断，比别人迅速，较别人敢于冒险。因此，能把握更多的机会，所以往往成为成功者。实际上，一个人如果总是优柔寡断，犹豫不决，或者总在毫无意义地思考自己的选择，一旦有了新的情况就轻易改变自己的决定，这样的人成就不了任何事，只能羡慕别人的成功，在后悔中度过一生！

与其等待机会，不如创造机会

诺贝尔的一生和炸药紧密相连，炸药带给他欢乐，也带给他痛苦，带给他责骂，也带给他赞扬。

诺贝尔的父亲就是一个炸药爱好者，很小的时候，诺贝尔就看见父亲研究炸药。父亲研制的水雷曾被俄军用于克里米亚战争中，用来阻挡英国舰队的前进。由于父亲经常换工作，诺贝尔所受的教育多半来自家庭教师。

17 岁时，诺贝尔以工程师的名义到了美国，在有名的艾利逊工程师的工场里实习。实习期满后，他又到欧美各国考察了四年，才回到家中。不久，父亲从俄国搬回瑞典。当时正是采矿业发展的时期，对性能稳定的炸药需求旺盛，诺贝尔决定改进炸药生产。

在诺贝尔之前，中国"四大发明"之一的黑色火药早已传到欧洲。但黑色火药的威力不够大，而另一种新的炸药又是个"爆脾气"，容易爆炸，制造、存放和运输都很危险，人们不知道该怎么使用它。诺贝尔的哥哥曾试图制造出更好的炸药，但却没有实用价值。诺贝尔和他的弟弟一起建立了实验室，继续哥哥的研究。经过多次的试验，诺贝尔终于发明了使硝化甘油爆炸的有效方法，并取得了这项发明的专利权。初获成功之后，意外却降临了。1864 年 9 月 3 日，实验室发生爆炸，当场炸死了五人，其中包括诺贝尔的弟弟。这场事故不仅让诺贝尔失去了亲人，也失去了邻居们的信任。再也没有人愿他在附近办实验室，诺贝尔只好把设备转移到一只船上。几经波折，诺贝尔还是建造了世界上第一个硝化甘油工厂。

但这并不是故事的结尾。世界各国买了他制造的硝化甘油，经常发生爆炸事故：美国的一列火车，因炸药爆炸，成了一堆废铁；德国的一家工厂，因炸药爆炸，厂房和附近民房变成一片废墟；"欧罗巴"号海轮，在大西洋上遇到大风颠簸，引起硝化甘油爆炸，船沉人亡。世界各国对硝化甘油失去信心，但诺贝尔没有灰心，而是去想办法解决硝化甘油不稳定的问题。

1867 年 7 月 14 日，诺贝尔拉来火药需求商，在他们面前表演了一个重要的节目：他先在一箱安全炸药上点燃木柴，结果没有爆炸；再把一箱安全炸药从大约 20 米高的山崖上扔下去，结果，也没有爆炸；然后，他在石洞中装入安全炸药，用雷管引爆，结果都爆炸了。这次实验，获得了完全的成功，给参观的人留下了深刻的印象——诺贝尔的安全炸药，确实是安全的。不久，诺贝尔研制了安全炸药托拉斯，向全世界推销这种炸药。如果诺贝尔等着客户来找自己，他可能永远都在自己的小山沟中做实验，走不出实验的范畴。但是既然没有人找到他，他就把别人找过来。炸药的安全性不需要多言，通过对比就一目了然了，别人看了他的炸药，还有什么好怀疑的呢？

诺贝尔的故事适合那些自认为怀才不遇的人，当你真的有才华的时候，就要创造机会来表现自己的才华！事实上，绝大部分人的成功都是靠自己争取得来的，坐等机会的人，最终很少能遇到天时地利的时候。

机会女神只青睐那些有准备的头脑

天下没有免费的午餐，机遇总是偏爱那些有准备的人。这两句话并不矛盾，所有的机会都是公平的，但并不表示所有人把握机会的概率是相同的，有准备的人自然是几率大很多。

在西方流传着这样一个故事：

许多年前，一位聪明的国王召集了一群聪明的臣子，给了他们一个任务："我要你们编一本各时代的智慧录，好流传给子孙。"这些聪明人离开国王后，工作了很长一段时间，最后完成了一本十二卷的巨作。

国王看了以后说："各位先生，我确信这是各时代的智慧结晶，然而，它太厚了，我怕人们不会读，把它浓缩一下吧。"这些聪明人又长期努力地工作，几经删减之后，完成了一卷书。然而，国王还是认为太长了，又命令他们再浓缩，这些聪明人把一卷书浓缩为一章，又浓缩为一页，然后减为一段，最后变为一句话。

国王看到这句话后，显得很得意。"各位先生，"他说，"这真是各时代智慧的结晶，并且各地的人一旦知道这个真理，我们大部分的问题就可以解决了。"

这句话就是："天下没有白吃的午餐。"

第一个进入太空的中国人杨利伟，为什么那么幸运？听听他的话我们就能明白："现在我一闭上眼睛，座舱里所有仪表、电门的位置都能想得清清楚楚；随便说出舱里的一个设备名称，我马上可以想到它的颜色、位置、作用；操作时要求看的操作手册，我都能背诵下来，如果遇到特殊情况，我不看手册，也完全能处理好。"如果不是经过魔鬼训练的重重考验，他怎么能在众多的后备人选中把握住这个机会呢？

我们中国人做事讲究"天时、地利、人和"，充分的准备用现在的话来说，不外乎这些因素：

1. 创新意识

机遇是意外的、异常的，因而用常规方法抓住机遇是很困难的，这就需要有创新意识，能不断寻求新的对策和方法。

2. 判断力

在人们发现的机遇中，并不是每一个意外情况都有价值，都值得探索，都有成功的希望。这就需要准确判断，从各种机遇中抓住有希望的线索，抓住有价值、有潜在意义的线索。这一点对于确定是否进一步追究机遇所提供的线索有决定性意义。

3. 观察力

具有敏锐的观察力，才能及时捕捉到看起来微不足道的偶然事件。

4. 事业心

只有把自己的思想和行为与事业紧密相连的人，才有可能把机遇与发展事业、搞好工作联系起来，为了事业而刻意求索。头脑的准备，不仅是心理、意识的准备，而且还包括经验和知识的准备。因为处理机遇很难像处理一般事务那样有计划、有目的、有步骤，主要是凭自身的经验、知识的积累进行决策，因此你必须有丰富的经验、渊博的知识与合理的知识结构，这样，在机遇出现时，才能触类旁通，努力思考，做出判断。现代社会竞争日趋激烈，一个机遇往往被几个人同时捕捉。在这种情况下，究竟谁能把捕捉到的机遇利用起来，这就要取决于实力的对比和竞争了。要取得随机决策的成功，机会和实力两个条件缺一不可。"机遇只偏爱有准备的头脑"，这是一句早为人们所熟稔的名言，其中所包含的朴素真理一次次为实践所证实。要想牢牢抓住机遇，就为机遇的来临做好准备吧。

挑战自我，多给自己一个机会

美西战争爆发之时，美国总统必须马上与古巴的起义军将领加西亚取得联络。加西亚在古巴的大山里——没有人知道他的确切位置，可美国总统必须尽快得到他的合作。

有什么办法呢？

有人对总统说："如果有人能够找到加西亚的话，那么这个人一定是罗文。"于是总统把罗文找来，交给他一封写给加西亚将军的信。至于罗文中尉如何拿了信，用油纸袋包装好，上了封，放在胸口藏好；如何坐了四天的船到达古巴，再经过三个星期，徒步穿过这个危机四伏的岛国，终于把那封信送给加西亚——这些细节都不重要。

重要的是，美国总统把一封写给加西亚的信交给罗文，罗文接过信之后并没有问："他在什么地方？"

像罗文中尉这样的人，值得拥有一尊塑像，放在所有的大学里。太多人所需要的不仅仅是从书本上学习来的知识，也不仅仅是他人的一些教诲，而是要铸就一种精神：积极主动、全力以赴地完成任务——"把信送给加西亚"。

阿尔伯特·哈伯德所写的《把信送给加西亚》一书首次发表是在 1899 年，随后就风靡了整个世界。不仅是因为每一个领导都喜欢罗文这样的下属，更因为每一个人都从心底佩服罗文，佩服这个主动挑战任务的人。现代企业，迫切需要罗文，需要具有责任心和自动自发精神的好员工！而我们的人生，也同样渴望罗文精神。

彼得和查理一起进入一家快餐店，当上了服务员。他俩的年龄一样，也拿着同样的薪水，可是工作时间不长，彼得就得到了老板的褒奖，很快被加薪，而查理仍然在原地踏步。面对查理和周围人士的牢骚与不解，老板让他们站在一旁，看看彼得是如何完成服务工作的。在冷饮柜台前，顾客走过来要一杯麦乳混合饮料。

彼得微笑着对顾客说："先生，你愿意在饮料中加入一个还是两个鸡蛋呢？"

顾客说："哦，一个就够了。"

这样快餐店就多卖出一个鸡蛋。在麦乳饮料中加一个鸡蛋通常是要额外收钱的。

看完彼得的工作后，经理说道："据我观察，我们大多数服务员是这样提问的：'先生，你愿意在你的饮料中加一个鸡蛋吗？'而这时顾客的回答通常是：'哦，不，谢谢。'对于一个能够在工作中主动解决问题、主动完善自身的员工，我没有理由不给他加薪。"

其实这个道理很简单：比别人多努力一些、多思考一些，就会拥有更多的机会。

对很多人来说，每天的工作可能是一种负担、一项不得不完成的任务，他们并没有做到工作所要求的那么多、那么好。对每一个企业和老板而言，他们需要的绝不是那种仅仅遵守纪律、循规蹈矩，却缺乏热情和责任感，不够积极主动、自动自发的人。

工作需要自动自发，而那些整天抱怨工作的人，是永远都不会"把信送给加西亚"的，他们或者出发前就胆怯了；或者遇到苦难而中途放弃；或者弄丢了这封重要的信，害怕惩罚而逃走；或者被敌人发现，背叛写信人。这样的人是非常狭隘的，他的人生又能有多广阔？

其实，我们每个人都可以把自己的目标当成一次"把信送给加西亚"的任务，这是一次挑战自己的机会，也是实现自我、突破自己的机会。

机遇没有彩排，只有直播

许多人坐等机会，希望好运从天而降，这些人往往难成大事。成功者积极准备，一旦机会降临，便能牢牢地把握。机遇对于每个人来说，没有彩排，只有直播，你没有把握住的话，只能等着自己出丑。

当机遇到来时，如果你没有提前为机会做好准备，就会将它习惯性地丢掉，与它失之交臂。生活中不是机遇少，只是我们对机遇视而不见。

这就和许多发明创造一样，看起来是偶然，其实那些发现和发明并非偶然得来的，更不是什么灵机一动或运气极佳。事实上，在大多数情形下，这些在常人看来纯属偶然的事件，不过是从事该项研究的人长期苦思冥想的结果。

人们常常引用苹果砸在牛顿的脑袋上，导致他发现万有引力定律这一例子，来说明所谓纯粹偶然事件在发现中的巨大作用。但人们却忽视了，多年来，牛顿一直在为重力问题苦苦思索、研究这一现象的艰辛过程。苹果落地这一常见的日常生活现象之所以为常人所不在意，而能激起牛顿对重力问题的理解，能激起他灵感的火花并进一步做出异常深刻的解释，这是因为牛顿对重力问题有深刻的理解。生活中，成千上万个苹果从树上掉下来，却很少有人能像牛顿那样引发出深刻的定律来。

同样，从普通烟斗里冒出来的五光十色像肥皂泡一样的小泡泡，这在常人眼里就跟空气一样普通，但正是这一现象使杨格博士创立了著名的光干扰原理，并由此发现了光衍射现象。

人们总认为伟大的发明家总是论及一些十分伟大的事件或奥秘，其实像牛顿和杨格以及其他许多科学家，他们都是研究一些极普通的现象。他们的过人之处在于能从这些人所共见的普遍现象中揭示其内在的、本质的联系，而这些都是凭着他们全力以赴的钻研得来的。只有这样为机遇做好了充分的准备，才能发现机遇，进而更好地抓住机遇。

所罗门说过："智者的眼睛长在头上，而愚者的眼睛是长在脊背上的。"心灵比眼睛看到的东西更多。有些人走上成功之路，不乏来自于偶然的机遇。然而就他们本身来说，他们确实具备了获得成功机遇的才能。

好运气更偏爱那些努力工作的人。没有充分的准备和大量的汗水，机会就会眼睁睁地从身边溜走。对于机遇，它意味着需要你忍受无法忍受的艰苦和穷困，以及献身工作的漫漫长夜。只有为所从事的工作做了充分的准备时，机会才会来临。

拿破仑·希尔说，任何人只要能够定下一个明确的目标，坚守这个目标，时时刻刻把这个目标记在心中，那么，必然会获得意想不到的结果。

在日常生活中，常常会发生各种各样的事，有些事使人大吃一惊，有些事却毫无惊人之处。一般而言，使人大吃一惊的事会使人倍加关注，而平淡无奇的事往往不被人所注意，但它却可能包含着重要的意义。一个有敏锐洞察力的人，他会独具慧眼，留心周围小事的重要意义。人们也不能把目光完全局限于"小事"上，而是要"小中见大"、"见微知著"。只有这样，才能有更多发现机遇的机会。

我们应当随时为机遇做好热身，努力向着自己的目标奋斗，为目标准备，才能够在机会来临的时候大显身手，否则在机会来临的时候自己手忙脚乱，或者不知所措，只能让机会白白地从身边溜走。人不能躺在那里等待机遇，只有事先做好充分的准备，在机遇来临时才有可能抓住机遇，获得成功。

躺着思想，不如站起来行动

成功地将一个好主意付诸实践，比在家里空想出 1000 个好主意要有价值得多。没有行动，再远大的目标只是目标，再完美的设想也仅仅是设想，要想使其变为现实，必须付出行动。

临渊羡鱼，不如退而结网。与其羡慕幻想，不如马上行动。有条件不做等于没有条件，没有条件可以在做的过程中创造条件。想法只有化作行动，才有达成愿望的可能，否则想法永远是想法。

想到了就去做，人的潜能是无法预测的。只要有了好的想法，然后立即行动，相信谁都可以成功，关键看你是否将想法付诸于行动。

从前有两个和尚，一个很有钱，每天过着舒舒服服的日子；另一个很穷，每天除了念经时间外，就得到外面去化缘，日子过得非常清苦。

有一天，穷和尚对有钱的和尚说："我很想去拜佛，求取佛经，你看如何？"

有钱的和尚说："路途那么遥远，你怎么去？"

穷和尚说："我只要一个钵、一个水瓶、两条腿就够了。"

有钱的和尚听了哈哈大笑，说："我想去也想了好几年，一直没成行的原因就是旅费不够。我的条件比你好，我都去不成，你又怎么去得了？"

然而，过了一年，穷和尚回来，还带了一本佛经送给了有钱的和尚。有钱的和尚看他果真实现了愿望，惭愧得面红耳赤，一句话也说不出来。

我们并不能在行动之前把所有可能遇到的问题统统消除，但是我们可以在行动中克服各种困难。

正因为有不少人总想着等到有 100% 把握了才行动，反而陷入了行动前的永远等待中。有的人甚至连一个小小的愿望都要等到所有条件都满足后才开始行动。你不可能等到所有条件都成熟后再行动。如果是那样，恐怕也就错过最佳的时机了。

正因为如此，很多人一辈子干不成一件事情，永远处于等待中。只有那些想到就马上动起来的人，才是真正能改变现状的人。

"想到就去做"这好像是一句广告词。说起来，人人皆知，可又有几个人能真的"想到就去做"呢？

美国成功学家格林演讲时，曾不止一次地对听众开玩笑说，全球最大的航空速递公司——联邦快递（FedEx）其实是他构想的。

格林没说假话，他的确曾有过这个主意。20 世纪 60 年代格林刚刚起步，在全美为公司做中介工作，每天都在为如何将文件在限定时间内送往其他城市而苦恼。

当时，格林曾经想到，如果有人开办一个能够将重要文件在 24 小时之内送到任何目的地的服务，该有多好！

这想法在他脑海中停留了好几年，他也一直经常和人谈起这个构想，遗憾的是，他没有采取行动，直到一个名叫弗列德·史密斯的人（联邦快递的创始人）真的把它转换为实际行动。从而，格林也就与开创事业的大好机会擦身而过了。

格林用自己的故事现身说法：成功地将一个好主意付诸实践，比在家里空想出 1000 个好主意要有价值得多。没有行动，再远大的目标只是目标，再完美的设想也仅仅是设想，要想使其变为现实，必须付出行动。

可见，行动才是最终决定力量，无论你的计划多么详尽、语言多么动听，你不开始行动，就永远无法达到目标。在一生中，我们有着种种计划，若能够将一切憧憬都抓住，将一切计划都执行，那么，事业上所取得的成就将是多么的伟大！

吃得苦中苦，方为人上人

人生的痛苦永远多于快乐。一个人的降生就意味着痛苦的开始，而一个人生命的结束，则是痛苦的终结。人的一生，就是不断地与痛苦抗争的过程。人生的意义，就在于从与痛苦的抗争中寻找少许的欢乐。

现在，很多人活得很累，过得也不快乐。其实，人只要生活在这个世界上，就有很多烦恼。痛苦或是快乐，取决于你的内心。人不是战胜痛苦的强者，便是屈服于痛苦的弱者。再重的担子，笑着也是挑，哭着也是挑。再不顺的生活，微笑着撑过去了，就是胜利。

人生没有痛苦，就会不堪一击。正是因为有痛苦，所以成功才那么美丽动人；因为有灾患，所以平安才那么令人喜悦；因为有饥饿，所以佳肴才让人觉得那么甜美。正是因为有痛苦的存在，才能激发我们人生的力量，使我们的意志更加坚强。

瓜熟才能蒂落，水到才能渠成。和飞蛾一样，人的成长必须经历痛苦挣扎，直到双翅强壮后，才可以振翅高飞。

人生若没有苦难，我们会骄傲；没有挫折，成功不再有喜悦，更得不到成就感；没有沧桑，我们不会有同情心。因此，不要幻想生活总是那么圆满，生活的四季不可能只有春天。每个人的一生都注定要跋涉沟沟坎坎，品尝苦涩与无奈，经历挫折和失意。痛苦，是人生必须经历的一课。

因此，在漫长的人生旅途中，苦难并不可怕，受挫折也无需忧伤。只要心中的信念没有萎缩，你的人生旅途就不会中断。艰难险阻是人生对你的另一种形式的馈赠，坑坑洼洼也是对你的意志的磨炼和考验——大海如果缺少了汹涌的巨浪，就会失去其雄浑；沙漠如果缺少了狂舞的飞沙，就会失去其壮观；如果维纳斯没有断臂，那么就不会因为残缺美而闻名天下。生活如果都是两点一线般的顺利，就会如白开水一样平淡无味。只有酸甜苦辣咸五味俱全才是生活的全部，只有悲喜哀痛七情六欲全部经历才算是完整的人生……

所以，你要从现在开始，微笑着面对生活，不要抱怨生活给了你太多的磨难，不要抱怨生活中有太多的曲折，更不要抱怨生活中存在的不公。当你走过世间的繁华与喧嚣，阅尽世事，你会明白：痛苦，是人生必须经历的过程！

敢于冒险的人生有无限可能

其实人世间好多事情，只要敢做，多少会有收获。尤其是在困境中，如果能拿出视死如归的勇气，必能化险为夷，任何困难都将迎刃而解。

在非洲的塞伦盖蒂大草原上，每年夏天，上百万只角马从干旱的塞伦盖蒂北上迁移到马赛马拉的湿地，这群角马正是大迁移的一部分成员。

在这艰辛的长途跋涉中，格鲁美地河是唯一的水源。这条河与迁移路线相交，对角马群来说既是生命的希望，又是死亡的象征。因为角马必须靠喝河水维持生命，但是河水还滋养着其他生命，例如灌木、大树和两岸的青草，而灌木丛还是猛兽藏身的理想场所。冒着炎炎烈日，口渴的角马群终于来到了河边，狮子突然从河边冲出，将角马扑倒在地。角马群扬起遮天的尘土，挡住了离狮子最近的那些角马的视线，一场厮杀在所难免。

在河流缓慢的地方，又有许多鳄鱼藏在水下，静等角马到来。有时湍急的河水本身就是一种危险。角马群巨大的冲击力将领头的角马挤入激流，它们不是淹死，就是丧生于鳄鱼之口。

这天，角马们来到一处适于饮水的河边，它们似乎对这些可怕的危险了如指掌。领头的角马慢慢地走向河岸，每头角马都犹犹豫豫地走几步，嗅一嗅，叫一声，不约而同地又退回来，进进退退像跳舞一般。它们身后的角马群闻到了水的气息，一齐向前挤来，慢慢将"头马"们向水中挤去，不管它们是否情愿。角马群已经有很长时间没饮过水，你甚至能感觉到它们的绝望，然而"舞蹈"仍然继续着。

过了三个小时，终于有一只小角马"脱群而出"，开始饮水。为什么它敢于走入水中，是因为年幼无知？还是因为渴得受不了？那些大角马仍然惊恐地止步不前，直到角马群将它们挤到水里，才有一些角马喝起水来。不久，角马群将一头角马挤到了深水处，它恐慌起来，进而引发了角马群的一阵骚乱。然后它们迅速地从河中退出，回到迁移的路上。只有那些勇敢地站在最前面的角马才喝到了水，大部分角马或是由于害怕，或是无法挤出重围，只得继续忍受干渴。每天两次，角马群来到河边，一遍又一遍地重复着这仪式。一天下午，一小群角马站在悬崖上俯视着下面的河水，向上游走100米就是平地，它们从那里很容易到达河边。但是它们宁可站在悬崖上痛苦地叫，却不肯向着目标前进。

生活中的你是否也像角马一样？是什么让你藏在人群之中，忍受着对成功之水的渴望？是对未知的恐惧，害怕潜藏的危险？还是你安于平庸的生活，放弃了追求？大多数人只肯远远地看着别人成功，自己却忍受干渴的煎熬。不要让恐惧阻挡你的前进，不要等待别人推动你前进。只有勇于冒险的人才可能成功。要知道，成就和风险是成正比的。世界上很少有报酬丰厚却不用承担任何责任的便宜事。怕担风险，只会让自己和成功无缘。

苹果电脑公司是闻名世界的企业。大家只知乔布斯是苹果电脑创办人，其实30年前，他是与两位朋友一起创业的。其中一名叫惠恩的搭档，人称美国最没眼光的合伙人。

惠恩和乔布斯是街坊，大家都爱玩电脑，两人与另一朋友合作，制造微型电脑出售。这是又赚钱又好玩的生意，三个人十分投入，并且成功制造出"苹果一号"电脑。在筹备过程中，用了很多钱。这三位青年来自中下阶层家庭，根本没有什么资本可言，大家四处借贷，请求朋友帮忙，惠恩只筹得1/10的资本。不过，乔布斯没有怨言，仍成立了苹果电脑公司，惠恩也成为小股东，拥有1/10的股份。

"苹果一号"以660美元出售，原本以为只能卖出一二十台，岂料大受市场欢迎，总共售出150台，收入近10万美元，扣除成本及债项，赚了4.8万美元，惠恩只分得4800美元，但当时已是一笔丰厚的回报。不过，惠恩没有收下这笔红利，只是象征性地拿了500美元作为工资，甚至连那1/10的股份也不要，急于退出苹果电脑。

苹果电脑后来发展成超级企业，惠恩当年就算什么也不做，单单继续持有那1/10股权，今时今日，应该也有8亿～10亿美元的身价。事实上，乔布斯的另一位搭档，也是凭股份成为亿万富翁的。

为什么惠恩当年愿意放弃一切？原来他很怕乔布斯，因为对方太有野心了。

后来他向传媒说：“为什么我要马上离开苹果公司，要回 500 美元就算了？因为我怕乔布斯太过激进，日后可能会令公司负上巨额债项，那时我也要替公司负上1/10 的责任！”转念间，惠恩终生与财富绝缘。

其实人世间好多事情，只要敢做，多少会有收获。尤其是在困境中，如果能拿出视死如归的勇气，必能化险为夷，任何困难都将迎刃而解。

勇气是人生的发动机，勇气能创造奇迹，勇气能战胜一切困难。试想，如果我们事事都能拿出破釜沉舟的勇气和决心，那么世间还有什么困难而言！

第十七章

拼一把，让明天的你感谢今天的自己

强者绝不轻言放弃

衡量力量与勇气不能只看胜利和奖章，更重要的标准是我们克服的困难。真正的强者不一定是取得胜利的人，但一定是面对失败决不放弃的人。

安德鲁·杰克逊的儿时伙伴们都无法理解他为什么会成为名将，最终还能当上美国总统。他们认识的人当中，许多人比杰克逊更有才能，却一事无成。杰克逊的一位朋友曾说："吉姆·布朗和杰克逊住在一条街上，他不仅比杰克逊聪明，而且摔跤比赛四场能赢杰克逊三场。凭什么杰克逊混得这么好？"

别人问："为什么会有第四场比赛？一般不是三局两胜吗？"

"的确，比赛应该是结束了，但是安德鲁不肯。他从来不肯承认自己输了，一定要赢回来才算完。最后吉姆·布朗没了力气，第四场安德鲁就赢了。"

当你被摔倒在地，你会不会爬起来再战，直到取得胜利？安德鲁拒绝接受失败，正是这不屈不挠的精神造就了他日后的辉煌。

1882 年，26 岁的考拉尔来到斯特林镇，在一所学校做老师。考拉尔酷爱读书，但他发现，偌大的斯特林镇居然没有一家像样的、专门的书店，书只有在百货商店才能零星地见到。考拉尔灵机一动，自己为什么不开一家书店呢？这样，既满足了自己读书的需求，赚了钱还可以补贴家用，何乐而不为？

考拉尔把自己的想法跟新婚妻子说了，妻子也非常赞成。于是没多久，考拉尔的名为"思想者"的书店就在斯特林镇开张了。

可是，书店的生意并没有考拉尔想象得那么好。连续几个月，书店几乎没人进来。考拉尔安慰自己，毕竟书店刚开张，生意不好也是正常的，贵在坚持，几个月不行就坚持半年，半年不行就坚持一年，甚至两年，生意总有做起来的时候。即使亏了，反正自己还要买书看，就当是自己藏书了。

抱着这种想法，考拉尔坚持了下来。

可生意还是不景气，书店经常是入不敷出。好在考拉尔和妻子都有一份工作，他们把大部分收入补贴到了书店里。很多人劝他们关门大吉。但这时，考拉尔的思想发生了巨大的转变，从原来单纯的经营，转变为呼吁和彰扬文明而经营。他说："书店是一个城市文明的象征，是人们寻求知识的重要地方，不管书店生意如何，我都要永远开下去！"

考拉尔言出如山，一年又一年，他居然真的坚持了下来，即使在战争时期，在政局动荡时期，"思想者"依然坚持每天开门迎客。

1948年，考拉尔在他的书店里去世，享年92岁。考拉尔的孙子继承了他的书店。考拉尔临终前留下遗言："无论如何，都要把'思想者'开下去。"考拉尔的孙子遵从了祖父的话。好在那时斯特林镇改镇为市，人口越来越多，城镇面积越来越大，书店的生意也还可以养家糊口。

"思想者"的辉煌出现在2004年。这一年斯特林市参加全球50个文明城市的竞选，在激烈的竞争中，斯特林市渐落下风。这时，有人向市长提到了"思想者"，市长眼睛顿时一亮。当他把"百年老书店"的旗号打出去后，斯特林市果然过关斩将，不但入选，而且名次进入前十。

一时间，考拉尔和他的"思想者"名扬四海。来自世界各地的书友、游客以及信函纷至沓来。这时的"思想者"，不但是家大型书店，而且成为一个著名的旅游景点，来这里的人都要买几本盖着"思想者"销售戳的书回去。"思想者"的年销售额已达几百万美元，为考拉尔家族带来了滚滚财富，这还不包括那些一百多年前的全新的库存书，那已经成为收藏家追捧的宝藏。

2006年，考拉尔的曾曾孙接手了"思想者"，他对书店一百多年的经营做了详尽的调查统计。他发现，在考拉尔经营的66年间，赚钱的年份为9年，持平的年份为17年，其余的40年都在亏损。

考拉尔的曾曾孙动情地说："面对这样的经营，不知道有几个人能够坚持？

我无法想象我的曾祖是如何度过那段岁月的，就像他绝对没想到今天他的书店会发财。事实上，他只是在一个思想贫瘠的时代，为文明而苦苦坚守！"

世上的事情都是如此，只要方向对了，不管期间的经历有多么艰难和不顺，你都要坚持下去。往往，再多一点努力和坚持便可以收获到意想不到的成功。所以无论何时，我们都应该信心百倍地去全力争取人生的幸福和成功，坚持到底，绝不轻易放弃。

决心取得成功比任何一件事情都重要

很多想成功的人，对成功只是存在一种向往。而只有下定决心成功，才会目标明确，现实可行。

下决心是一种运用能力的过程，是一个人综合素质的折射。一个人能否成功，很大程度上取决于自己的决心。抓住机遇，下定决心，离成功也就不远；优柔寡断，踌躇不决则会错过良机，与成功失之交臂。

有人曾经对许多遭受失败和获得成功的人分别进行分析，发现在做事过程中，因犹豫不决或没有下决心而失败的人占很大比例。而相当一部分成功者，其最优秀的品格之一就是遇事果断坚决，敢于下决心，最终把握住了机遇，从而获得了成功。

按照弗洛伊德的理论，人生来就有"做伟人"的欲望。人为成功而来，也为成功而活。但"想成功"与"要成功"却是有着天壤之别的。所以，我们在生活中会看到很多人都在说："我很想成功！"但却没有看到他们真正地下决心。要知道，成功不是喊叫出来的，也不是写出来的，成功是下决心做出来的！

很多想成功的人，对成功只是存在一种向往或一种侥幸心理。他们的目标要么游移不定，要么好高骛远，不着边际，因而很难整合现有资源，很难有计划和方法；要么迟迟不动，要么行动不坚决、不彻底、不持久，一遇挫折，立即为自己找个"本来就是想想而已"的借口，下台了事。

要成功的人才是真正在成功之前下过坚定决心的人。下定决心，不仅能体现一个人果决的勇气、决断时的自信、坚定不移的志气，更会锻造出自己的魅力，从而赢得他人的信任。只有下定决心成功，才会目标明确、现实可行。也只有下定决心的人，才会在成功的路上不断地检讨自己，改变自己，创造条件，适应环境要求；才能获得深刻的驱动力，而不顾任何艰难险阻，义无反顾，锲而不舍，持之以恒。

世界顶级的推销员与培训大师汤姆·霍普金斯曾告诉他的学员们说："成功有三个最重要的秘诀，第一个就是下定决心；第二个还是下定决心；第三个当然还是下定决心。"

这是霍普金斯之所以成功的经验之谈，因为就在他刚刚进入推销行业的时候，他常常因为害怕敲别人家门或跟陌生人谈论产品而被拒绝，故而业绩一直无法实现突破。直到有一天，他上了一个课程，在课堂上老师告诉他："下一次还有一个课程非常棒，那个课程可以帮助我们激发所有的潜能，让自己能够成为顶尖人物。"

霍普金斯说："我很想听下个课程，但我没有钱，等我存够了钱再上。"这时候老师却对他说："你到底是想成功，还是一定要成功？"他回答说："我一定要成功。"老师又问："假如你一定要成功的话，请问你会怎么处理这个事情？"于是霍普金斯回答："我会立刻借钱来上课。"

从此，霍普金斯发现了自己一直业绩平平的原因，是自己从来没有真正地下过决心。于是在下一次推销之前，他从公司里找了一位同事并带他下楼，他对同事说："你看着，假如我无法向对面那个陌生人推销产品的话，我走过马路来就被车撞死给你看。"

他说完这句话的时候，脑海里一片空白，根本不知道他即将如何推销。但他还是硬着头皮走过去，开始与陌生人交谈，于是他使出了浑身解数向那位陌生人推销产品，经过 20 分钟的苦口婆心之后，不可思议的事情发生了：他终于卖出了产品！

后来，霍普金斯在分析他的人生是怎么改变的时候，发现答案只有四个字，那就是"下定决心"。

所以，人生从你下定决心的那一刻就已经开始改变，你所做出的任何一个决定都决定着你的人生。

信念达到了顶点，就能够产生惊人的效果

信念是不值钱的，它有时甚至是一个善意的欺骗，然而你一旦坚持下来，它就会迅速升值。

信念是欲望人格化的结果，是一种精神境界的目标。信念一旦确定，就会形成一种成就某事或达到某种预期的巨大渴望，这种渴望所激发出来的能量，往往会超出我们的想象。由信念之火所点燃的生命之灯是光彩夺目的。

美国的罗杰·罗尔斯是纽约的第53任州长，也是纽约历史上的第一位黑人州长。他出生于纽约声名狼藉的大沙头贫民窟。那里环境肮脏，充满暴力，是偷渡者和流浪汉的聚集地，他也从小就学会了逃学、打架，甚至偷窃。直到一个叫皮尔·保罗的人当了罗杰·罗尔斯所在小学的校长。

有一天，罗杰·罗尔斯正在课堂上捣乱，校长就把他叫到了身边，说要给他看手相。于是罗尔斯从窗台上跳下，伸着小手走向讲台，皮尔·保罗先生说，我一看你修长的小拇指就知道，将来你是纽约州的州长。当时，罗尔斯大吃一惊，因为长这么大，只有他奶奶让他振奋过一次，说他可以成为5吨重的小船的船长。这一次，皮尔·保罗先生竟说他可以成为纽约州的州长，着实出乎他的预料。他记下了这句话，并且相信了它。

从那天起，纽约州州长就像一面旗帜飘扬在他的心间。他的衣服不再沾满泥土，他说话时也不再夹杂污言秽语，他开始挺直腰杆走路，他成了班主席。在以后的几十年里，他没有一天不按州长的身份要求自己。51岁那年，他真的成了州长。在他的就职演说中有这么一段话，他说："信念值多少钱？信念是不值钱的，它有时甚至是一个善意的欺骗，然而你一旦坚持下来，它就会迅速升值。"这正如马克·吐温所说的：信念达到了顶点，就能够产生惊人的效果。

信念不但能够唤起一个人的信心，更能够延续一个人的信心，它既是信心的开始，也是信心的归宿。但是，信心时常有，信念却不常有，所以成功的人总是少数。随大流的人，把握不住自己的人，看不清趋势的人，即使找到信心，也发

展不到信念。急功近利的人会在信心走向信念的过程中崩溃，浮躁的人会葬送从信心走向信念的坦途。

成功者的人生轨迹告诉我们：信念，是立身的法宝，是托起人生大厦的坚强支柱；信念，是成功的起点，是保证人追求目标成功的内在驱动力。信念，是一团蕴藏在心中的永不熄灭的火焰，是一条生命涌动不息的希望长河。

著名的黑人领袖马丁·路德·金说过："这个世界上，没有人能够使你倒下，如果你自己的信念还站立着的话。"所以，信念的力量，在于使身处逆境的你，扬起前进的风帆；信念的伟大，在于即使遭受不幸，亦能召唤你鼓起生活的勇气；信念的价值在于支撑人对美好事物一如既往地孜孜以求。

当然，如果一个人选择了错误的信念，那必将是对生命致命的打击，起码也会让人平庸。错误的信念会夺去你的能量、你的欲望和你的未来。曾有研究者做过这样一个实验：他们把善于攻击鲦鱼的梭鱼放在一个玻璃钟罩里，然后把这个玻璃钟罩放进一个养着鲦鱼的水箱中。罩里的梭鱼看到鲦鱼后，立刻发动了几次攻击，结果它敏感的鼻子狠狠地撞到了玻璃壁上。几次惨痛的尝试之后，梭鱼最终放弃，并完全忽视了鲦鱼的存在。当钟罩被拿走后，鲦鱼们可以自由自在地在水中四处游荡，即使当它们游过梭鱼鼻子底下的时候，梭鱼也继续忽视它们。由于一个建立在错误信念基础之上的死结，这条梭鱼终因不顾周围丰富的食物而把自己饿死了。在现实生活中，又有多少错误的信念成了束缚我们的玻璃钟罩呢？

人生是一连串选择的结果，而选择一个正确的信念，会成就我们的一生。弥尔顿说过："心灵是自我做主的地方。在心灵中，天堂可以变成地狱，地狱也可以变成天堂。"人们的生活由自己选定，而幸福，抑或悲哀，全在于心灵的阴晴。强者的天总是蓝的，因为他们坚信乌云终将被驱散；弱者的眼里总是风霜雨雪，漫布着无奈、无望、无尽的悲哀与叹息。人生的变数很多，然而，不管外界多么的不易把握，只要心中升腾着信念的火焰，艰难险阻就都将不复存在。

自信能使一个人征服他相信可以征服的东西

对于年轻人，只要时刻让自己的心里充满自信与希望，人生就会丰富而充满激情。

年轻是一种很重要的资源，这种资源专属于青年人。自信能引爆年轻的力量，希望能诠释年轻的真意。充满自信与希望，每个人就都能把握未来。

所以，对于年轻人，自信和敢于希望是必要的，一个人在年轻的时候，宁肯自负一点，也要自信一点。只有学会自信，我们才会有勇气对未来的生活充满希望和憧憬，也只有这样，人生才会丰富而充满激情。

既然"自信和希望是青年的特权"，那我们就应该好好地去享受这份特权，应当摒弃自卑与懦弱的性格。年轻人，应该要用足够的时间去做自己想做的事情，要用足够的精力与自信去实现自己的目标和希望。这就是年轻人的"特权"，把握住这种独特的优势，不灰心，不退却，前途必然无比宽阔和明亮。

希望必然是由自信所带来，所以年轻人学会自信是首要的事情。

一些年轻人之所以缺乏自信、甚至自卑，就在于对自己有过高的、不切实际的期望。有了愿望却总是无法实现，有了目标却总是达不到，这样就会一次次地让信心受打击，甚至迁怒于别人，怨恨社会。事实上只要他们降低期望，把目标定得切合实际，多几次成功，就能够将心态纠正过来。

自信需要不断地实践，并从实践中获得积极的反馈。

自信在于准备充分。心里没底，当然难以积聚信心。准备包括情况的了解、知识的积累、特征信息的收集以及必要的计划、物质和关系准备。但是，高明的领导者往往在情景不明朗、准备不充分的情况下也能够积聚信心，积聚力量，并把信心坚决地表达出去，表现得信心十足，充分地感染下级，让大家同心协力，共渡难关，突破瓶颈。

生活是个两面体，站在一个视点我们可以看到它的阴暗面，站在另外一个视点上，又能看到它的积极向上的灿烂的一面。这或许是个悖论，但作为年轻人，我们的任务就是去揭示这些悖论，绕开陷阱，把握它的朝阳的一面，对自己充满信心，对前途充满希望。

当你因触及生活的阴暗面而感到灰心泄气的时候，请记住这样一句话：我还年轻，我有自信，有希望——这是我的特权！

顽强能创造令人难以想象的奇迹

人生中永远都是困难重重，只有意志顽强的人才能最终抵达成功的彼岸。

顽强不等于顽固，它是因"顽"而"强"。"顽"是一种执着，一种坚定的信念，一种不达目的誓不罢休的决心和勇气，"强"是"顽"的效果表达，是我们生存和发展的必备条件。

只有顽强的人，才会对自己的行为动机和目的有清醒而深刻的认识。只有顽强的人，才能在复杂的情境中，冷静而迅速地做出判断，毫不迟疑地采取坚决的措施和行动。也只有顽强的人，在碰到挫折和失败的时候，会主动调节自己的消极情绪，控制自己的言行，不灰心、不丧气、不焦躁；面对成功和胜利，不骄傲、不自满。

在很多情况下，我们与成功无缘，并不是我们不聪明，而是缺乏顽强的意志。顽强的意志不但能帮助我们走出失败的阴影，更能帮助我们养成良好的习惯，实现人生的目标。顽强的"妙不可言"之处就在于它能激发人的潜能，促使人创造超乎自己想象的业绩。

海伦·凯勒的事迹正说明了这一点。海伦·凯勒看不见东西，听不到声音，但在她的一生中做了许多事情。她的成功给其他人带来了希望。

海伦·凯勒于1880年6月27日出生在美国亚拉巴马州北部的一个小镇上。在一岁半之前，海伦·凯勒和其他孩子一样，她很活泼，很早就会走路和说话了。但在19个月大的时候，她因为一次高烧而导致了失明及失聪。从此，她的世界充满了寂静和黑暗。

从那时起到7岁前，海伦只能用手比划进行交流。但是她学会在寂静黑暗的环境中怎样生活。她有着很强的渴望，她自己想做什么，谁也挡不住她。她越来越想和别人交流，用手简单地比划已经不够用了。她的内心深处有一种什么东西要爆发，因为她的举止已难以让人理解。当她母亲管束她时，她会哭叫闹喊。

在海伦 6 岁时，她父亲从波士顿的珀斯盲人研究院请来了一位女老师，名叫安妮·沙利文。海伦·凯勒就是在这位令她终身不忘的老师的指导下，在以后的日子里凭借着自己顽强的毅力，学会了手语，学会了说话，学会了多门外语，并在哈佛大学完成了自己的学业。但海伦认为，这些只不过是她许多成功的开始。

就在自己的老师去世后不久，海伦·凯勒跑遍美国大大小小的城市，周游世界，为残障的人到处奔走，全心全力为那些不幸的人服务，最终成为一位世界知名的残障教育家。

海伦·凯勒终生致力服务于残障人士，并写了很多的书，其中写于 1933 年的散文《假如给我三天光明》是最为著名的一篇。

命运虽然给予了海伦·凯勒许多的不幸，她却并不因此而屈服于命运。她凭借着自己顽强的毅力，奋勇抗争，最终冲破了人生的黑暗与孤寂，赢得了光明和欢笑。美国《时代周刊》评价海伦·凯勒为"人类意志力的伟大偶像"。

海伦·凯勒的成功让我们认识到顽强的意志对于一个残疾人的意义，那么，对于一个四肢健全的人，海伦·凯勒让我们感到汗颜。其实，很多人只比海伦·凯勒少了一种不屈不挠的骨气，一种持之以恒的耐力和一种顽强不屈的意志力。他们也恰恰不明白，人生中永远都是困难重重，只有具有顽强意志的人，才能成功！

进取心是不竭的动力

只有具备一种永不停息的自我推动力，我们的人生才可能不断更上一个台阶，更高的目标和理想不断在向我们召唤。

永不知足是要求自己上进的第一步，是要让自己不满足于停留在现有的位置上。永不知足可以帮助你迈出关键的第一步。

比尔·盖茨对年轻人说得最多的一句话就是——"永不知足"。他之所以会取得如此大的成功，就是因为他不满足于所取得的成绩，不断进取，始终激励自己向前发展，最后终于实现了自己的理想，到达了他所向往的地位。

新闻界的"拿破仑"——伦敦《泰晤士报》的大老板诺思克利夫爵士，最初在每月只能拿到 80 元的时候，他对自己的处境非常的不满。后来，《伦敦晚报》和《每日邮报》皆为他所有的时候，他还是感到不满足，直到他得到了伦敦《泰晤士报》之后，他才稍稍觉得有点满足。

就算成了《泰晤士报》的大老板，诺思克利夫爵士还是不肯善罢甘休。他要利用《泰晤士报》揭露官僚政府的腐败，打倒几个内阁，推翻或拥护几个内阁总理（亚斯查尔斯和路易乔治），并且不顾一切地攻击昏迷不醒的政府……由于他的这种大胆的努力，提高了不少国家机关的办事效率，在某种程度上还改革了整个英国的制度。

不管你目前的职位有多高，都不要满足于现状，应该告诉自己："我的职位应在更高处。"

进取心从不允许我们休息，它总是激励我们为了更美好的明天而奋斗。由于人的成长是无限的，所以我们的进取心和愿望也是无法满足的。如果历史地来看，我们目前所到达的高度足以令人羡慕，但是，我们却发现今日所处的位置和昨日的位置一样，无法让我们完全满足，更高的理想和目标不断在向我们召唤。

百年哈佛主张这样的人生哲学：信心和理想乃是人们追求幸福和进步的最强大推动力。

进取心是激发人们抗争命运的力量，是完成崇高使命和创造伟大成就的动力。一个具备了进取心的人，就会像被磁化的指针那样显示出矢志不移的神秘力量。

人生的进步与成功，正是有了进取心和意志力——这种永不停息的自我推动力，才激励着人们向自己的目标前进。对这种激励的需要是我们人生的支柱，为了获得和满足这种需要，我们甚至愿意以放弃舒适和牺牲自我为代价。

向上的力量是每一种生命的本能，这种东西不仅存在于所有的昆虫和动物身上，埋在地里的种子中也存在着这样的力量，正是这种力量刺激着它破土而出，推动它向上生长，向世界展示美丽与芬芳。

这种激励也存在于我们人类的体内，它推动我们去完善自我，去追求完美的人生。